四時纂要新校

國家古籍整理出版專項經費資助項目

二〇二一—二〇三五年國家古籍工作規劃重點出版項目

〔唐〕韓鄂◇原撰

董晨◇新校

中國科技典籍選刊

主編　孫顯斌　高峰

山東科學技術出版社

·濟南·

圖書在版編目（CIP）數據

四時纂要新校 / (唐) 韓鄂原撰 ; 董晨新校. 濟南 : 山東科學技術出版社, 2025. 1. -- (中國科技典籍選刊 / 孫顯斌, 高峰主編). -- ISBN 978-7-5723-2456-7

Ⅰ. S-092.42

中國國家版本館 CIP 數據核字第 202522KN94 號

四時纂要新校

SISHI ZUANYAO XINJIAO

責任編輯：楊　磊　李海英

裝幀設計：孫　佳

封面題簽：徐志超

主管單位：山東出版傳媒股份有限公司

出 版 者：山東科學技術出版社

地址：濟南市市中區舜耕路 517 號

郵編：250003　電話：（0531）82098088

網址：www.lkj.com.cn

電子郵件：sdkj@sdcbcm.com

發 行 者：山東科學技術出版社

地址：濟南市市中區舜耕路 517 號

郵編：250003　電話：（0531）82098067

印 刷 者：山東新華印務有限公司

地址：濟南市高新區世紀大道 2366 號

郵編：250104　電話：（0531）82091306

規格： 16 開（184 mm × 260 mm）

印張： 13　**字數：** 188 千

版次： 2025 年 1 月第 1 版　**印次：** 2025 年 1 月第 1 次印刷

定價： 98.00 元

中國科技典籍選刊

中國科學院自然科學史研究所組織整理

《中國科技典籍選刊》總序

我國有浩繁的科學技術文獻，整理這些文獻是科技史研究不可或缺的基礎工作。竺可楨、李儼、錢寶琮、劉仙洲、錢臨照等我國科技史事業開拓者就是從解讀和整理科技文獻開始的。二十世紀五十年代，科技史研究在我國開始建制化，相關文獻整理工作有了突破性進展，涌現出许多作品，如胡道静的力作《夢溪筆談校證》。

改革開放以來，科技文獻的整理再次受到學術界和出版界的重視，這方面的出版物呈現系列化趨勢。巴蜀書社出版《中華文化要籍導讀叢書》(簡稱《導讀叢書》)，如聞人軍的《考工記導讀》、傅維康的《黄帝内經導讀》、繆啓愉的《齊民要術導讀》、胡道静的《夢溪筆談導讀》及潘吉星的《天工開物導讀》。上海古籍出版社與科技史專家合作，爲一些科技文獻作注釋并譯成白話文，刊出《中國古代科技名著譯注叢書》(簡稱《譯注叢書》)，包括程貞一和聞人軍的《周髀算經譯注》、聞人軍的《考工記譯注》、郭書春的《九章算術譯注》、繆啓愉的《東魯王氏農書譯注》、陸敬嚴和錢學英的《新儀象法要譯注》、潘吉星的《天工開物譯注》、李迪的《康熙幾暇格物編譯注》等。

二十世紀九十年代，中國科學院自然科學史研究所組織上百位專家選擇并整理中國古代主要科技文獻，編成共約四千萬字的《中國科學技術典籍通彙》(簡稱《通彙》)。它共影印五百四十一種書，分爲綜合、數學、天文、物理、化學、地學、生物、農學、醫學、技術、索引等共十一卷（五十册），分别由林文照、郭書春、薄樹人、戴念祖、郭正誼、唐錫仁、苟翠華、范楚玉、余瀛鰲、華覺明等科技史專家主編。編者爲每種古文獻都撰寫了“提要”，概述文獻的作者、主要内容與版本等方面。自一九九三年起,《通彙》由河南教育出版社（今大象出版社）陸續出版，受到國内外中國科技史研究者的歡迎。近些年來，國家立項支持《中華大典》數學典、天文典、理化典、生物典、農業典等類書性質的系列科技文獻整理工作。類書體例容易割裂原著的語境，這對史學研究來説多少有些遺憾。

總的來看，我國學者的工作以校勘、注釋、白話翻譯爲主，也研究文獻的作者、版本和科技内容。例如，潘吉星將《天工開物校注及研究》分爲上篇（研究）和下篇（校注），其中上篇包括時代背景，作者事迹，書的内容、刊行、版本、歷史地位和國際影響等方面。《導讀叢書》《譯注叢書》《通彙》等爲讀者提供了便於利用的經典文獻校注本和研究成果，也爲科技史知識的傳播做出了重要貢獻。不過，可能由於整理目標與出版成本等方面的限制，這些整理成果不同程度地留下了文獻版本方面的缺憾。《導讀叢書》《譯注叢書》和其他校注本基本上不提供保持原著全貌的高清影印本，并且録文時將繁體字改爲簡體字，改變版式，還存在截圖、拼圖、换圖中漢字等現象。《通彙》的編者們儘量選用文獻的善本，但《通彙》的影印質量尚需提高。

歐美學者在整理和研究科技文獻方面起步早於我國。他們整理的經典文獻爲科技史的各種專題與綜合研究奠定了堅實的基礎。有些科技文獻整理工作被列爲國家工程。例如，萊布尼兹（G. W. Leibniz）的手稿與論著的整理工作於一九〇七年在普魯士科學院與法國科學院聯合支持下展開，文獻内容包括數學、自然科學、技術、醫學、人文與社會科學，萊布尼兹所用語言有拉丁語、法語和其他語種。該項目因第一次世界大戰而失去法國科學院的支持，但在普魯士科學院支持下繼續實施。第二次世界大戰後，項目得到東德政府和西德政府的資助。迄今，這個跨世紀工程已經完成了五十五卷文獻的整理和出版，預計到二〇五五年全部結束。

二十世紀八十年代以來，國際合作促進了中文科技文獻的整理與研究。我國科技史專家與國外同行發揮各自的優勢，合作整理與研究《九章算術》《黄帝内經素問》等文獻，并嘗試了新的方法。郭書春分别與法國科研中心林力娜（Karine Chemla）、美國紐約市立大學道本周（Joseph W. Dauben）和徐義保合作，先後校注成中法對照本《九章算術》（*Les Neuf Chapitres*，二〇〇四）和中英對照本《九章算術》（*Nine Chapters on the Art of Mathematics*，二〇一四）。中科院自然科學史研究所與馬普學會科學史研究所的學者合作校注《遠西奇器圖説録最》，在提供高清影印本的同時，還刊出了相關研究專著《傳播與會通》。

按照傳統的説法，誰占有資料，誰就有學問，我國許多圖書館和檔案館都重“收藏”輕“服務”。在全球化與信息化的時代，國際科技史學者們越來越重視建設文獻平臺，整理、研究、出版與共享寶貴的科技文獻資源。德國馬普學會（Max Planck Gesellschaft）的科技史專家們提出“開放獲取”經典科技文獻整理計劃，以“文獻研究＋原始文獻”的模式整理出版重要典籍。編者盡力選擇稀見的手稿和經典文獻的善本，向讀者提供展現原著面貌的複製本和帶有校注的印刷體轉録本，甚至還有與原著對應編排的英語譯文。同時，編者爲每種典籍撰寫導言或獨立的學術專著，包含原著的内容分析、作者生平、成書與境及參考文獻等。

任何文獻校注都有不足，甚至會引起對某些内容解讀的争議。真正的史學研究者不會全盤輕信已有的校注本，而是要親自解讀原始文獻，希望看到完整的文獻原貌，并試圖發掘任何細節的學術價值。與國際同行的精品工作相比，我國的科技文獻整理與出版工作還可以精益求精，比如從所選版本截取局部圖文，甚至對所截取的内容加以“改善”，這種做法使文獻整理與研究的質量打了折扣。

實際上，科技文獻的整理和研究是一項難度較大的基礎工作，對整理者的學術功底要求較高。他們須在文字解讀方面下足够的功夫，并且準確地辨析文本的科學技術内涵，瞭解文獻形成的歷史與境。顯然，文獻整理與學術研究相互支撑，研究决定着整理的質量。隨着研究的深入，整理的質量自然不斷完善。整理跨文化的文獻，最好借助國際合作的優勢。如果翻譯成英文，還須解决語言轉换的難題，找到合適的以英語爲母語的合作者。

在我國，科技文獻整理、研究與出版明顯滯後於其他歷史文獻，這與我國古代悠久燦爛的科技文明傳統不相稱。相對龐大的傳統科技遺産而言，已經系統整理的科技文獻不過是冰山一角。比如《通彙》中的絶大部分文獻尚無校勘與注釋的整理成果，以往的校注工作集中在幾十種文獻，并且没有配套影印高清晰的原著善本，有些整理工作存在重複或雷同的現象。近年來，國家新聞出版廣电總局加大支持古籍整理和出版的力度，鼓勵科技文獻的整理工作。學者和出版家應該通力合作，借鑒國際上的經驗，高質量地推進科技文獻的整理與出版工作。

鑒於學術研究與文化傳承的需要，中科院自然科學史研究所策劃整理中國古代的經典科技文獻，并與湖南科學技術出版社合作出版，向學界奉獻《中國科技典籍選刊》。非常榮幸這一工作得到圖書館界同仁的支持和肯定，他們的慷慨支持使我們倍受鼓舞。國家圖書館、上海圖書館、清華大學圖書館、北京大學圖書館、日本國立公文書館、早稻田大學圖書館、韓國首爾大學奎章閣圖書館等都對“選刊”工作給予了鼎力支持，尤其是國家圖書館陳紅彦主任、上海圖書館黄顯功主任、清華大學圖書館馮立昇先生和劉薔女士以及北京大學圖書館李雲主任，還慨允擔任本叢書學術委員會委員。我們有理由相信，有科技史、古典文獻與圖書館學界的通力合作，《中國科技典籍選刊》一定能結出碩果。這項工作以科技史學術研究爲基礎，選擇存世善本進行高清影印和録文，加以標點、校勘和注釋，排版采用圖像與録文、校釋文字對照的方式，便於閱讀與研究。另外，在書前撰寫學術性導言，供研究者和讀者參考。受我們學識與客觀條件所限，《中國科技典籍選刊》還有諸多缺憾，甚至存在謬誤，敬請方家不吝賜教。

我們相信，隨着學術研究和文獻出版工作的不斷進步，一定會有更多高水平的科技文獻整理成果問世。

張柏春　孫顯斌

於中關村中國科學院基礎園區

二〇一四年十一月二十八日

目　録

整理説明

月令體農書，即以月令之體裁，按月記載農業生産生活事宜之書，是作爲“形式”的月令文獻與作爲“内容”的農業文獻的結合體。農業是與時令節序密切相關的人類生産活動，以十二月爲節律安排農事正與科學的農業週期相契合，在順應天時的農業觀念下，以月爲軸設計農書之結構有其天然的合理性。因此，在《四民月令》之後，月令體農書層出不窮，并形成了其獨特的著述傳統。在我國的歷代月令體農書中，産生於唐、五代的《四時纂要》具有突出的歷史文化價值。

一、《四時纂要》的作者與成書時間

《四時纂要》是唐、五代最重要的一種月令體農書。《新唐書·藝文志》著録“韓鄂《四時纂要》五卷”〔一〕《郡齋讀書志》《直齋書録解題》則將作者之名寫作“韓諤”〔二〕。《四庫總目·歲華麗紀》據《新唐書·宰相世系表》，稱韓鄂爲開元宰相韓休之兄韓偆的玄孫〔三〕。余嘉錫《四庫提要辯證》則提出“韓鄂”系韓休第三子韓洪之玄孫〔四〕。然而，由今見《新唐書·宰相世系表》可知韓洪之玄孫名“韓鍔”，名“韓鄂”者爲秋浦令韓寮次子，殿中御史韓舉之孫，秘書郎韓偲玄孫。然古人同名姓情況甚多，史籍、目録在傳抄傳刻中亦未必無誤，此韓鄂（諤）究竟系何人暫無可確證。爲敘述方便，本書《四時纂要》之作者名統一寫作“韓鄂”。

《四時纂要》的成書年代亦有争論。因韓休死於開元二十七年（739），下距唐亡167年，繆啓愉據此推斷韓鄂或爲唐末人，或爲五代人〔五〕。王毓瑚則因《四時纂要》中曾提及韋行規《保生月録》，而韋行規系唐末人，由此判斷《四時纂要》成書時應已

〔一〕（宋）歐陽修、宋祁：《新唐書》卷五九，中華書局，1975年，第1539頁。

〔二〕（宋）晁公武撰，孫猛校證：《郡齋讀書志校證》，上海古籍出版社，1990頁，第528頁。陳振孫：《直齋書録解題》，上海古籍出版社，1987年，第295頁。

〔三〕（清）紀昀等：《四庫全書總目》，中華書局，1965年，第1160頁。《歲華麗紀》與《四時纂要》皆系韓鄂所作。

〔四〕余嘉錫：《四庫提要辨證》，中華書局，2007年，第1001頁。

〔五〕繆啓愉：《四時纂要校釋》，農業出版社，1981年，第1頁。

進入五代〔一〕。曾雄生根據纂成於後晋開運二年（945）的《舊唐書·經籍志》并未著録《四時纂要》，而後周人竇儼曾上疏周世宗“請於《齊民要術》及《四時纂要》《韋氏月録》中，采其關於田蠶園圃之事，集爲一卷，鏤板頒行，使之流布”〔二〕。由此判斷該書應成於五代末〔三〕。然《舊唐書·經籍志》系完全采録毋煚《古今書録》編成的，對天寶朝以後，特别是唐末文獻遺漏頗多，姚名達評價該目“既非通撰古今，亦未盡録唐代。蓋《古今書録》雖以古今爲名，而實據當時秘書省及諸司所載之書而記其目，皆確有其書，并非盡録古書，虛存其目也”〔四〕。很難以此目録爲標準來判斷唐後期文獻的時限。韓鄂的另一著作，時令文獻《歲華麗紀》共引用了二百餘種典籍，其中時代最晚的是王定保撰寫的《唐摭言》〔五〕，陶紹清《〈唐摭言〉成書時間考》判斷該書撰成於南漢大有（928—942）初、中期，即王定保65歲（936）前後〔六〕。又，《歲華麗紀》引用了《四時纂要》中正月“貯神水”一條，文字内容與《四時纂要》完全一致，而《四時纂要》并無引用《歲華麗紀》的情况，繆啓愉就此認爲《四時纂要》的成書應較《歲華麗紀》早〔七〕。綜上，可以基本判斷，《四時纂要》的成書時間大概率在唐末到五代中期之間。

關於《四時纂要》的地域性，前人亦有争議。繆啓愉認爲，該書主要反映的是渭水與黄河下游一代農業生産情况〔八〕。而守屋美都雄則認爲它反映的是唐末長江流域的農業生産情况〔九〕。曾雄生對此問題做了細緻考察，通過對《四時纂要》所載茶、水稻等作物的種植情况，以及牛衣、農具的利用情况判斷該書主要記述的是北方農業，但亦有一些南方農業的内容〔一〇〕。需要注意的是，韓鄂在《四時纂要序》中講述了該書的編纂方法：

> 余是以編閲農書，搜羅雜訣，《廣雅》《爾雅》則定其土産，《月令》《家令》則叙彼時宜，采氾勝《種樹》之書，掇崔寔《試穀》之法，而又《韋氏月録》傷於簡閲，《齊民要術》弊在迂疎。今則删兩氏之繁蕪，撮諸家之術數，諱□□可嗤孔子，速富則安問陶朱。加以占八節之風雲，□五穀之貴賤，手試必成之醯醢，家

〔一〕王毓瑚：《中國農學書録》，中華書局，2006年，第48頁。

〔二〕（元）脱脱等：《宋史》卷二六三，中華書局，1985，第9096–9097頁。

〔三〕曾雄生：《中國農學史》，福建人民出版社，2008年，第375頁。

〔四〕姚名達：《中國目録學史》，上海書店“民國叢書”據商務印書館1934年版影印本，第217頁。

〔五〕繆啓愉懷疑兩書的作者并非一人，但該説并無直接史料支持。從兩書内容的相關性來看，大部分學者支持兩書爲統一韓鄂所作。

〔六〕陶紹清：《〈唐摭言〉成書時間考》，《雲南大學學報（社會科學版）》2012年11期，第72–76頁。

〔七〕繆啓愉：《四時纂要校釋》，農業出版社，1981年，第2頁。

〔八〕繆啓愉：《四時纂要校釋》，農業出版社，1981年，第31頁。

〔九〕（日本）守屋美都雄：《〈四時纂要〉影印本題解》，東京書店，1961年，第35頁。

〔一〇〕曾雄生：《中國農學史》，福建人民出版社，2008年，第376–383頁。

傳立效之方書。至於相馬、醫牛、飼雞彘，既資博識，豈可棄遺？事出千門，編成五卷，雖慙老農老圃，但冀傳子傳孫。

可見，《四時纂要》是一部“從典籍到典籍”的農書，韓鄂本人更多是一名博學文人，而非經驗豐富的農業生産者。在編纂《四時纂要》時，他做的主要工作是撮抄與改寫《氾勝之書》《四民月令》《齊民要術》《保生月録》等前代文獻，并添補一些數術、商業、釀造等方面的内容。而在唐以前，産生於北方黄河流域的農書遠多於南方，故《四時纂要》自然保留了更多北方農業的地域特色，其中可能并不顯著地包含韓鄂本人的生産經驗或地域文化取向。

二、《四時纂要》的版本流傳

《四時纂要》一書流行於兩宋，被視爲重要的農業文獻，頗得勸課農桑之用，前述即有後周竇儼奏請刊行該書之事。北宋天禧四年（1020），李防奏請將《四時纂要》《齊民要術》二書“雕印頒付諸路勸農司，委轉運勸農使副，每遇巡曆州縣，常加提舉勸農”〔一〕。南宋紹興年間（1131—1162），名臣張運桂陽任上也曾“大修庠序之教，祠漢以來守令有功德於桂陽者衛颯、唐羌等七人於學，刻續《顔氏家訓》《四時纂要》等書，散之民間，使之修德而務本”〔二〕。此後再未見刊印《四時纂要》的記載，但南宋諸書目仍有此書著録。元代至元十年（1273）官修《農桑輯要》，對前代農書引述頗多，其中有一部題爲《四時類要》之書，内容與今見《四時纂要》相符。宋末、元初又有一部吴懌《種藝必用》，大量引用了《四時纂要》。此書的最後記録見於明楊士奇《文淵閣書目》載“《四時纂要》一部一册”，此後則再不見《四時纂要》的記載或轉引。該書在國内可能亡佚於元明之際。

1960年，山本敬太朗在日本東京發現一部古農書，次年，經守屋美都雄等學者鑒定爲《四時纂要》，并作解題影印出版。1962年，王毓瑚、胡道静、萬國鼎等學者以此影印本爲依據，開啓了對這部月令體農書的研究。該版本爲明代萬曆十八年（1590）的朝鮮刻本，是根據宋太宗至道二年（996）杭州民間刻本的重刻本（此本下稱“重刻本”）〔三〕。學者普遍認爲此本中有後來羼入的内容，其依據主要爲該本三月末有一條“種木綿法”。守屋美都雄在解題中即提出“從書的體例方面考慮，《四時纂要》中其他各月末尾處都以如果該月時令反常，就會引起什麽樣的灾禍爲結束的，只有這三月、正月

〔一〕（清）徐松輯，劉琳等整理：《宋會要輯稿》，上海古籍出版社，2014年，第5945頁。
〔二〕（元）脱脱等：《宋史》卷四〇四，中華書局，1985年，第12220頁。
〔三〕書末題有“杭州潘家雕”五字，又有朝鮮慶尚道左兵節度使樸宣、通訓大夫行繕工監副正柳希潛兩跋。

和十二月，畫蛇添足地添加了不同性質的記事，確實是一個疑問”〔一〕。王毓瑚指出“特別是書中有一段‘種木綿法’更不應當是五代以前時期的人的手筆，説不定還許是朝鮮人加進去的”〔二〕。天野元之助《中國古農書考》亦持此説。萬國鼎則提出，從技術上看，唐時兩廣、雲南、四川已種植棉花，而北方則無，故此條可疑〔三〕。可見，學者對這部重刻本《四時纂要》的文本可靠性存有一定懷疑。但由於該本長時間被視爲該書的海内孤本，故相關整理、研究皆以其爲據。

2017 年底，韓國慶北大學南權熙教授在整理韓國慶北醴泉郡南嶽宗家古圖書的時候，意外發現了一部“癸未字”本《四時纂要》。1403 年，朝鮮太宗李芳遠下令設立“鑄字所”，以古朝鮮經筵廳收藏的古注本《詩》《書》《左傳》爲依據，範銅爲字，幾個月内鑄成銅字數十萬字。因該年是明永樂元年癸未，故所鑄之字稱爲“癸未字”。1420 年，太宗在鑄造“庚子字”時，將癸未字全部熔化，因此用癸未字印刷的書籍非常珍貴。目前所發現的癸未字書籍有《陶隱先生詩集》《新刊類編曆學三場文軒對策》和《四時纂要》等。癸未字本《四時纂要》發現後，韓國學者南權熙從印刷史與書志學的角度對該本做了細緻考證〔四〕；農史學者崔德卿以該本爲底本整理了韓漢對譯的《四時纂要譯注》〔五〕；醴泉博物館出版的《癸未字本〈四時纂要〉研究》對癸未字本的圖像做了披露，并對該書做了多角度的研究〔六〕。2022 年，王星光、李勇介紹了該本，并與重刻本做了比較研究〔七〕。癸未字本解決了學者對《四時纂要》“種木綿法”條的爭論，該本三月之末并無此條，證明王毓瑚、天野元之助等該條爲後來羼入的判斷屬實。癸未字本漫漶嚴重，據崔德卿統計，該本正月 84.6%、三月 5%、七月 12%、八月 3.4%、十二月 57% 的原文内容被損毁，卷首序言和書末題跋已不存〔八〕。

《四時纂要》是古朝鮮勸課農桑的重要文獻，世宗五年（1423）“傳旨戶曹，各道移蕎麥耕種，考《四時纂要》，及本國經驗之方，趁時勤耕”〔九〕。1480 年，朝鮮姜希孟以《四時纂要》的體例編纂了《四時纂要抄》，1619 年高尚顔根據《四時纂要抄》編纂了《農家月令》。這些文獻皆在古朝鮮農學史上意義突出，有序的知識傳承與文獻傳刻讓

〔一〕（日本）守屋美都雄：《〈四時纂要〉影印本題解》，東京書店，1961 年，第 38 頁。

〔二〕王毓瑚：《中國農學書録》，中華書局，2006 年，第 48 頁。

〔三〕萬國鼎：《韓鄂〈四時纂要〉》，《中國農報》1962 年 5 月 10 日。

〔四〕（韓國）南權熙：《癸未字本〈四時纂要〉的書志研究》，《韓國圖書館資訊雜誌》2018 年第 2 期。

〔五〕（韓國）崔德卿：《四時纂要譯注》，世昌出版社，2017 年。

〔六〕裴永東、裴賢淑、金榮鎮、金在浩、權三文：《癸未字本〈四時纂要〉研究》，醴泉博物館，2018 年。

〔七〕王星光，李勇：《新發現的癸未字本〈四時纂要〉與重刻本〈四時纂要〉的比較研究》，《復旦學報（社會科學版）》2022 年第 4 期，第 137–148 頁。

〔八〕崔德卿：《四時纂要譯注》，世昌出版社，2017 年，第 588 頁。

〔九〕崔德卿：《韓國的農書與農業技術——以朝鮮時代的農書和農法爲中心》，《中國農史》2001 年第 4 期，第 81–95 頁。

《四時纂要》在古朝鮮更受重視，這或是該書能在朝鮮半島留有遺珍的原因所在。

對比重刻本與癸未本《四時纂要》可以發現：

第一，兩本存在若干系統性字形差异，如昏－昬、糴－糴、蟲－虫、土－圡、蠶－蚕、壠－壟、棄－弃、糶－粜等，而如娵－娶等，雖有部分例外，亦呈系統差别。這些差别可以視爲廣義上的异體字，對文本之意并無影響，但可以明顯看出，癸未字本更傾向於使用形體較爲簡單的俗體字，這可能與金屬活字的鑄造工藝有關——繁複的字形對工匠技藝有更高要求，容易發生鑄刻不清的問題。

第二，癸未字本存在一些重要誤字，其中部分影響了文意。如典籍名錯誤，誤《莊子》爲《壯子》；又如内容明顯編排錯誤，"春甲子、乙亥并不可移徙"誤爲"冬壬子、丁亥"。更有甚者，部分誤字涉及農業技術問題。如上述二月"種芋"條之内容，原文作：

> 芋宜近水肥地，和糞種之。區方深三尺，取豆萁内區中，足踐之，厚五寸。取區上濕土和糞蓋豆萁上，厚二寸，以水澆之，足踐令保澤。每區安五芋，置四角及中央各一芋。足踐，旱則澆之。萁爛芋生，一區可收一石。芋可以備凶年，宜留意焉。

"足踐，旱則澆之"，癸未字本作"足踐，旦即澆之"。逢旦即澆，顯非之種芋之法。考《齊民要術》種芋第十六有〔一〕：

> 《氾勝之書》曰："種芋區，方深皆三尺。取豆萁内區中，足踐之，厚尺五寸。取區上濕土，與糞和之，内區中萁上，令厚尺二寸。以水澆之，足踐令保澤。"取五芋子，置四角及中央。足踐之。旱，數澆之。萁爛，芋生，子皆長三尺。一區收三石。

明顯可見《四時纂要》系從《齊民要術》此條改寫而得。《齊民要術》中"旱，數澆之"，與重刻本"旱則澆之"大意一致，而與癸未本"旦即澆之"全無關系，可見癸未本此處存在重要訛誤。

第三，重刻本也存在一些誤字，可據癸未字本改正。如重刻本"皆以入地五寸爲侯"，"侯"字顯誤，應據癸未字本改"候"。

第四，在一些數術類内容上，兩本也存在一些差异。如重刻木二月重刻本"亥爲天羅"癸未字本作"子爲天羅"；重刻本"酉爲地火"癸未本字作"午爲地火"。這

〔一〕（北魏）賈思勰撰，石聲漢校釋：《齊民要術今釋》，中華書局，2009年，第206–207頁。

些异文的正誤很難做出判斷，但他們不似排印錯誤所致，可能體現了一定數術知識上的認識差异。

總的來看，重刻本的實際刊印時間更晚，但它可能更多保留了早期版本（北宋至道二年本）的面貌，但亦個别條目系後來羼入。而癸未字本印行時間較早，亦無後來羼入内容。

三、《四時纂要》中的農業技術

《四時纂要》在每月中皆分作物種類比較詳細地介紹相應的農業生産技術。該書主要是對前代農書的綜合與補充，部分技術知識可以在《氾勝之書》《齊民要術》中找到藍本或原型，其超出前代之處主要體現在如下三方面：

其一，記載了一系列新作物的生産情況。

《四時纂要》最早記載了茶葉、百合、萵苣、牛蒡、薯蕷等作物的種植方法，其中尤以茶葉種植最爲典型與重要。

我國飲茶之歷史淵源甚古，最晚到西漢時期，文獻中已有關於茶的若干記録。王褒《僮約》更是出現了茶葉買賣的記載，三國魏《廣雅》已述及茶餅的製作與引用方法。然而在唐代以前，雖然可能已有零散的茶園〔一〕，但茶的主要獲取方式仍是采集而非種植。至於唐代，隨着飲茶風尚的進一步風靡，社會對茶葉的需求量激增；同時，唐代氣候整體較暖，茶樹生長的地理範圍得以擴展，這使得茶樹種植成爲一個重要的農業發展點。唐代産生了以陸羽《茶經》爲代表的一系列專門的茶文獻，然而這些文獻更多關注茶的歷史、源流、采摘、製作、鑒定等，而由於重采摘而輕種植的口味傾向，他們對生産環節并不着意。曾雄生提出，在南方地區，由於茶長期“自生自長”，南人可能對茶的栽培等反而缺乏技術意義上的關注，而由於唐代茶葉種植地域向北方黄河流域延展，新的茶葉産地亟待了解茶樹種植的技術經驗，這可能是《四時纂要》關注茶樹種植的背景所在〔二〕。

《四時纂要》中記載有關茶的農業技術有“種茶”與“收茶子”兩條，皆在二月，具體如下：

> 種茶。二月中於樹下或北陰之地開坎，圓三尺，深一尺，熟斸，着糞和土。每坑種六七十顆子，蓋土厚一寸强。任生草，不得耘。相去二尺種一方。旱即以米泔澆。此物畏日，桑下竹陰地種之皆可。二年外方可耘治，以小便、稀糞、蠶沙澆擁

〔一〕《華陽國志·巴志》中有“園有芳茗，給客橙葵”。據此，部分學者認爲這是東晋時已有茶園的證據。

〔二〕曾雄生：《中國農學史》，福建人民出版社，2008 年，第 377 頁。

之，又不可太多，恐根嫩故也。大概宜山中帶坡峻，若於平地，即須於兩畔深開溝壟泄水，水浸根必死。三年後每科收茶八兩，每畝計二百四十科，計收茶一百二十斤。茶未成，開四面不妨種雄麻、黍、穄等。

收茶子。熟時收取子，和濕沙土拌，筐籠盛之，穰草蓋，不爾即乃凍不生。至二月出種之。

其内容涉及茶樹種植的選地、耕耘、施肥、下種、中耕、追肥、采茶等一系列程式與步驟，并特别强調茶樹喜陰、畏日、喜坡地、懼水浸等習性特點，堪稱科學全面。《四時纂要》還特别指明了茶樹可以與雄麻、黍、穄等作物套作耕種。這種套作技術一方面可以對茶苗起到蔭庇與助長的作用，同時又可以進一步提高經濟效益。可以説，《四時纂要》已基本講清了我國古代茶樹種植的技術與方法框架。這套方法在後世沿用甚久。

《四時纂要》中還有對食用菌培植技術的最早記載，此書“三月”有：

種菌子。取爛構木及葉，於地埋之。常以泔澆令濕，兩三日即生。又法：畦中下爛糞，取構木可長六七尺，截斷磓碎。如種菜法，於畦中匀布，土蓋，水澆，長令潤。如初有小菌子，仰杷推之，明旦又出，亦推之。三度後出者甚大，即收食之。本自構木，食之不損人。

該條明確説明了菌種的種植方法，包括基質、菌種、温度和時間控制等。學界目前關於《四時纂要》中的“菌子”究竟系何種微生物尚有争論，主要有毛頭鬼傘（雞腿菇）、毛柄金錢菌（金針菇）二説〔一〕。

其二，在嫁接技術上有所突破。

早在周秦時期，我國典籍便有對嫁接技術的記載，《爾雅·釋木》記載了一種“椄慮李”〔二〕，《説文解字注》釋“椄”曰：“今栽華（花）植果者，以彼枝移接此樹，而華（花）果同彼樹矣。椄之言接也，今接行而椄廢。”〔三〕可見此時我國已有李樹嫁接的實踐。此後，《氾勝之書》《齊民要術》等農書中皆有若干對具體嫁接技術的描述。《四時纂要》在吸收前代農書技術成果的基礎上，對嫁接技術有了更爲深入的論述，其理論突破主要表現在三方面：

〔一〕具體考證可參考賈身茂：《〈四時纂要〉“三月·種菌子”篇幾個問題的探討》，《食藥用菌》2019年第5期，第351–356頁。

〔二〕（宋）邢昺：《爾雅注疏》卷九，影印阮元校刻《十三經注疏本》，中華書局，1980年，第2637頁。

〔三〕（清）段玉裁：《説文解字注》，上海古籍出版社，1981年，264頁。

第一，最早使用延續至今的術語“砧”用以描述植物嫁接時承受接穗的植株。該詞最早見於《四時纂要》正月“接樹”條曰：“右取樹本如斧柯大及臂大者，皆可接，謂之‘樹砧’。”砧本來是墊板的意思，這一術語的出現表現了當時對嫁接複合體中兩個部分的關係已經有了進一步的認識。

第二，提出了近緣嫁接的理論。《齊民要術》在對梨樹嫁接的描述中已發現了砧木的不同對嫁接效果有明顯的影響。《四時纂要》進一步提出“其實内子相類者，林檎、梨向木瓜砧上，栗向櫟砧上，皆活，蓋是類也”，意即種子形態結構相近似的植物相嫁接更容易成活，亦即今日所謂親緣關係較近的植物相互之間嫁接親和力較强。在科學分類法誕生之前，這一理論已經相對可靠地解决了嫁接砧木種類選擇的問題。

第三，《四時纂要》注意到了嫁接鬆緊、嫁接後養護的重要意義。“接樹”條有“令寬急得所，寬即陽氣不應，急即力大夾殺，全在細意酌度”。“别取本色樹皮一片，闊半寸，纏所接樹砧緣瘡口，恐雨入。纏了，即以黄泥封之，其砧面并枝頭并令如法泥訖。仍以紙裹頭，麻纏之，恐其泥落故也。砧上有葉生，即旋去之。仍以灰糞擁其砧根，外以刺棘遮護，勿使有物撥動其根枝”。其意即要求嫁接時接穗與砧木應鬆緊適度，太松則接觸不良，不能産生新的分生組織，太緊則接穗無法順利吸收養分。又要求以纏縛、封裹等方式盡可能地减少外界不良影響，以提高嫁接成活率。

其三，在發酵技術上有所創新。

早自上古時期起，先民已在長期的勞動實踐中，學會以糧食爲原料通過發酵技術來製作酒、醋、醬、豉等一系列食品，《齊民要術》已詳細收載了截至魏晋南北朝我國在發酵技術上取得的技術成果。在唐代，隨着經驗的總結、技術的發展、經濟的蓬勃以及國際文化交流的擴展，我國的發酵釀造技術又有了若干創新，《四時纂要》對這些新技術多有記載，尤其在制曲、制醬與制豉三方面最爲突出。

第一，制曲。《齊民要術》已記載了八類曲的製造方法，而《四時纂要》則主要記述“法曲”“神曲”兩種酒麴的製造技術。兩書的技術方案基本一致，但《四時纂要》有兩方面的重要改進，一是在“六日造曲法”中提出，磨麥之後應“各别磨羅取面，其麩留取入曲使”，即在釀造原料中加入一些麩皮。這會使得原料更加疏鬆透氣，有利於有氧微生物的生長，發酵效果更優。二是提出曲塊疊放，《四時纂要》要求在溲和好曲塊後，可以“地上鋪蒿草，厚三五寸，竪曲如隔子眼，以草覆之令厚”，這顯著提升了曲室的空間利用率，并使温度和濕度穩定上升，酒麴中微生物的生長繁殖加快。

第二，制醬。《齊民要術》已記載了比較詳備的制醬技術，其方案爲分别製作醬料與醬曲，然後再予合釀。《四時纂要》則提出了一種更加方便快捷的“十日醬法”。在高温高濕的夏季環境下，直接將醬料與醬曲的原料合釀，使之充分發酵，製成乾酱醅，即“醬黄”，食時再將醬黄加水調製即可。這一技術方法工藝條件要求較低，制醅與制醬可以分别進行，農閒制醅農忙制醬，至今仍在沿用。

第三，制豉。《四時纂要》最早記載了“麩豉”的製作方法，以制曲時篩剩的麩皮爲原料，在約如人體温的環境中發酵得豉。這一技術充分節約利用原料方面意義突出。《四時纂要》還發現，將鹹豉製作完成後剩餘汁水，即豉汁，進行加熱滅菌，可以長期保存，并用以調味。

《四時纂要》在制酒、制醋等方面亦有發展，對上述發酵技術的微生物學原理，張彤陽做了詳細考察〔一〕。除上述新作物、嫁接、發酵技術外，《四時纂要》還在獸醫方劑技術上多有創造，李偉霞對此有詳細考論，此處不復詳述〔二〕。另如在養蜂、制油衣、制漆等生産領域，《四時纂要》亦有超出前代的重要進展，不可一一盡數。

四、《四時纂要》中的數術知識

《四時纂要》是一部“以農爲本”“以食爲本”的著作，韓鄂編纂此書的目的在於“務勸農之術”。但與農業技術相比，《四時纂要》更具特色的是它的數術類知識，在全書 696 條各類事項中，有 348 條屬於數術。這些知識結構明晰，并可以明顯地分爲占候、擇日與禳鎮三類。

（一）占候知識

占候，即觀天文風雲之變化以預測吉凶。韓鄂在《四時纂要》首條即明言占候的重要意義道：“凡出行要知昏曉，上梁架屋，所爲百事，莫不順其早晚，是以列於篇首實爲切務。”《四時纂要》占候的内容頗雜。從時間節氣來分，有晦朔占、歲首雜占、月内雜占、月内占吉凶地、四分四至占、占六子等；從所占的自然現象分，有占月影、占雲氣、占風雷雨等；從農作物自身分有占地元、占八穀萬物等。在一月之中，一般先言該月的昏旦中星與天道，之後敘各類占候，其順序一般是晦朔占—月内雜占—四分四至占—占雲氣—占風雷雨，其餘各占只在個别月出現。舉出現頻率最高的朔晦占爲例：

> 晦朔占。朔旦晴明，無雲而温，不風至暮，蠶善而米賤；若有疾風盛雨，折木發屋，揚沙走石，絲緜貴，蠶敗而穀不成。晦與旦風雨者，皆穀貴。朔日霧，歲饑。朔日雷雨者，下田與麥善，禾黍小熟。朔日雨水，猛獸見，狼如狗。朔日立春，民不安。

〔一〕張彤陽：《唐代微生物技術的發展——以〈四時纂要〉爲中心的考察》，《農業考古》2022 年第 4 期，第 220–229 頁。

〔二〕李偉霞：《月令體農書中獸醫知識書寫特點探析——以〈四時纂要〉爲例》，《科學文化評論》2021 年第 4 期，第 100–113 頁。

這一占法主要是通過該月朔、晦二日的陰晴風雨來占卜當年的農業狀況，具體體現爲米、絲等的長勢、收成、貴賤等。再如月内雜占：

是月一日值甲，米賤人疫。值乙，米麥貴，人病死。值丙，四十日旱，人安。一云四月。值丁，絲緜六十日貴。值戊，粟、麥、魚、鹽貴，又旱四十五日。值己，米貴，蠶凶，多風雨。值庚，金銅貴，穀熟，人多病。值辛，麻麥貴，穀熟。值壬，米麥賤，絹布大豆貴。值癸，穀傷人病，多雨。

這一占法主要通過該月一日的干支日期等占測當年的農業手工業生産狀況、氣象走向及灾异情况等，其占測對象更爲複雜多樣。其餘，如四分四至占主要通過該日的日影長短、干支特徵占測氣象、豐歉；占雲氣一般是根據節氣日的雲氣特徵來判斷天道運行的狀况；占風雷雨則根據發生這些特殊天氣現象的干支特點進行占測。

可以發現，《四時纂要》中占候方式極爲多樣，占候對象以關乎農業的豐歉、陰晴、風雨等爲主，并特别關注物産的貴賤，同時也涉及瘟疫疾病、社會穩定等重要社會現象。

（二）擇日知識

擇日，即時日的吉凶選擇。《四時纂要》講到擇日的條目多達 178 條，占全書條目數的 25%。主要條目有天道、黄道、黑道、天赦、出行日、臺土日、四殺没時、諸凶日、嫁娶日、喪葬、推六道、五姓利年、五姓利月、起土、移徙、架屋日十六類。涉及的事項有起造、取土、架屋、遠行、移徙、還家、嫁娶、上官、埋葬、求財、種蒔、商賈、療病、針灸、安産婦、出軍、刑獄等，可謂網羅了社會生活的方方面面。《四時纂要》中擇日諸條的結構化程度頗高，除三月缺失了喪葬擇日外，其餘各月皆按順序設置了上述十六類擇日條目。

《四時纂要》擇日類的内容敘述簡練，皆作某日宜做某事，或某日不宜做某事，及違背擇日會引發如何後果等。如正月“出行日”作：

出行日。凡春三月，不東行，犯王方。又立春後七日爲往。不可遠行、移徙。正月丑爲歸忌，不可出行、還家、嫁娵、埋葬。立春前一日并癸亥日、正月六日、七日、二十日是窮日。寅日爲天羅，亦名“往亡”“土公”，不可遠行、動土，傷人，凶。晦朔亦忌出行。

從其内容可見，在《四時纂要》的擇日文化中，同時涉及一月之干支（如“正月丑”“癸亥日”“寅日”）、日期（如“正月六日、七日、二十日”）、節氣（如“立春後七日”)、晦朔等，這些不同的記日尺度相互并行，形成了複雜的生活擇日系統。

（三）禳鎮知識

禳鎮是一種通過數術手段消除灾禍的行爲。《四時纂要》中專述禳鎮的條目并不多，但其内容十分豐富，包括禳除疾病、兵禍、鬼怪、蟲灾鼠患，以及祈求豐收與財富等。此外，還有一些“令人不忘”“令人多智”“無子”等雜事。仍舉正月爲例：

> 禳鎮。正旦元日，以鵲巢燒之著厠，辟兵。又厠前草，月初上寅日燒中庭，令人一家不著天行。月三日，買竹筒四枚，置家中四壁上，令田蠶萬倍，錢財自來。十五日，以殘餻糜熬令焦，和穀種種之，辟蟲。月内甲子，拔白。晦日汲井花水服，令髭發不白。元日取五辛食之，令人開五臟，去伏熱。元日取小便洗腋下，治腋氣，大效。四日淩晨拔白，永不生，神仙拔白日。他月倣此。八日沐浴，去灾禍，神仙沐浴日。

其内容涉及辟兵、不著天行、田蠶倍、錢財來、辟蟲、拔白、髭發不白、去伏熱、治腋氣、沐浴去灾等諸多内容。需要注意的是，《四時纂要》中的禳鎮内容與題唐代名醫孫思邈所撰的《孫真人攝養論》有一定相關性，體現了一定的道教文化色彩〔一〕。但《四時纂要》内容明顯更爲豐富，且與歲時節令有着更爲密切的結合。

除上述占候、擇日與禳鎮三類數術内容外，有學者注意到《四時纂要》對一些農業技術類的條目也進行了數術化的改造，如《四民月令》有“清明節，命蠶妾治蠶室，塗隙、穴，具槌、持、薄、籠”，而《四時纂要》改造爲“清明日，修蠶具、蠶事，宜蠶”；《四民月令》有“順陽習射，以備不虞”，《四時纂要》改造爲“習射，順陽氣也”。本身普通的操作性内容，被賦予了宜節、順氣的數術色彩，甚至被截去了現實目的〔二〕。

隋唐兩代，包括占候、擇日與禳鎮在内，數術文化在從民間到宫廷的社會各階層中皆有深刻的影響。在中央，隋文帝即曾令臨孝恭、蕭吉考定用以占卜的《陰陽書》，唐太宗又命令吕才與學者十餘人對既存《陰陽書》進行了大規模的修訂和編纂，并形成了官修《陰陽書》五十三卷，其内容包括宅經、禄命、時日宜忌等諸多數術事項，是我國官修陰陽書之祖。同時，唐代官方亦有一批專業的占卜官員，包括負責擇日的太卜、負責占候的太史等。這些文獻與職官共同構成了一套官方的數術知識體系，并廣泛地參與

〔一〕劉芳：《〈四時纂要〉的道教傾向研究》，《管子學刊》2015年第1期，第58–63頁。

〔二〕王傳超：《古代農書中天文及術數内容的來源及流變——以〈四時纂要〉爲中心的考察》，《中國科技史雜誌》2009年第4期，第438–453頁。

到宗廟祭祀、官員任命、刑罰勸農、邊事戰爭等國家重大政治活動中。在隋唐民間，各類數術文化更是蓬勃發展，不同占術層出不窮。如在敦煌文書中，即可見占周公八天出行法、孔子馬頭卜法、周公孔子占法、李老君周易十二錢卜法、七曜日占法等一系列特色鮮明、文化背景各异的占法，它們各擅勝場，并行於世。余欣概括晚唐的占卜文化特點道："唐宋之際，出現了兩股相反相成的動向：其中一部分，特别是易占，趨於複雜化，或者説學術化，成爲文人士大夫們，或者説精英階層喜好的學問；而與此同時，另一些則趨於簡單易行，成爲普通民衆的方便法門，并在民間廣泛流行。"〔一〕這樣的時代文化底色，無疑是《四時纂要》對數術知識特别關注的重要原因。

《四時纂要》中的數術知識，以今人的眼光看近乎是"封建迷信"一類，但對唐人而言，它們是與農業技術可以并舉的確實有效的知識。這些占候、擇吉類的事項，既有官方政治宣傳作爲背書，又在民間形成了自足的傳統。它們本身可能有一定的實踐來源，例如一部分占候知識可能與對氣象活動的長期觀測與記録有關，但在流傳過程中，這些知識已逐漸慣性化，成爲融入農村生産生活的不言自明的習俗。由於它們具有簡練而程式化的特點，鄉間的塾師書生，甚至粗通文墨的農民皆可以有效學習與利用這些數術知識，爲自身或他人在關心的事項上給出符合一定規則的選擇與預測。這些預測未必能符合現實，但可以起到構造秩序、指導行動、明確因由、撫慰心靈的作用，具有獨特的文化價值。

目前，國内學界對《四時纂要》的整理本主要是繆啓愉先生在20世紀80年代完成的《四時纂要校釋》，該本標點精善，注釋精要，有很高的學術價值。近年新發現的癸未字本《四時纂要》爲這種農業古籍的整理提出了一種必要的校勘需求。本書在繆啓愉先生整理基礎上，仍以重刻本爲底本，參校以癸卯本，嚴格遵循兩本的字形面貌，應校盡校，盡可能充分地保存版本信息，以期得到一部更爲精善的《四時纂要》版本，供學界研究利用。

〔一〕余欣：《神道人心——唐宋之際敦煌民生宗教史研究》，中華書局，2006年，第276頁。

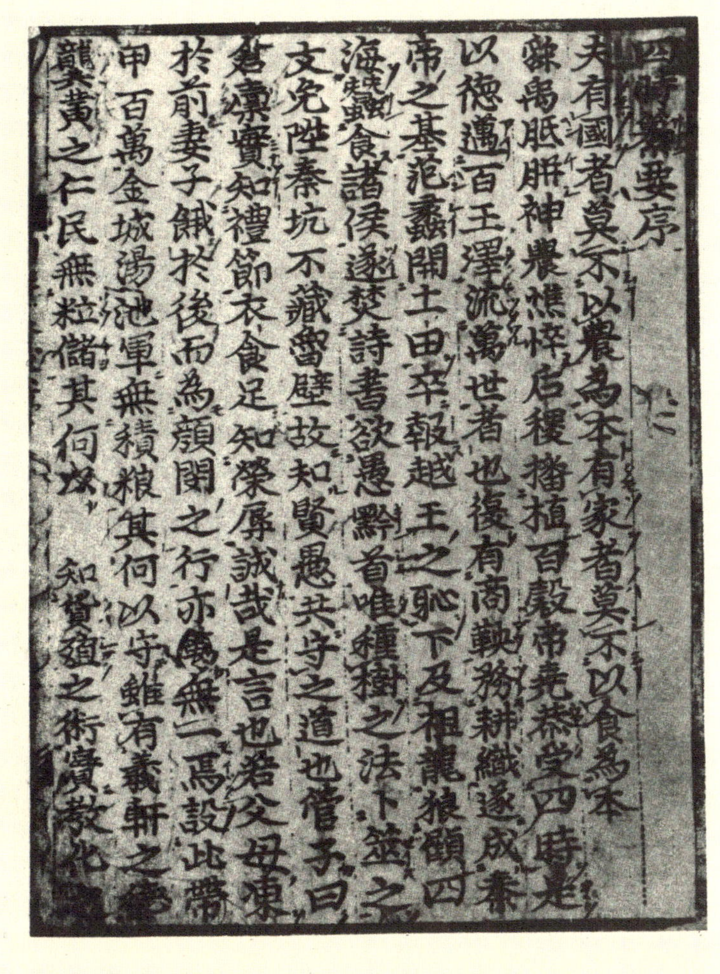

四時纂要序

夫有國者，莫不以農爲本。有家者，莫不以食爲本。　　舜禹胝胼，神農憔悴，后稷播植百穀，帝堯恭受四時，是以德邁百王，澤流萬世者也。復有商鞅務耕織，遂成秦帝之基；范蠡開土田，卒報越王之恥。下及祖龍狼顧四海，蠶食諸侯，遂焚詩書，欲愚黔首，唯種樹之法、卜筮之文，免陞秦坑，不藏魯壁，故知賢愚共守之道也。管子曰：“倉廩實知禮節，衣食足知榮辱。”誠哉是言也。若父母涷於前，妻子餓於後，而爲顔閔之行，亦萬無一焉。設此帶甲百萬，金城湯池，軍無積粮，其何以守？雖有羲軒之德，龔黄之仁，民無粒儲，其何以？

知貨殖之術，實教化［之］[1]

1 “之”原闕，據上下文義補。

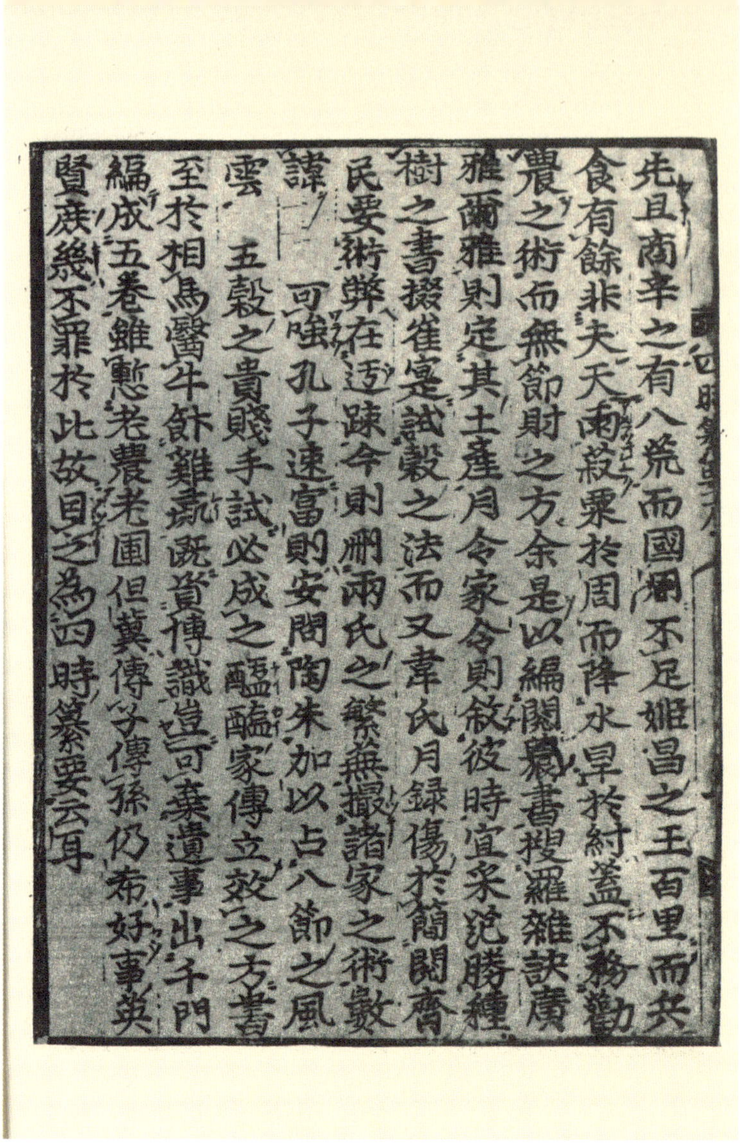
先且商辛之有八荒而國用不足姬昌之王百里而兵
食有餘非夫天雨菽粟於周而降水旱於紂蓋不務勸
農之術而無節財之方余是以編閱農書搜羅雜訣廣
雅爾雅則定其土産月令家令則敘彼時宜采氾勝種
樹之書掇崔寔試穀之法而又韋氏月録傷於簡閱齊
民要術弊在迂疎今則刪兩氏之繁蕪撮諸家之術數
諱　可嗤孔子速富則安問陶朱加以占八節之風
雲　五穀之貴賤手試必成之醯醢家傳立效之方書
至於相馬醫牛飾雞彘既資博識豈可棄遺事出千門
編成五卷雖慙老農老圃但冀傳子傳孫仍希好事英
賢庶幾不罪於此故因之為四時纂要云耳

先，且商辛之有八荒而國用不足，姬昌之王百里而兵食有餘，非夫天雨菽粟於周，而降水旱於紂，蓋不務勸農之術，而無節財之方。余是以編閱農書，搜羅雜訣，《廣雅》《爾雅》則定其土産，《月令》《家令》則敘彼時宜，采氾勝種樹之書，掇崔寔試穀之法，而又《韋氏月録》傷於簡閱，《齊民要術》弊在迂疎。今則刪兩氏之繁蕪，撮諸家之術數，諱[1]可嗤孔子，速富則安問陶朱。加以占八節之風雲，[2]五穀之貴賤，手試必成之醯醢，家傳立效之方書。至於相馬、醫牛、飾雞彘，既資博識，豈可棄遺？事出千門，編成五卷，雖慙老農老圃，但冀傳子傳孫。仍希好事英賢，庶幾不罪於此，故因之爲“四時纂要”云耳。

1 繆啓愉《四時纂要校釋》（以下簡稱“《校釋》”）補此二字作“農則”。出《論语・子路》“樊遲請學稼。子曰：‘吾不如老農。’”
2 《校釋》補此字作“卜”。

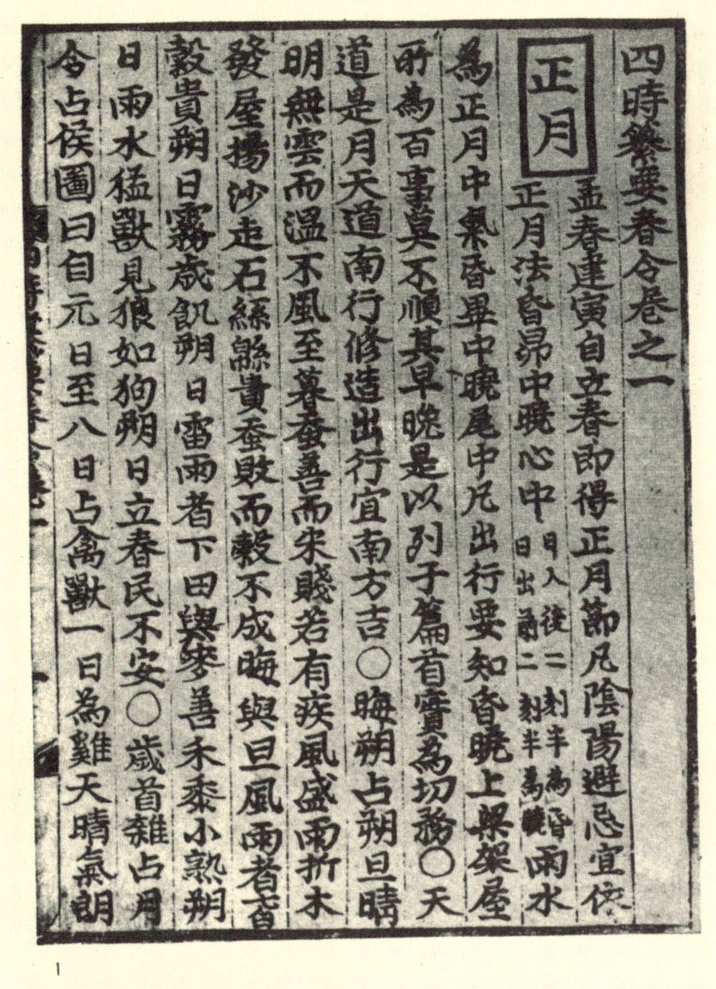

四時纂要春令卷之一
正月孟春建寅自立春即得正月節凡陰陽避忌宜依
正月法昏昴中曉心中日入後二刻半為昏日出前二刻半為曉雨水
為正月中氣昏畢中曉尾中凡出行要知昏曉上梁架屋
所為百事莫不順其早晚是以列於篇首實為切務○天
道是月天道南行修造出行宜南方吉○晦朔占朔旦晴
明無雲而溫不風至暮蚕善而米賤若有疾風盛雨折木
發屋揚沙走石絲緜貴蚕敗而穀不成晦與旦風雨者皆
穀貴朔日霧歲飢朔日雷雨者下田與麥善禾黍小熟朔
日雨水猛獸見狼如狗朔日立春民不安○歲首雜占月
令占候圖曰自元日至八日占禽獸一日為雞天晴氣朗

四時纂要春令卷之一

正月 孟春建寅。自立春即得正月節，凡陰陽避忌宜依正月法。昏，昴中；曉，心中。日入後二刻半爲昏，日出前二刻半爲曉。雨水爲正月中氣。昏，畢中；曉，尾中。凡出行要知昏曉，上梁架屋，所爲百事，莫不順其早晚，是以列於篇首實爲切務。

○天道。是月天道南行，修造、出行宜南方吉。

○晦朔占。朔旦晴明，無雲而温，不風至暮，蚕善而米賤；若有疾風盛雨，折木發屋，揚沙走石，絲緜貴，蚕敗而穀不成。晦與旦風雨者，皆穀貴。朔日霧，歲飢。朔日雷雨者，下田與麥善，禾黍小熟。朔日雨水，猛獸見，狼如狗。朔日立春，民不安。

○歲首雜占。《月令占侯圖》曰："自元日至八日占禽獸，一日爲雞，天晴氣朗，

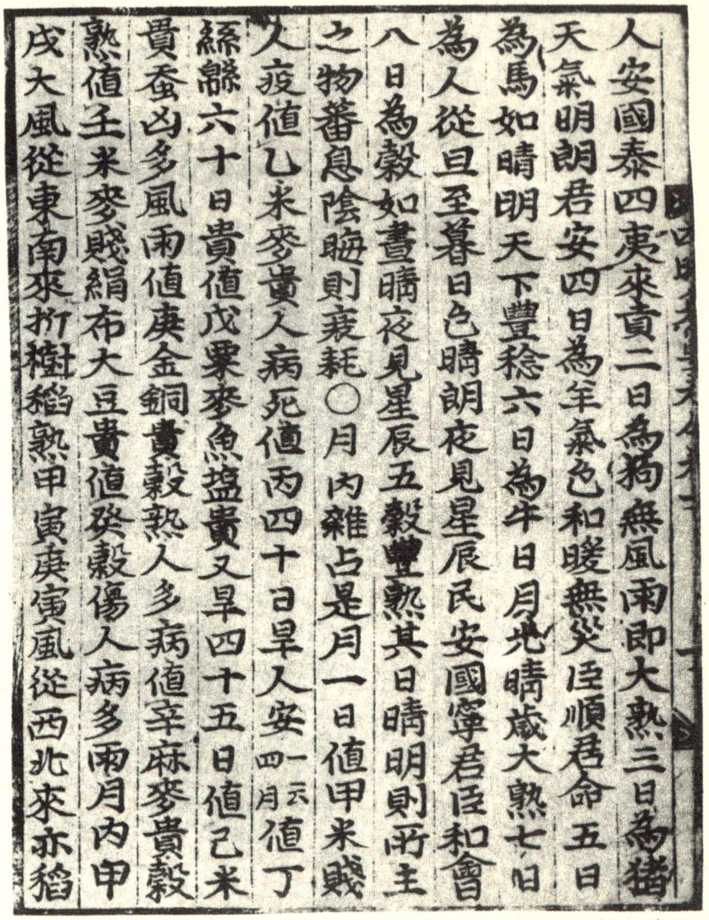
人安國泰四夷來貢二日爲狗無風雨即大熟三日爲猪
天氣明朗君安四日爲羊氣色和暖無災臣順君命五日
爲馬如晴明天下豐稔六日爲牛日月光晴歲大熟七日
爲人從旦至暮日色晴朗夜見星辰民安國寧君臣和會
八日爲穀如晝晴夜見星辰五穀豐熟其日晴明則所主
之物蕃息陰晦則衰耗○月內雜占是月一日值甲米賤
人疫值乙米麥貴人病死值丙四十日旱人安一云四月值丁
絲緜六十日貴值戊粟麥魚鹽貴又旱四十五日值己米
貴蠶凶多風雨值庚金銅貴穀熟人多病值辛麻麥貴穀
熟值壬米麥賤絹布大豆貴值癸穀傷人病多雨月內甲
戌大風從東南來折樹稻熟甲寅庚寅風從西北來亦稻

2

人安國泰，四夷來貢。二日爲狗，無風雨即大熟。三日爲猪，天氣明朗，君安。四日爲羊，氣色和暖，無災，臣順君命。五日爲馬，如晴明，天下豐稔。六日爲牛，日月光晴，歲大熟。七日爲人，從旦至暮，日色晴朗，夜見星辰，民安國寧，君臣和會。八日爲穀，如晝晴夜見星辰，五穀豐熟，其日晴明，則所主之物蕃息，陰晦則衰耗。

○月内雜占。是月一日值甲，米賤，人疫。值乙，米麥貴，人病死。值丙，四十日旱，人安。一云四月[1]。值丁，絲緜六十日貴。值戊，粟、麥、魚、塩貴，又旱四十五日。值己，米貴，蠶凶，多風雨。值庚，金銅貴，穀熟，人多病。值辛，麻麥貴，穀熟。值壬，米麥賤，絹布大豆貴。值癸，穀傷，人病，多雨。月内甲戌大風從東南來，折樹，稻熟。甲寅、庚寅風從西北來，亦稻

1 按，“一云四月”，宋陳元靚《歲時廣記》卷七引《四時纂要》作“一云四月旱”。

3

貴。（幸）［辛］[1]深即麥賤，午深即桑貴。又常以冬至數至正月上午日，滿五十日，人食［足］[2]，長一日餘一月食，少一日即少一月食，此有據。朔日温，正月桒賤。以十二日占十二月，取最風最寒之日，爲最貴之月，若自一日至五日已來不風，雨調和，無寒，穀賤。正月戊寅、己卯日小風，穀小貴，大風大貴。在六十日上卯日，風從東北來，穀三倍貴；東來，一倍；西來，賤。月内有甲子，蚕善而桒貴。巳日温，麥善；丑日温，禾善；寅日温，稻善；卯日温，豆善。此月虹出，七月穀貴。月蝕，粟賤，人多災。

○立春雜占。常以入節日日中時，立一丈表竿度影：得一尺，大疫、大旱、大暑、大飢；二尺，赤地千里；三尺，大旱；四尺，小旱；五尺，下田熟；六尺，高下熟；七尺，善；八尺，澇；九尺及一丈，

1 “辛”原誤作“幸”，上下文義改。

2 “足”原闕，據上下文義補。

大水。若其日不見日爲上。次立八尺表，日中時影得一丈三尺七分半，宜大豆。凡春夏影短爲旱，長爲病、爲水；秋冬短爲旱，長爲水、霜、雷。如度即吉，他節准此，其日陰者前後十日同占。

〇占月影。十五夜月中時立七尺表，影得一丈、九尺、八尺，並澇而多雨；七尺，善；六尺，普善；五尺，下田吉，並有熟處；四尺，飢而蟲；三尺，旱；二尺，大旱；一尺，大病大飢。又上下弦月色占之，青黑潤明，主旬有雨，黄赤，無其雨，餘月倣此。

〇占雲氣。立春日，艮卦用事，雞鳴丑時。艮上有黄雲氣，艮氣至也，宜大豆。艮氣不至，萬物不成，應在其衝。衝在七月。朔旦，四面有黄雲氣，其歲大豐，四方普熟；有青雲氣雜黄雲氣，有蝗蟲；赤氣，大旱；黑氣，大水。又朔旦東方有青氣，春多

5

雨，人民疫；白雲，八月凶；赤雲，春旱；黑雲，春多雨；黄雲，春多土功興。南方有赤雲，夏旱，穀貴；黑雲、青雲，夏多雨；白雲，夏凶；黄雲，夏土功興。西方占秋，北方占冬，並准此占之。又朔旦日初出時，有赤雲如霞蔽日，蚕凶，緜帛貴。又四面並有赤雲，歲猶善，但小旱。

○占風。立春日艮風來，宜大豆，又熟；坤來，多寒，大豆貴，貴在四十五日中；兑來，疾病；巽來，多風；离來，多旱；震來，霜傷物；乾來，亦霜害物而穀貴；坎來，春寒。立春以金尤寒，大飢而疾。立春雨，傷五禾。春甲乙日，必有風雨，無風雨人民不耕。又朔日風從南來，夏粂賤，年中旱；西來，春夏粂貴，豆熟；東來，粂賤；北來，澇；西北來，小豆熟，又夏粂貴；東北來，大熟；東南來，疾疫。朔日無風沉陰，不見日

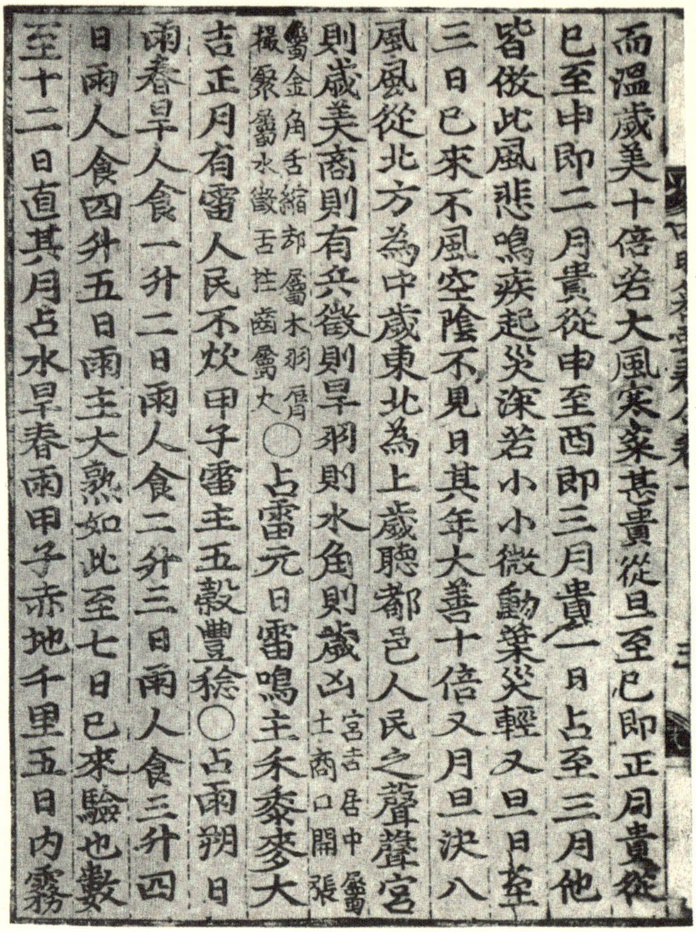

6

而温，歲美十倍。若大風寒，菜甚貴，從旦至巳即正月貴，從巳至申即二月貴，從申至酉即三月貴。一日占至三月，他皆倣此。風悲鳴，疾起，灾深。若小小微動葉，灾輕。又旦日至三日已來不風，空陰不見日，其年大善十倍。又月旦決八風，風從北方爲中歲，東北爲上歲。聽都邑人民之聲，聲宫則歲美，商則有兵，徵則旱，羽則水，角則歲凶。宫吉居中，屬土；商口開張，屬金；角舌縮却，屬木。羽脣撮聚，屬水；徵舌拄齒，屬火。

〇占雷。元日雷鳴，主禾黍麥大吉。正月有雷，人民不炊。甲子雷，主五穀豐稔。

〇占雨。朔日雨，春旱，人食一升；二日雨，人食二升；三日雨，人食三升；四日雨，人食四升；五日雨，主大熟。如此至七日已來，驗也。數至十二日，直其月，占水旱。春雨甲子，赤地千里。五日内霧，

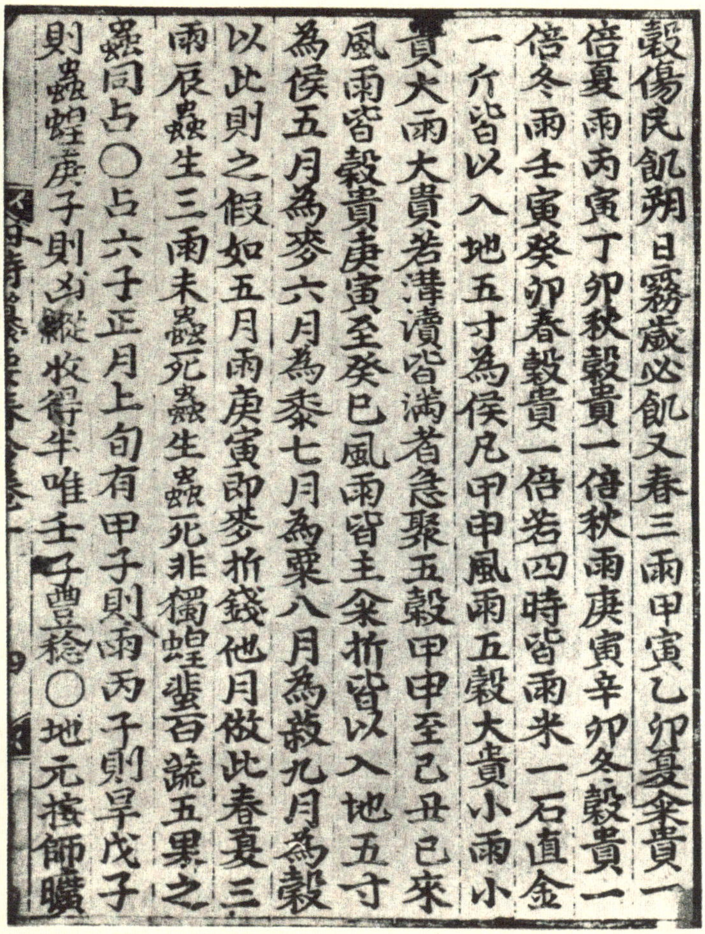
穀傷民飢朔日霧歲必飢又春三雨甲寅乙卯夏糸貴一
倍夏雨丙寅丁卯秋穀貴一倍秋雨庚寅辛卯冬穀貴一
倍冬雨壬寅癸卯春穀貴一倍若四時皆雨米一石直金
一斤皆以入地五寸為候凡甲申風雨五穀大貴小雨小
貴大雨大貴若溝瀆皆滿者急聚五穀甲申至己丑已來
風雨皆穀貴庚寅至癸巳風雨皆主糸折皆以入地五寸
為候五月為麥六月為黍七月為粟八月為菽九月為穀
以此則之假如五月雨庚寅即麥折錢他月倣此春夏三
雨辰蟲生三雨未蟲死蟲生蟲死非獨蝗螽百蔬五果之
蟲同占○占六子正月上旬有甲子則雨丙子則旱戊子
則蟲蝗庚子則凶縱收得半唯壬子豐稔○地元按師曠

7

穀傷民飢。朔日霧，歲必飢。又春三[1]雨甲寅、乙卯，夏糸貴一倍；夏雨丙寅、丁卯，秋穀貴一倍；秋雨庚寅、辛卯，冬穀貴一倍；冬雨壬寅、癸卯，春穀貴一倍。若四時皆雨，米一石直金一斤，皆以入地五寸爲侯。凡甲申風雨，五穀大貴，小雨小貴，大雨大貴，若溝瀆皆滿者，急聚五穀。甲申至己丑已來風雨，皆穀貴。庚寅至癸巳風雨，皆主糸折，皆以入地五寸爲侯。五月爲麥，六月爲黍，七月爲粟，八月爲菽，九月爲穀，以此則之。假如五月雨庚寅，即麥折錢，他月倣此。春夏二雨辰，蟲生；三雨未，蟲死。蟲生蟲死，非獨蝗螽，百蔬、五果之蟲同占。

○占六子。正月上旬有甲子則雨，丙子則旱，戊子則蟲蝗，庚子則凶，縱收，得半，唯壬子豐稔。

○地元。按《師曠》

1 按，此“三”字疑衍。《校釋》在“三”後補“月”字。

曰：“其年一物先生，主一年之候[1]。薺先生，主豐；葶藶先生，主苦；藕先生，主水；蒺藜先生，主旱；蓬先生，主流亡；藻先生，主疾。”又月所离列宿，日、風、雲占其國，然必察大歲所在：金穰，水毀，木飢，火旱，此其大經也。

○占八穀萬物。凡八穀，各自爲陰陽，主一貴一賤。稻與小麥爲陰陽，黍與小豆爲陰陽，粟與大豆爲陰陽，此八物一貴一賤常[2]。以入節日審察其價，上增三，下減四，先一日後一日亦同占。若相貴十四五已上，可積百倍。又入節之日，五穀價下一增三，萬不失一，期在四十五日中。又萬物，入市候之，人言賤者則聚之，百姓棄者急之[3]，其貴不過一時，皆以數倍矣，近則一時，九十日。遠則三時。二百七十日。

○元日。備新曆日，爆竹於庭前以辟，出《荊楚歲

1 候，原误作“侯”，據文義改。

2 按，所列僅六穀。“八穀”説法歷代不一，包含前文所列六穀者，有隋李播“稻、黍、大麥、小麥、大豆、小豆、粟、麻”之説，則所闕爲大麥與麻。

3 《校釋》以爲“急”前脱“則”字。

9

時記》。進屠蘇酒，方具十二月門。造仙木，即今桃符也。《玉燭寶典》云："仙木，象鬱壘山桃樹，百鬼所畏。歲旦置門前，插柳枝門上，以畏百鬼。"又歲旦服赤小豆二七粒，面東以虀汁下，即一年不疾病，闔家悉令服之。又歲旦投麻子二七粒、小豆二七粒於井中，辟瘟。又上椒酒、五辛盤於家長以獻壽。朔旦可受符録。又元日理敗履於庭中，家出印綬之子。又曉夜子初時，凡家之敗箒俱燒於院中，勿令棄之出院，令人倉庫不虛。又縷懸葦炭，芝麻稭排，插門戶上，却疫癘，禁一切之鬼。

○上會日，七日也，可齋戒。早起，男吞赤小豆一七粒，女吞二七粒，一年不病。又初七日，夜俗謂"鬼鳥過行"，人家槌床打戶，拔狗耳[1]，滅燈以禳之。鬼鳥，九頭蟲也，其血或羽毛

1 拔狗耳，韓鄂《歲時紀麗》作"捩狗耳"。

落人家凶壓之則吉又凡人無子者夫婦同於富人家盜
燈盞以來安於床下則當月有孕矣○上元日十五日也
可齋戒讀黄庭度人經則令人能資福壽○月內占吉凶
地天德在丁月德在丙月空在壬月合在辛月厭在戌月
殺在丑凡修造宜於天德月德月合上取土吉厭殺凶凡
藏衣安產婦或一切掩穢事月空上吉修造取土月空吉
他月不復編敘取此為例○黄道子為青龍丑為明堂辰
為金匱巳為天德未為玉堂戌為司命凡出軍遠行商賈
移徙嫁娵吉凶百事出其下即得天福不避將軍大歲刑
禍姓墓月建等若疾病移往黄道下即差不堪移者轉面
向之亦吉○黑道寅為天刑卯為朱雀午為白虎申為天

10

落人家，凶，壓之則吉。又凡人無子者，夫婦同於富人家盜燈盞以來，安於床下，則當月有孕矣。

○上元日，十五日也。可齋戒，讀《黄庭》《度人經》則令人能資福壽。

○月内占吉凶地。天德在丁，月德在丙，月空在壬，月合在辛，月厭在戌，月殺在丑。凡修造宜於天德、月德、月合上取土，吉，厭殺凶。凡藏衣安産婦或一切掩穢事，月空上吉。修造取土，月空吉。他月不復編，敘取此爲例。

○黄道。子爲青龍，丑爲明堂，辰爲金匱，巳爲天德，未爲玉堂，戌爲司命。凡出軍、遠行、商賈、移徙、嫁娵，吉凶百事，出其下即得天福。不避將軍、大歲、刑禍、姓墓、月建等。若疾病，移往黄道下即差；不堪移者，轉面向之亦吉。

○黑道。寅爲天刑，卯爲朱雀，午爲白虎，申爲天牢，酉爲玄武，亥爲句陳。已上不可犯，犯之必有死亡、失財、劫盗、刑獄之事，切宜慎之。凡用黄道，更與天德、月德、月空、月合日者，用之尤吉。若值大歲、黑方、五鬼、將軍並者，雖云不避，亦宜且罷，世人尚不欲以威力臨之，即凶神亦不可以天福淩之也。他月倣此。

○天赦。春三月在戊寅，吉。

○出行日。凡春三月，不東行，犯王方。又立春後七日爲往［亡］[1]，并立春日數之。不可遠行、移徙。正月丑爲歸忌，不可出行、還家、嫁娵、埋葬。立春前一日并癸亥日、正月六日、七日、二十日是窮日。寅日爲天羅，亦名“往亡”“土公”，不可遠行、動土，傷人，凶。晦朔亦忌出行。

○臺土時。正月每日禺中巳時是，行者往而不返。

○四殺没時。四孟之月，用甲時寅後卯前，丙時巳後午

1 “亡”原闕，據上下文義補。

12

前，庚時申後酉前，壬時亥後子前。已上四時鬼神不見，可爲百事，架屋、埋葬、上官並宜用之。

○諸凶日。子爲狼籍，巳爲天剛，亥爲河魁，不可爲百事，嫁娵、埋葬尤忌，他月倣此。辰爲九焦，又爲九空，不可種蒔，上官、求財爲坎坷。丑爲血忌，不可針灸、出血。子爲天火，巳爲地火，不可起造、種蒔。

○嫁娵日。求婦，成日吉。天雄在寅，地雌在午，不可嫁娵。新婦下車，壬時吉。此月生男，不可娵四月、十一月生女，害夫，大凶。是月納財，火命女宜子孫，水命女吉，木命女自如，土命女凶，金命女孤寡。是月納財：壬子、癸卯、壬寅、乙卯吉。是月行嫁，卯、酉女吉，丑、未女妨夫，寅、申女自妨，辰、戌女妨父母，巳、亥女妨舅姑，子、午女妨首子、媒人。又天地相去日：戊午、

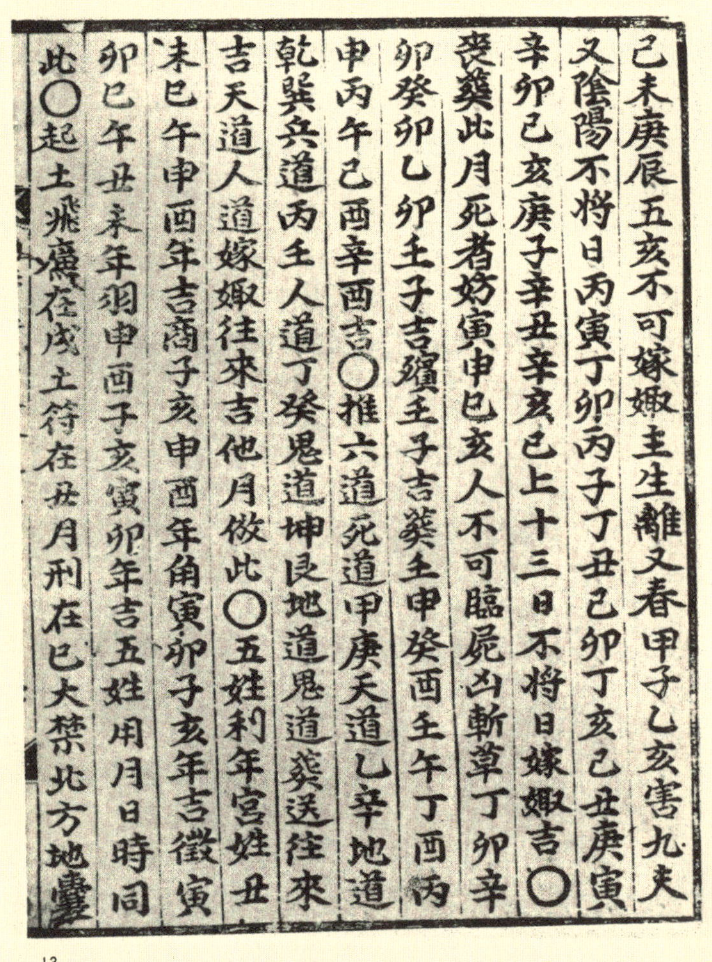
己未庚辰五亥不可嫁娵主生離又春甲子乙亥害九夫
又陰陽不将日丙寅丁卯丙子丁丑己卯丁亥己丑庚寅
辛卯己亥庚子辛丑辛亥已上十三日不将日嫁娵吉〇
喪葬此月死者妨寅申巳亥人不可臨屍凶斬草丁卯辛
卯癸卯乙卯壬子吉殯壬子吉葬壬申癸酉壬午丁酉丙
申丙午己酉辛酉吉〇推六道死道甲庚天道乙辛地道
乾巽兵道丙壬人道丁癸鬼道坤艮地道鬼道葬送往來
吉天道人道嫁娵往來吉他月倣此〇五姓利年宫姓丑
未巳午申酉年吉商子亥申酉年角寅卯子亥年吉徵寅
卯巳午丑未年羽申酉子亥寅卯年吉五姓用月日時同
此〇起土飛廉在戌土符在丑月刑在巳大禁北方地囊

13

己未、庚辰、五亥，不可嫁娵，主生離。又春甲子、乙亥，害九夫。又陰陽不將日：丙寅、丁卯、丙子、丁丑、己卯、丁亥、己丑、庚寅、辛卯、己亥、庚子、辛丑、辛亥，已上十三日不將日，嫁娵吉。

○喪葬。此月死者妨寅、申、巳、亥人，不可臨屍，凶。斬草：丁卯、辛卯、癸卯、乙卯、壬子，吉。殯：壬子，吉。葬：壬申、癸酉、壬午、丁酉、丙申、丙午、己酉、辛酉，吉。

○推六道。死道甲、庚，天道乙、辛，地道乾、巽，兵道丙、壬，人道丁、癸，鬼道坤、艮。地道、鬼道，葬送往來，吉。天道、人道，嫁娵往來，吉。他月倣此。

○五姓利年。宫姓，丑、未、巳、午、申、酉年吉。商，子、亥、申、酉年。角，寅、卯、子、亥年吉。徵，寅、卯、巳、午、丑、未年。羽，申、酉、子、亥、寅、卯年吉。五姓用月日時同此。

○起土。飛廉在戌，土符在丑，月刑在巳，大禁北方。地囊：

14

庚子、庚午，已上地不可起土修造，凶，日辰亦避之，吉。寅爲土公，月福德在酉，取土吉。月財地在午，此黄帝招財致福之地，若起屋，令人得財大富，疾者愈，繫者出。如不起造，即掘其地方圓三尺取土，泥屋四壁，令人富。出《金匱訣》。

〇移徙。大耗在申，小耗在未，五富在亥，五貧在巳。貧耗日移徙往其方，立致亡財口；五富日，吉。餘具出行門。

〇架屋日。甲子、乙丑、丙子、戊寅、辛巳、丁亥、癸巳、己亥、辛亥、辛卯、己巳、壬辰、庚午、庚辰、庚子、乙巳、丙午，已上架屋吉。

〇禳鎮。正旦元日，以鵲巢燒之著厠，辟兵。又厠前草，月初上寅日燒中庭，令人一家不著天行。月三日，買竹筒四枚，置家中四壁上，令田蚕萬倍，錢財自來。十五日，以殘餻糜熬令焦，和穀種種之，辟蟲。月内甲子，拔白。晦日汲井花水服，令髭髮不白。元日取五辛食之，令人開五臟，去伏熱。元日取小便洗腋下，治腋氣，大效。四日淩晨拔白[1]，永不生，神仙拔白日。他月倣此。拔白髭髮。八日沐浴，去灾禍，神仙沐浴日。

○禳鼠日。此月辰日，塞穴，鼠當自死。又取前月所斬鼠尾，於此月一日日未出時，家長於蚕室祝曰："制斷鼠蟲，切不得行。"三祝而置於壁上，永無鼠暴。

○食忌。此月勿食虎、豺、貍肉，令人傷神。勿食生葱，令人起游風，勿食蓼。

○是月也，命童子入學之暇，習方術，止博弈。合諸九散煎膏藥，餘有二膏方，手試神效，救人甚多，已載在十二月中。

○祀門戶土地。《歲時記》云："望日以柳枝插戶上，致酒脯祭之。"《齊諧記》云："吴縣張成，夜

1 "四日淩晨拔白"，元瞿佑《四時宜忌》引《四時纂要》作"是月四日、寅日宜拔白"。

於宅東見一婦人曰：‘我是地神明，日月半宜以餻糜、白粥祭我，令君家蚕桒萬倍。’後果如言，今人效之，謂之‘黏錢財’。”

○辟五果蟲法。正月旦雞鳴時，把火遍照五果及桒樹上下，則無蟲。時年有桒果灾生蟲者，元日照者必免也。

○嫁樹法。元日日未出時，以斧斑駮椎斫果木等樹，則子繁而不落，謂之“嫁樹”。晦日同。嫁李樹則以石安樹丫間。

○種藕。初春掘取藕根，取藕根頭著泥中種之，當年著花。

○附地刈楮。事具（二）［七］[1]月，種楮門中。若種榆，此月亦同此法。

○治薤畦。此月上辛日，掃去薤畦中枯葉，下水，加糞。

○貯神水。立春日貯水，謂之“神水”，釀酒不壞。

○耕地。《齊民要術》云：“此月耕地，一當五。”

○鋤麥。是月鋤麥，再遍爲良。又種春麥。

○壠

1 七，原作“二”，據後文改。

瓜地。是月以犁攡其地。法：冬中取瓜子，每數介内熱牛糞中凍之，拾取聚置陰地，至正月耕地，逐塲[1]布種之，一步一下，糞塊耕而覆之，瓜生則茂而早熟。

○種冬瓜。是月晦日，傍墻區種之。區圓二寸[2]、深五寸，著糞種之。苗生，以柴引上墻，每日午後澆之。

○種葵。晦日種之，神仙種法：臨種必須乾𤋲子，其子千歲不暍，地不厭良，故彌善，薄則糞之。葵須畦種、水澆。畦長兩步，闊一步，大則水難匀。他畦倣此。深掘，以熟糞和中半，以鐵齒杷耬之令熟，足躡令堅平，下水令微濕滲。下葵子，又取和糞土蓋之，厚一寸。葵生葉，然後一澆，澆以早暮。每一掐即爬耬地令起，下以[3]加糞，三掐即更種。秋掐須俟露晞，收葵子須俟霜降。若以穰草蓋，經冬收

1 塲，《校釋》改作“埸”，即今之“墒”字。按，塲、埸常互爲异寫，似不必特别區别。

2 按，二寸，按《齊民要術・種瓜》應爲“二尺”。

3 按，據《齊民要術・種葵》，“下以”後有“水”字。

子謂之冬葵子入藥用○接樹右取樹本如斧柯大及臂
大者皆可接謂之樹砧砧若稍大即去地一尺截之若去
地近截之則地力大壯矣夾煞所接之木稍小即去地七
八寸截之若砧小而高截則地氣難應須以細齒鋸截鋸
齒麁即損其砧皮取快刀子於砧緣相對側劈開令深一
寸每砧對接兩枝候俱活即待葉生去二枝之弱者所接
樹選其向陽細嫩枝如筯大者長四五寸許陰枝即小實
其枝須兩節兼須是二年枝方可接接時微批一頭入砧
處插入砧緣劈處令入五分其入須兩邊批所接枝皮處
插了令與砧皮齊切令寬急得所寬即陽氣不應急即力
大夾煞全在細意酌度插枝了別取本色樹皮一片闊半

18

子，謂之“冬葵子”，入藥用。

〇接樹。右取樹本如斧柯大及臂大者，皆可接，謂之“樹砧”。砧若稍大，即去地一尺截之，若去地近截之，則地力大壯矣，夾煞所接之木。稍小即去地七八寸截之，若砧小而高截，則地氣難應。須以細齒鋸截，鋸齒麁即損其砧皮。取快刀子於砧緣相對側劈開，令深一寸，每砧對接兩枝。候俱活，即待葉生，去二枝之弱者。所接樹選其向陽細嫩枝如筯大者，長四五寸許，陰枝即小實。其枝須兩節，兼須是二年枝方可接。接時微批一頭入砧處，插入砧緣劈處，令入五分。其入須兩邊批所接枝皮處，插了，令與砧皮齊切，令寬急得所。寬即陽氣不應，急即力大夾殺，全在細意酌度。插枝了，別取本色樹皮一片，闊半寸，纏所接樹砧緣瘡口，恐雨入。纏了，即以黄泥封之，其砧面並枝頭並令如法泥訖。仍以紙裹頭，麻纏之，恐其泥落故也。砧上有葉生，即旋去之。仍以灰糞擁其砧根，外以刺棘遮護，勿使有物撥動其根枝。春雨得所，尤易活。其實内子相類者，林檎、梨向木瓜砧上，栗向櫟砧上，皆活，蓋是類也。

〇秧蓮。每一科一莖。

〇雜種。是月種豍豆、葱、芋、蒜、瓜、瓠、葵、蓼、苜蓿、薔薇之類。

〇栽樹。凡栽樹，須記南北枝，坑中著水作泥，即下樹栽，搖令泥入根中，即四面下土堅築。上留三寸浮土，埋須是深，澆令常潤，勿令手近及六畜觝觸。凡一切樹，正月十五日已前上時，無多子。

〇種桑。收魯桑椹，水淘取子，曝乾，熟耕地畦種，如葵法。土不得厚，厚即不生。待

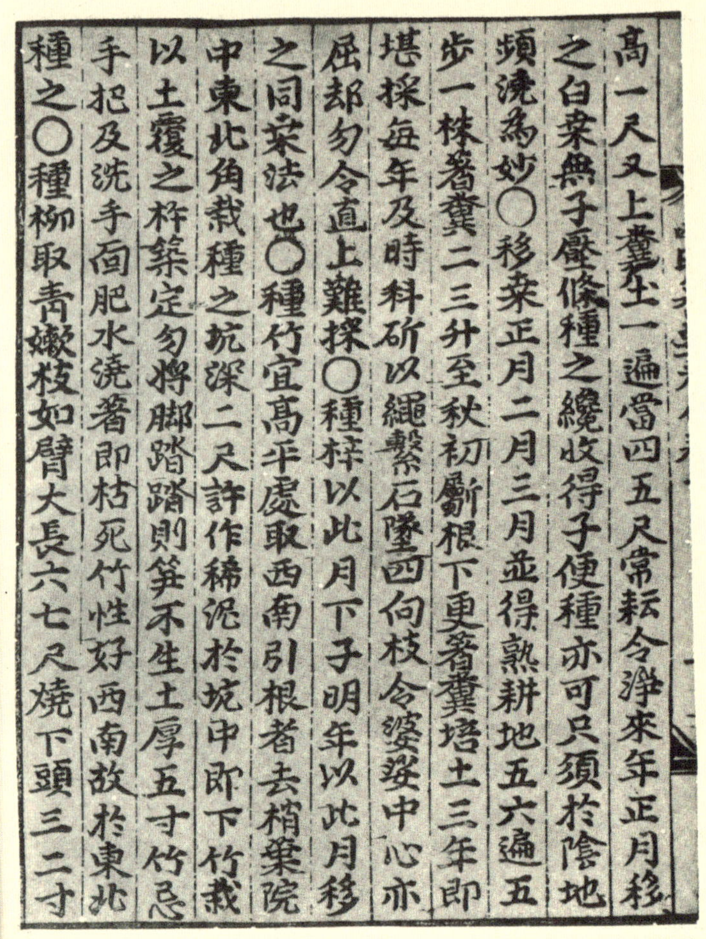
高一尺又上糞土一遍當四五尺常耘令淨來年正月移
之白桑無子壓條種之纔收得子便種亦可只須於陰地
頻澆爲妙○移桑正月二月三月並得熟耕地五六遍五
步一株著糞二三升至秋初斸根下更著糞培土三年即
堪採每年及時科斫以繩繫石墜四向枝令婆娑中心亦
屈却勿令直上難採○種梓以此月下子明年以此月移
之同桑法也○種竹宜高平處取西南引根者去梢葉院
中東北角栽種之坑深二尺許作稀泥於坑中即下竹栽
以土覆之杵築定勿將脚踏踏則笋不生土厚五寸竹忌
手把及洗手面肥水澆著即枯死竹性好西南故於東北
種之○種柳取青嫩枝如臂大長六七尺燒下頭三二寸

20

高一尺，又上糞土一遍。當四五尺，常耘令净。來年正月移之。白桑無子，壓條種之，纔收得子便種亦可，只須於陰地，頻澆爲妙。

○移桑。正月、二月、三月並得。熟耕地五六遍，五步一株，著糞二三升。至秋初，斸根下，更著糞培土，三年即堪采。每年及時科斫，以繩系石墜四向枝令婆娑，中心亦屈却，勿令直上，難採。

○種梓。以此月下子，明年以此月移之，同桑法也。

○種竹。宜高平處，取西南引根者去梢葉，院中東北角栽種之。坑深二尺許，作稀泥於坑中，即下竹栽，以土覆之，杵築定，勿將脚踏，踏則笋不生。土厚五寸。竹忌手把及洗手麵肥水澆，著即枯死。竹性好西南，故於東北種之。

○種柳。取青嫩枝如臂大長六七尺，燒下頭三二寸，

埋二尺已來常以水澆苗俱出留一茂者豎一木作依以
繩縛定勿令風動一年便大但旋去傍枝尤宜濕地○松
柏雜木此月並是良時唯果樹從朔及望而止過即少子
俗云一年計樹之以穀十年計樹之以木又云一日之計
在一晨一年之計在一春故知時不可失也○種榆榆性
好陰地其下不植五穀種者宜於園北背陰之處秋熟耕
其地以榆漫散澇之明年正月附地刈却草覆放火燒之
一根上必數十莖條生只留一根強者餘悉去之一年便
長八九尺後年移栽之叢長直而且速故三年乃可移初
生三年勿採葉亦勿斫剥之須留距二寸許三年外賣葉
五年堪作椽十五年堪作車轂年年科揀為柴之利已自

21

埋二尺已來。常以水澆，苗俱出，留一茂者，豎一木作依，以繩縛定，勿令風動。一年便大，但旋去傍枝。尤宜濕地。

○松柏雜木，此月並是良時，唯果樹從朔及望而止，過即少子。俗云："一年計，樹之以穀；十年計，樹之以木。"又云："一日之計在一晨，一年之計在一春。"故知時不可失也。

○種榆。榆性好陰地，其下不植五穀。種者宜於園北背陰之處，秋熟耕其地，以榆漫散澇之。明年正月，附地刈却，草覆，放火燒之。一根上必數十莖條生，只留一根强者，餘悉去之，一年便長八九尺。後年移栽之。叢長直而且速，故三年乃可移。初生三年，勿採葉，亦勿斫，剥[1]之須留距二寸許。三年外賣葉，五年堪作椽，十五年堪作車轂。年年科揀，爲柴之利，已自

1 按，剥，按《齊民要術·種榆白楊》應爲"剝"，切斷之意。

無筭，況堪充諸器物，其利十倍。斫而復生，不勞更種。一頃地，歲收千匹，只用一人守護，既省人工，又無水旱蟲蝗之灾，比之餘田，勞逸萬倍。男女初生，各乞與小樹二十株種之，洎至成立，嫁娵所用之資，粗得充事。夾樹、刺榆三種之法略同。

○種白楊林法。秋耕熟地，正、二、三月，犂壠中逆順一正一倒，使寬。斫白楊枝如指大，長二尺，屈壠中，壓上，令兩頭出。二尺成株，明年正月剪去惡枝。一畝三壠七百二十株，六畝四千（二）［三］[1]百二十株，三年堪爲蚕椽，五年堪作屋椽，十年堪作棟梁，歲種三十畝，三年種九十畝，歲賣三十畝，永世無窮矣。

○投臘酒。前月所釀，此月投。

○合醬。此月爲上時，法已具十二月中。若晦日造，取初夜於北墻下和，

1　三，原作“二”，據上文之計算改。

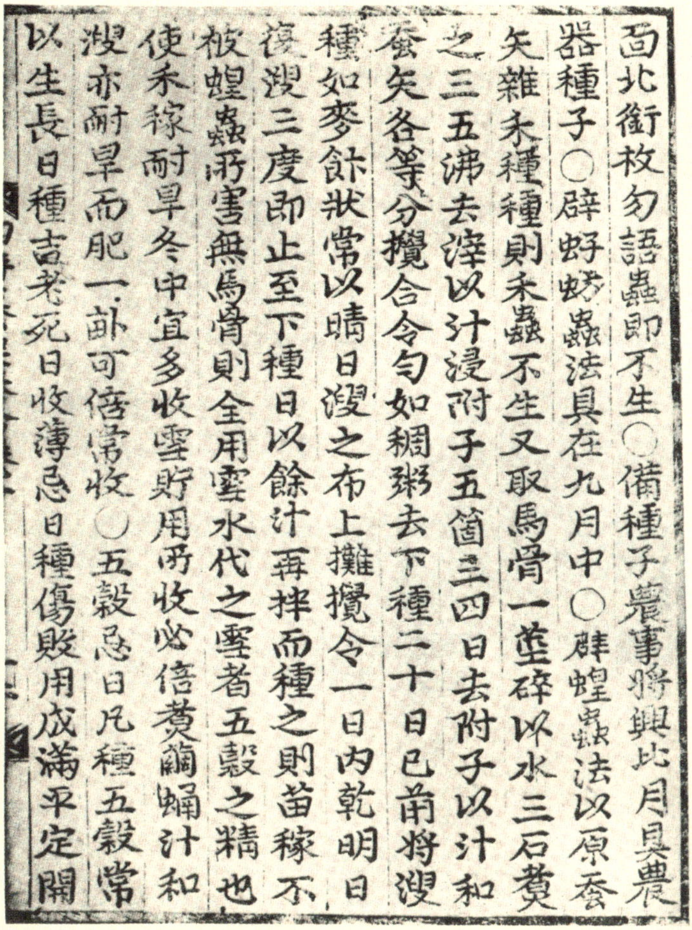

面北，銜枚勿語，蟲即不生。

〇備種子。農事將興，此月具農器、種子。

〇辟蚜蚄蟲法，具在九月中。

〇辟蝗蟲法。以原蚕矢雜禾種種，則禾蟲不生。又取馬骨一莖，碎，以水三石煑之三五沸，去滓，以汁浸附子五箇，三四日去附子，以汁和蚕矢各等分，攪合令勻，如稠粥。去下種二十日已前，將溲種，如麥飰狀。常以晴日溲之，布上攤，攪令一日內乾，明日復溲，三度即止。至下種日，以餘汁再拌而種之，則苗稼不被蝗蟲所害。無馬骨則全用雪水代之。雪者，五穀之精也，使禾稼耐旱冬，中宜多收雪貯用，所收必倍。煑繭蛹汁和溲，亦耐旱而肥，一畒可倍常收。

〇五穀忌日。凡種五穀，常以生長日種，吉；老死日，收薄；忌日種，傷敗；用成、滿、平、定、開日佳；九焦、死日，不收。《范勝書》曰："禾，生於寅，壯於午，長於甲，老於戌，死於申，惡於壬、癸，忌於丙、丁。又大小豆，生于申，壯于子，長于壬，老于丑，死于寅，惡于甲、乙，忌于丙、丁。又大小麥，生于亥，壯于卯，長于辰，老于巳，死于午，惡于戊、己，忌于子、丑。又黍穄，生于巳，壯于酉，長于戌，老于亥，死于丑，惡于丙、丁，忌于寅、卯。小豆，忌卯；麻，忌辰；林，忌未、寅；小麥，忌戌；喬麥，忌除；大豆，忌卯。按《大史》曰："陰陽之家拘而多忌，不可不知。"俗曰："以時及澤爲上策。"然忌日種之多傷敗，非虛言也。如燒穰則害瓠，理不可知。

〇揀耕牛法。耕牛眼去角近，眼欲得大，眼中有白脈貫瞳子，頸骨長大，後脚股開，並主使快。旋毛當眼下，無壽；兩角有亂毛起，妨主。初買時牽來牛口開者，凶，不可買。赤牛、黄牛烏眼者，妨主。白頭牛白過耳，主群[1]。倚脚不正者，病。毛欲得短密疎，長者不耐寒。耳多長毛，[2]不耐寒。尿射[3]前脚者快，直下者不快。毛[4]不用至地，頭不用多肉，尾骨麄[5]大少毛者有力。角欲得細，身欲得圓。鼻如鏡鼻者難牽，口方易飼。筋欲密，鼻欲大而張，易牽仍易使。陰虹屬頸者，千里牛也；陰虹屬頸而白尾者，昔甯戚所飰者。陽塩欲廣，陽塩者，夾尾前兩尻上。當陽［塩］[6]中間脊欲得窊，如此者佳。若窊則爲雙膂，主多力，不窊者則爲單膂，少力。

〇治牛疫方。當取人參細切，水煎[7]取汁，冷，灌口中五升已來，即差。又取真安息[8]香於牛欄中燒，如焚香法。如初覺一頭至兩頭是疫，即牽出，令鼻吸其香氣，立止。又方，十二月

1《校釋》以爲“群”字前應有“妨”字。按《元亨療牛集》等，後世確有白頭牛白過耳旺群之説，其早期出處不詳。

2 自此句起，癸未字本存而可辨。

3 射，癸未字本作“財”。

4 毛，癸未字本作“尾”。

5 麄，原作“鹿”，據癸未字本改。

6 塩，原闕，據上下文義補。

7 煎，癸未字本作“前”。

8 息，癸未字本作“悉”。

26

兔頭燒作灰，和水五升灌口中，差。

○牛欲死，腸腹脹方[1]。取婦人陰毛，草中與牛食，即差。又方，研麻子汁五升，温令熱，灌口中即愈。此治食生豆脹欲死者方，甚妙。

○牛鼻脹方。以醋灌耳中，立差。

○牛疥方。煑烏豆汁，熱洗五度。一本云“烏頭汁”。

○牛肚脹及嗽方。取榆白皮水煑令熟，甚滑，以三五升灌之，即差。

○牛蝨[2]方。以胡麻油塗之，即愈。猪肚[3]亦得，六畜塗之亦差。

○牛中熱方。取兔腹朏[4]，音“毗”，獸之百葉也。去糞，以草裹，令吞之，不過再服，即差。

○收羔種。《要術》云：“羔正月生者爲上，以其母含重之時足乳，食母乳適盡，即得春草，而羊兒不瘦。是故十二月及正[5]月生者爲上，十一月者次之，收爲種。”放羊勿近水，傷水則蹄甲膿出，但二日一飲，緩驅行，急行

1 此句疑應從《齊民要術·養牛馬驢騾》作“牛腸腹脹方欲死”。

2 蝨，癸未字本作“虱”。

3 按，“肚”按《齊民要術·養牛馬驢騾》應作“脂”。

4 朏，癸未字本作“朏”。

5 正，癸未字本作“此”。

27

則傷。春夏宜早放，秋冬宜晚。冬日收圈，圈不厭[1]寬，架北墻爲廠，圈中立臺開竇，勿使停水。二日一飲，除糞。圈内須傍［墻］[2]竪柴棚圈匝，令棚出墻，勿令狼虎得越。又恐羊揩墻土，即毛不堪入用。羊有疥者，即須别著。

〇羊疥方。藜蘆根敲打令皮破，以泔浸[3]之，瓶盛塞口，安於竈畔[4]，令常煖，數日味酸，便中用。以瓻瓦刮疥處令赤，若堅硬者，湯洗之去痂，拭令乾，以藥汁塗之，再上即愈。疥若多，逐日漸漸塗之，勿一頓塗，恐不勝痛也。又方猪脂和臭黄塗之，愈[5]。

〇羊中水方。羊膿鼻眼不净者，皆以水洗治之。其方用湯和塩杓中，研令極鹹[6]，候冷，取清者以角子可受一雞子者，灌兩鼻各一角，五日後必肥。以眼鼻［净］[7]爲（侯）［候］[8]，未差再灌。

〇羊膿鼻方。羊膿鼻

1　厭，癸未字本作“猒”，凡厭，癸未字本皆作“猒”，後不一一出校。

2　墻，原闕，據上下文義補。

3　浸，癸未字本作“[illegible]”。凡浸，癸未字本皆作“[illegible]”，後不一一出校。

4　畔，癸未字本作“伴”。

5　愈，癸未字本作“俞”。

6　鹹，癸未字本作“鹹”。

7　净，原闕，據上下文義，參考《齊民要術·養羊》補。

8　候，原作“侯”，據癸未字本改。

28

及口頰生瘡如乾癬者，相染多致絶群[1]。治之方，竪長竿圈中，竿頭致板，令獼[2]猴居上，辟狐狸而益羊差病也。

○羊夾蹄方。取羖羊脂，和［塩］[3]煎令熟，燒鐵令微熱，匀脂烙之，勿令入泥水，不日而差。

○凡羊經疥，疥差後至夏肥時，宜速賣之。不爾，春再發。

○引羊法。《家政令》曰："養羊，以瓦器盛塩一二升掛羊欄中，羊喜[4]塩，數歸啖之，則羊不勞人收也。"

○別羊病法。當欄前後作坑深二尺，廣四尺，荊湖、江浙以南多是山羊，可廣五尺。往來皆跳過者不病。如有病，入坑行，宜便別著，恐相染也。

○貯羊糞。牛羊糞正月貯之，充煎乳大[5]軟而無患，柴火則易致乾焦也。

○雜事。竪籬落，糞田，開荒，租放地，修蚕屋，織蚕箔，舂米，此月人閑。造桒杌[6]，造麻鞋，放人工，築垣[7]墻。

○孟春行夏

1 群，癸未字本作"羣"。
2 獼，癸未字本作"猕"。
3 塩，原闕，據上下文義，參考《齊民要術·養羊》補。
4 喜，癸未字本作"憙"。
5 按，"大"，按《齊民要術·養羊》應作"火"。
6 杌，癸未字本作"机"。
7 垣，癸未字本無。

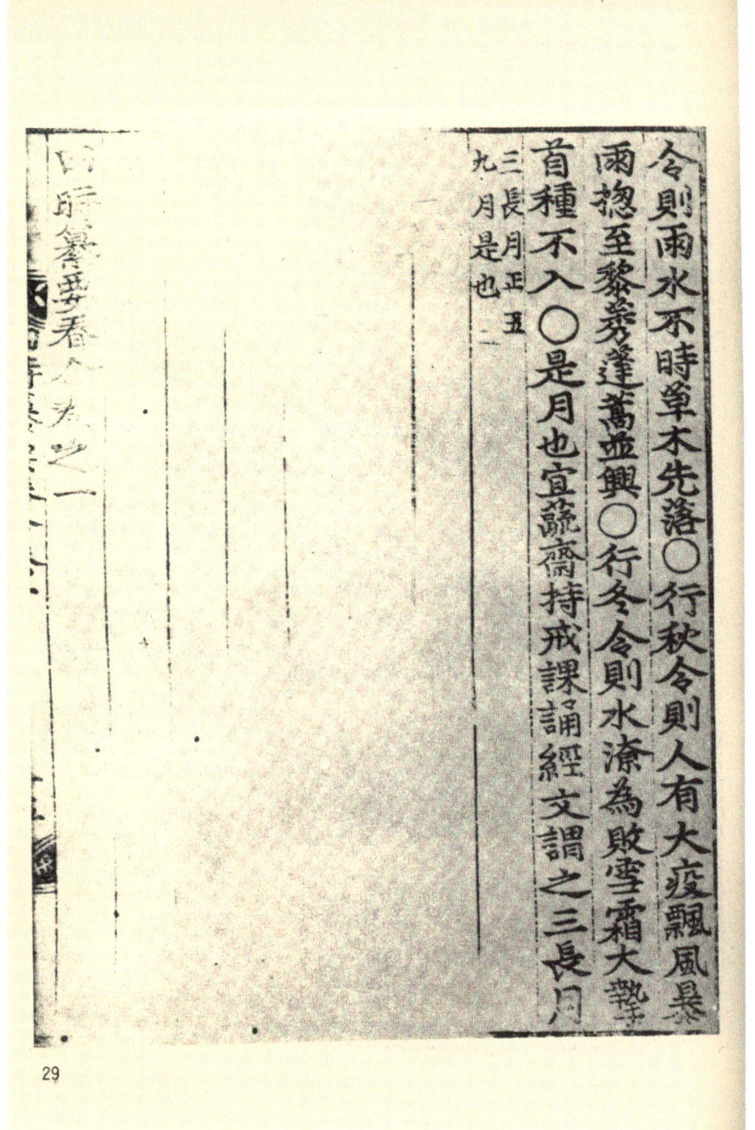
令則雨水不時草木先落○行秋令則人有大疫飄風暴
雨揔至藜莠蓬蒿並興○行冬令則水潦為敗雪霜大摯
首種不入○是月也宜蔬齋持戒課誦經文謂之三長月
三長月正五九月是也

四時纂要春令卷之一

29

令，則雨水不時，草木先落。

〇行秋令，則人有大疫，飄風暴雨揔至，藜莠蓬蒿並興。

〇行冬令，則水潦爲敗，雪霜大摯，首種不入。

〇是月也，宜蔬齋，持戒課，誦經文，謂之“三長月”。

三長月，正、五、
九月是也。

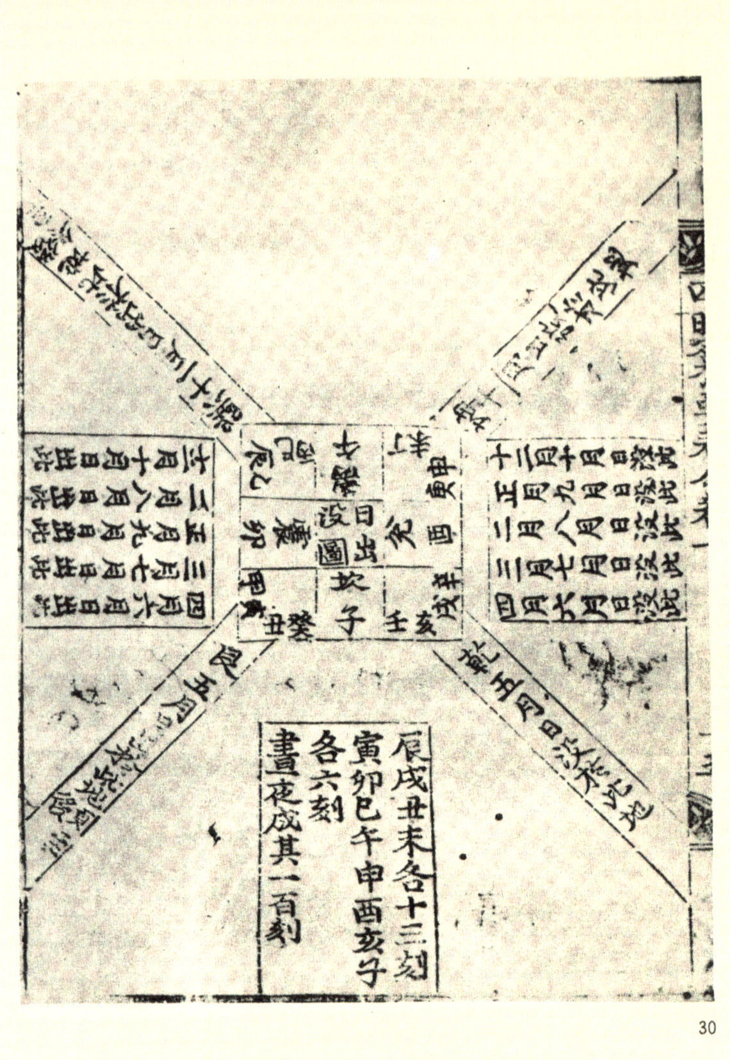

30

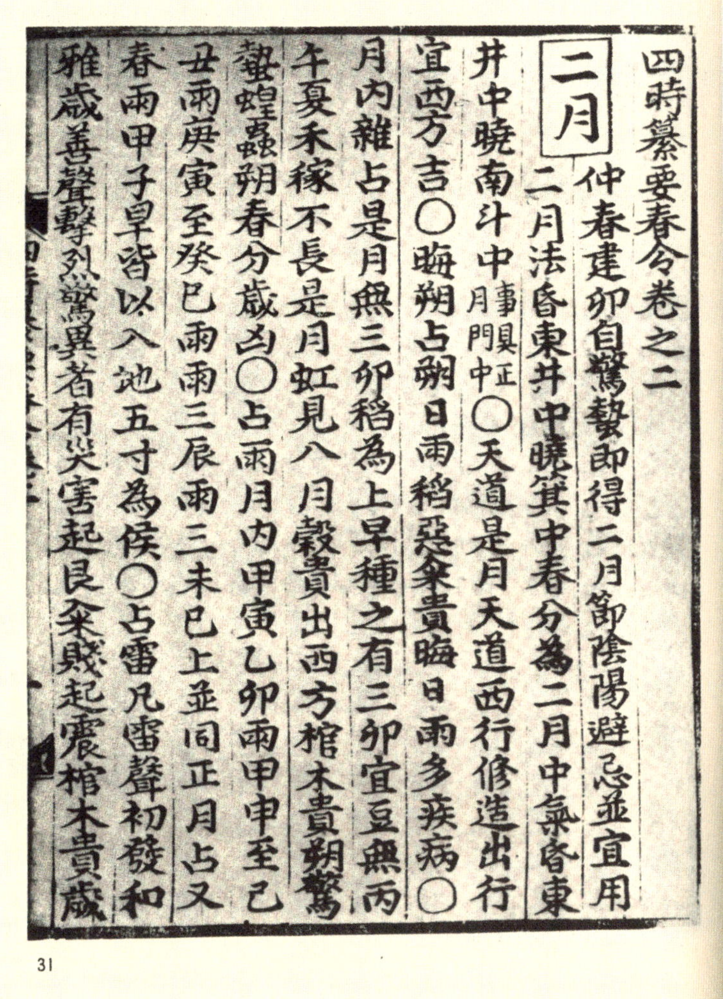

四時纂要春令卷之二

二月 仲春建卯自驚蟄即得二月節陰陽避忌並宜用二月法昏東井中曉箕中春分為二月中氣昏東井中曉南斗中事具正月門中○天道是月天道西行修造出行宜西方吉○晦朔占朔日雨稻惡粢貴晦日雨多疾病○月内雜占是月無三卯稻為上早種之有三卯宜豆無丙午夏禾稼不長是月虹見八月穀貴出西方棺木貴朔驚蟄蝗蟲朔春分歲凶○占雨月内甲寅乙卯雨甲申至己丑雨庚寅至癸巳雨雨三辰雨三未已上並同正月占又春雨甲子旱皆以入地五寸為候○占雷凡雷聲初發和雅歲善聲擊烈驚異者有災害起艮粢賤起震棺木貴歲

31

四時纂要春令卷之二

二月 仲春建卯。自驚蟄即得二月節，陰陽避忌並宜用二月法[1]。昏[2]，東井中；曉，箕中。春分爲二月中氣。昏；東井中；曉，南斗中。事具正月門中。

○天道是月天道西行，修造、出行宜西方吉。

○晦朔占。朔日雨，稻惡，粢貴。晦日雨，多疾病。

○月内雜占。是月無三卯，稻爲上，早種之。有三卯，宜豆。無丙午，夏禾稼不長。是月虹見，八月穀貴。出西方，棺木貴。朔驚蟄，蝗蟲[3]。朔春分，歲凶。

○占雨。月内甲寅、乙卯雨，甲申至己丑雨，庚寅至癸巳雨，雨三辰，雨三未：巳上並同正月占。又，春雨甲子旱，皆以入地五寸爲（侯）［候］[4]。

○占雷。凡雷聲初發和雅，歲善；聲擊烈驚异者，有災[5]害。起艮，粢賤；起震，棺木貴，歲

1 “陰陽避忌並宜用二月法”，癸未字本爲小注。

2 昏，癸未字本作“昬”。凡昏，癸未字本皆作“昬”，後不一一出校。

3 蟲，癸未字本作“虫”，凡蟲，癸未字本皆作“虫”，後不一一出校。

4 候，原作“侯”，據癸未字本改。

5 災，癸未字本作“灾”。

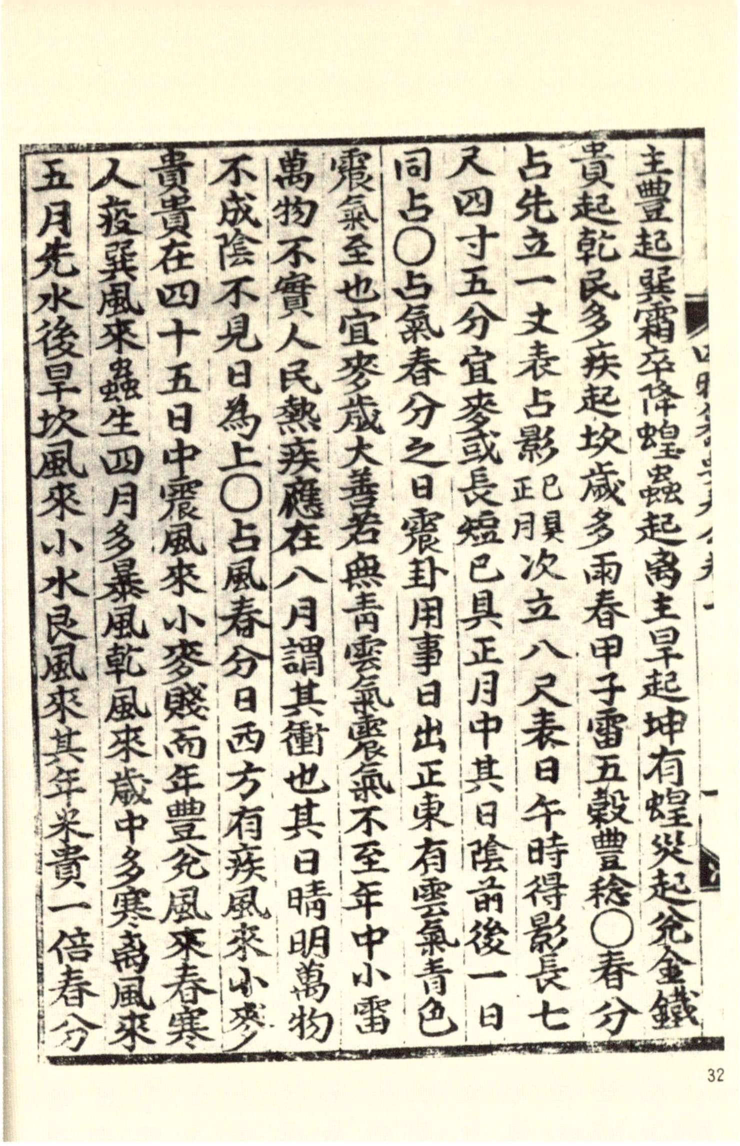
主豐起巽霜卒降蝗蟲起离主旱起坤有蝗災起兌金鐵
貴起乾民多疾起坎歲多雨春甲子雷五穀豐稔○春分
占先立一丈表占影已具正月次立八尺表日午時得影長七
尺四寸五分宜麥或長短已具正月中其日陰前後一日
同占○占氣春分之日震卦用事日出正東有雲氣青色
震氣至也宜麥歲大善若無青雲氣震氣不至年中小雷
萬物不實人民熱疾應在八月謂其衝也其日晴明萬物
不成陰不見日為上○占風春分日西方有疾風來小麥
貴貴在四十五日中震風來小麥賤而年豐兌風來春寒
人疫巽風來蟲生四月多暴風乾風來歲中多寒离風來
五月先水後旱坎風來小水艮風來其年米貴一倍春分
32

主豐；起巽，霜卒降蝗蟲；起离，主旱；起坤，有蝗災；起兑，金鐵貴；起乾，民多疾；起坎，歲多雨。春甲子雷，五穀豐稔。

○春分占。先立一丈表占影。已具正月。次立八尺表，日午時得影長七尺四寸五分，宜麥。或長短，已具正月中。其日陰，前後一日同占。

○占氣。春分之日，震卦用事，日出正東，有雲氣青色，震氣至也，宜麥，歲大善。若無青雲氣，震氣不至，年中小[1]雷，萬物不實，人民熱疾。應在八月，謂其衝也。其日晴明，萬物不成，陰不見日爲上。

○占風，春分日，西方有疾風來，小麥貴，貴在四十五日中。震風來，小麥賤而年豐；兑風來，春寒人疫；巽風來，蟲生四月，多暴風；乾風來，歲中多寒；离風來，五月先水後旱；坎風來，小水；艮風來，其年米貴一倍。春分

1 小，癸未字本作“少”。

以金歲多風○別寢驚蟄前後各五日別寢否則生子不
備○月內吉凶地天德在坤月德在甲月空在庚月合在
巳月厭在酉月殺在戌○黃道寅為青龍卯為明堂午為
金匱未為天德酉為玉堂子為司命○黑道辰為天刑巳
為朱雀申為白虎戌為天牢亥為玄武丑為句陳事並具正月注
中○天赦春三月戊寅○出行日春不東行驚蟄後十四
日為往亡又二日七日十四日為窮日亥為天羅寅為歸
忌巳日亦為往亡亦為土公春分前一日春分日乙亥並
不可遠行○臺土時二月辰時是行者往而不返○四殺
沒時四仲月用乾時戌後亥前艮時丑後寅前坤時未後
申前巽時辰後巳前已上四時可為百事架屋埋葬上官

33

以金，歲多風。

○別寢。驚蟄前後各五日別寢，否則生子不備。

○月內吉凶地。天德在坤，月德在甲，月空在庚，月合在巳，月厭在酉，月殺[1]在戌。

○黃道。寅爲青龍，卯爲明堂，午爲金匱，未爲天德，酉爲玉堂，子爲司命。

○黑道。辰爲天刑，巳爲朱雀，申爲白虎，戌爲天牢，亥爲玄武，丑爲句陳。事並具正月注中。

○天赦。春三月，戊寅。

○出行日。春不東行。驚蟄後十四日爲往亡，又二日、七日、十四日[2]爲窮日，亥[3]爲天羅，寅爲歸忌，巳日亦爲往亡，亦爲土公，春分前一日、春分日、乙亥，並不可遠行。

○臺土時[4]。二月辰時是，行者往而不返。

○四殺没时。四仲月，用乾时戌後亥前，艮時丑後寅前，坤時未後申前，巽時辰後巳前，已上四時可爲百事，架屋、埋葬、上官

1 殺，癸未字本作“煞”。

2 癸未字本“七日”“十四日”互乙。

3 亥，癸未字本作“子”。

4 時，癸未字本作“日”。

皆吉○諸凶日子為天剛午為河魁卯為狼籍丑為九焦
未為血忌卯為天火酉為地火並具正月注中○嫁娶日求婦收
成日大吉天雄在亥地雌在未不可嫁娶新婦下車乾時
吉此月生男不可娶五月十一月生女害夫此月納財火
命女宜子孫水命女大吉土命女凶木命女自如金命女
孤寡納財日己卯壬寅癸卯壬子乙卯此月行嫁寅申女
吉辰戌女妨夫巳亥女妨首子子午女妨舅姑丑未女妨
父母卯酉女妨媒人天地相去日已具正月春甲子乙亥害九
夫陰陽不將日可以結婚乙丑丙寅丁卯乙亥丙子丁丑
己卯丙戌丁亥己丑庚寅己亥庚子庚戌並大吉○喪葬
此月死者妨子午卯酉生人不可臨屍凶斬草丙子庚子

34

皆吉。

○諸凶日。子爲天剛[1]，午爲河魁，卯爲狼籍，丑爲九焦，未爲血忌，卯爲天火，酉[2]爲地火。並具正月注中。

○嫁娶[3]日。求婦，收、成日大吉。天雄在亥，地雌在未，不可嫁娶。新婦下車，乾時吉。此月生男，不可娶五月、十一月生女，害夫。此月納財，火命女宜子孫，水命女大吉，土命女凶，木命女自如，金命女孤寡[4]。納財日：己卯、壬寅、癸卯、壬子、乙卯。此月行嫁，寅、申女吉，辰、戌女妨夫，巳、亥女妨首子，子、午女妨舅姑，丑、未女妨父母，卯、酉女妨媒人。天地相去日。已具正月。春甲子、乙亥，害九夫。陰陽不將日，可以結婚：乙丑、丙寅、丁卯、乙亥、丙子、丁丑、己卯、丙戌、丁亥、己丑、庚寅、己亥、庚子、庚戌並大吉。

○喪葬。此月死者妨子、午、卯、酉生人，不可臨屍，凶。斬草：丙子、庚子、

1　剛，癸未字本作“岡”。
2　酉，癸未字本作“午”。
3　娶，癸未字本作“娶”，凡娶，癸未字本皆作“娶”，後不一一出校。
4　此句“水命女”“土命女”“木命女”“金命女”之“女”，癸未字本皆無。

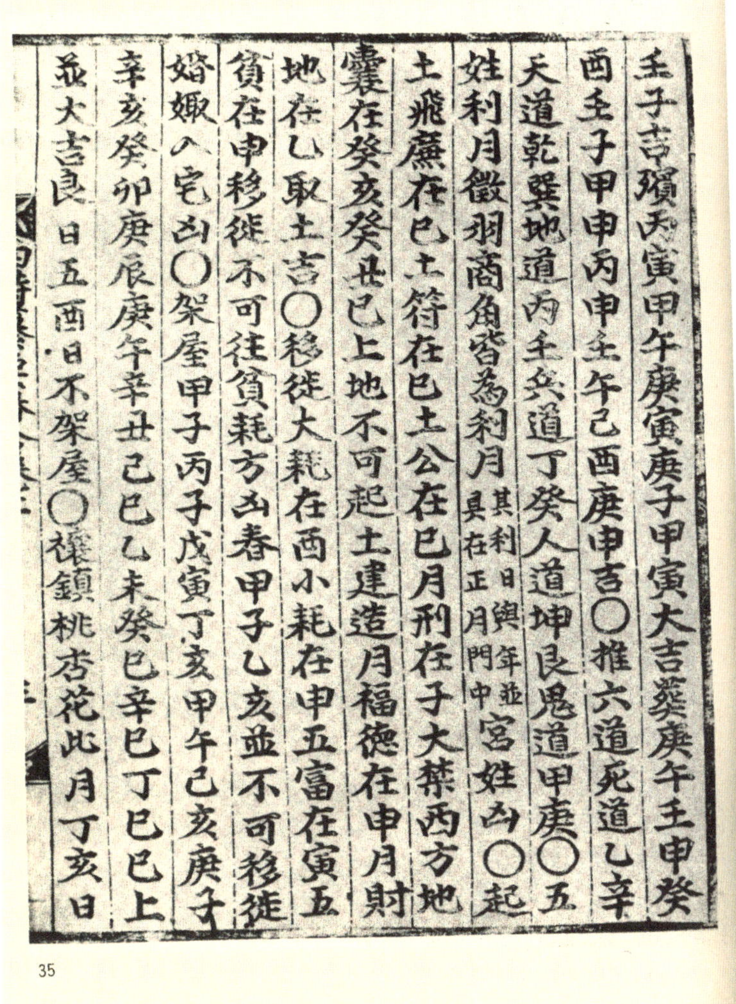
壬子吉殯丙寅甲午庚寅庚子甲寅大吉葬庚午壬申癸
酉壬子甲申丙申壬午己酉庚申吉〇推六道死道乙辛
天道乾巽地道丙壬兵道丁癸人道坤艮鬼道甲庚〇五
姓利月徵羽商角皆爲利月其利日與年並具在正月門中宮姓凶〇起
土飛廉在巳土符在巳土公在巳月刑在子大禁西方地
囊在癸亥癸丑巳上地不可起土建造月福德在申月財
地在乙取土吉〇移徙大耗在西小耗在申五富在寅五
貧在申移徙不可往貧耗方凶春甲子乙亥並不可移徙
婚娵入宅凶〇架屋甲子丙子戌寅丁亥甲午己亥庚子
辛亥癸卯庚辰庚午辛丑己巳乙未癸巳辛巳丁巳巳上
並大吉良日五酉日不架屋〇禳鎮桃杏花此月丁亥日

35

壬子，吉。殯：丙寅、甲午、庚寅、庚子、甲寅，大吉。葬：庚午、壬申、癸酉、壬子、甲申、丙申、壬午、己酉、庚申，吉。
〇推六道。死道，乙、辛；天道，乾、巽；地道，丙、壬；兵道，丁、癸；人道，坤、艮；鬼道，甲、庚。

〇五姓利月。徵、羽、商、角皆爲利月。其利日與年並具在正月門中。宮姓[1]凶。

〇起土。飛廉在巳，土[2]符在巳，土公在巳，月刑在子。大禁西方，地囊在癸亥、癸丑[3]，巳上地不可起土建造。月福德在申，月財地在乙，取土吉。

〇移徙。大耗在西，小耗在申，五富在寅，五貧在申[4]，移徙不可往貧耗方，凶。春甲子、乙亥[5]並不可移徙、婚娵、入宅，凶。
〇架屋。甲子、丙子、（戌）［戊］[6]寅、丁亥、甲午、己亥、庚子、辛亥、癸卯、庚辰、庚午、辛丑、己巳、乙未、癸巳、辛巳、丁巳，巳上並大吉良日。五酉日，不架屋。

〇禳[7]鎮。桃杏花此月丁亥日

1 姓，癸未字本作“音”。

2 土，癸未字本作“圡”，凡土，癸未字本皆作“圡”，後不一一出校。

3 癸未字本“癸亥”“癸丑”互乙。

4 此句四“在”字癸未字本皆無。

5 春甲子、乙亥，癸未字本作“冬壬子、丁亥”。

6 戊，原作“戌”，據癸未字本改。

7 禳，癸未字本作“穰”。

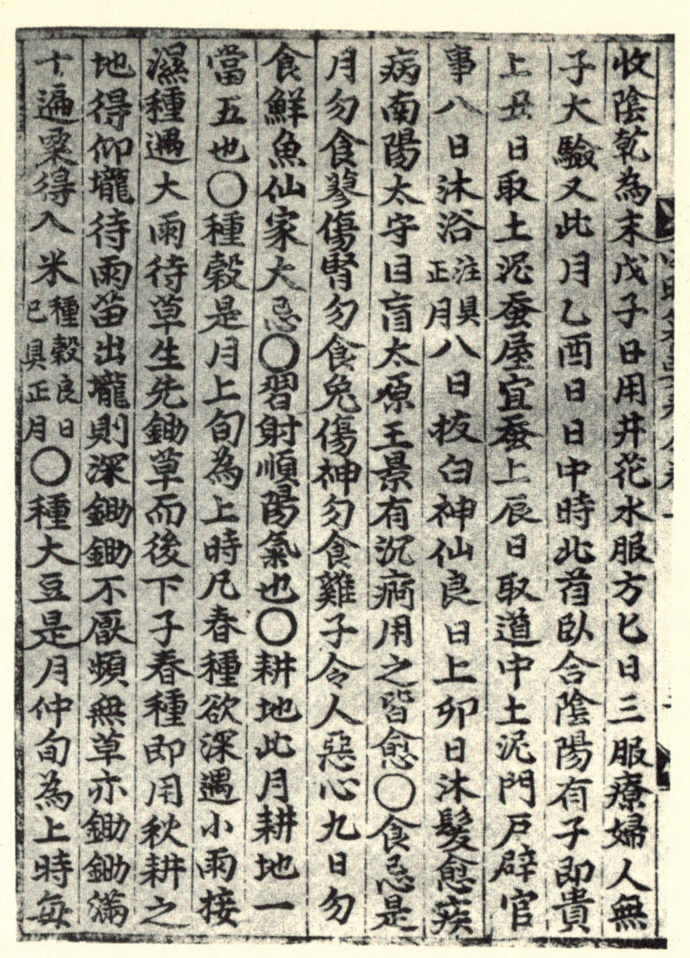
收陰乾為末戊子日用井花水服方匕日三服療婦人無子大驗又此月乙酉日日中時北首臥合陰陽有子即貴上丑日取土泥蚕屋宜蚕上辰日取道中土泥門戶辟官事八日沐浴注具正月八日拔白神仙良日上卯日沐髮愈疾病南陽太守目盲太原王景有沉痾用之皆愈○食忌是月勿食蓼傷腎勿食兔傷神勿食雞子令人惡心九日勿食鮮魚仙家大忌○習射順陽氣也○耕地此月耕地一當五也○種穀是月上旬為上時凡春種欲深遇小雨接濕種遇大雨待草生先鋤草而後下子春種即用秋耕之地得仰壠待雨苗出壠則深鋤鋤不厭頻無草亦鋤鋤滿十遍粟得入米種穀良日已具正月○種大豆是月仲旬為上時每

36

收，陰乾爲末，戊[1]子日用井花水服方匕[2]，日三服，療婦人無子，大驗。又此月乙酉日日中時，北首臥，合陰陽，有子即貴。上丑日，取土泥蚕屋，宜蚕。上辰日，取道中土泥門戶，辟官事。八日沐浴，注具正月。[3]八日拔白，神仙良日。上卯日沐髮，愈疾疾。南陽太守目盲，太原王景有沉痾，用之皆愈。

○食忌。是月勿食蓼，傷腎；勿食兔，傷神；勿食雞子，令人惡[4]心。九日勿食鮮魚，仙家大忌。

○習射，順陽氣也。

○耕地。此月耕地，一當五也。

○種穀。是月上旬爲上時，凡春種欲深，遇小雨接濕種，遇大雨待草生，先鋤草而後下子。春種即用秋耕之地，得仰壠[5]待雨，苗出壠則深鋤，鋤不厭頻，無草亦鋤，鋤滿十遍，粟得入米。種穀良日已具正月。

○種大豆。是月仲旬爲上時。每

1 戊，癸未字本作“戌”。

2 匕，癸未字本作“七”，則與下相連作“七日三服”。《四時宜忌》“二月事宜”引此條作“用井花水服方寸匕”。按，方寸匕係量具名，多用於量藥。

3 具，癸未字本作“在”。

4 惡，癸未字本作“噁”。

5 壠，癸未字本作“壟”，凡壠，癸未字本皆作“壟”，後不一一出校。

37

畝用種八升，種欲深，再鋤之。三四月種亦得，但用（費子）［子費］[1]耳。肥田欲稀，豆地不求熟，熟地則葉茂少實，若地熟則稀種之。葉落盡然後刈之，不盡則難治。刈訖則速耕。大豆性炒，不秋耕則地無澤。

○區種法。坎，方深各六寸，相去二尺許。坎内好牛糞一升，攪和，注水三升，下豆三粒。覆土，勿令厚，以掌輕抑之，令土種相親。每畝用種三升，糞十三石五斗。生五六葉即鋤之，旱則澆。至秋，每畝合收十六石。

○收豆法。莢黑莖蒼，便須收之。過熟則莢落，損折太多。收豆，青莢在上，黑莢在下也。

○種早[2]稻。此月中旬爲上時，先浸，令開口，耬耩[3]，音講。掩種而科大，再鋤澇[4]。若歲旱，慮時晚，即勿浸種，恐芽[5]焦不生。若春有雨，依此種又勝擲者。如摡[6]者，五六月

1 “子”“費”原互乙，據癸未字本改。

2 早，癸亥本作“旱”。

3 耬耩，癸未字本作“樓構”。

4 癸未字本“澇”後有“之”字。

5 芽，癸未字本作“牙”，凡芽，癸未字本皆作“牙”，後不一一出校。

6 摡，癸未字本作“槪”，按《校釋》應作“穊”，稠密之意。

中霖雨時拔而栽之。苗長者亦可拔之，去葉端數寸，勿令傷心。

○種瓜。是月當上旬爲上時。先淘瓜子，以塩和之，著[1]塩則不籠死。先開方圓一尺，净去浮土。坑雖深大，若雜以就土，令瓜不生。深五寸，納瓜子四介[2]，大豆三介[3]於坑傍。瓜性弱，苗不能獨生，故得大豆以起土。瓜生則掐去豆苗。

○治瓜籠法。旦起，露未乾，以杖舉瓜蔓起，撒灰根下。後一兩日，復以土培根，瓜則迴矣。鋤則著子多，不鋤則少子。五穀、蔬、果皆此例也。

○種胡麻。宜白地。是月爲上時，四月爲中，五月爲下。月半前種，實多而成，月半後少子而多秕。種欲截雨脚。若不因雨濕[4]則不生。一畝用子二升，撒種者先以耬耩，然後撒子，空曳澇。澇上著[5]人，土厚不生。耩[6]時用炒沙中半，和沙下之，不爾[7]即

1 著，癸未字本作“者”。

2 介，癸未字本作“个”。

3 介，癸未字本作“个”。

4 濕，癸未字本作“湿”。

5 “上”“著”，癸未字本互乙。

6 耩，癸未字本作“稱”。

7 爾，癸未字本作“尔”。

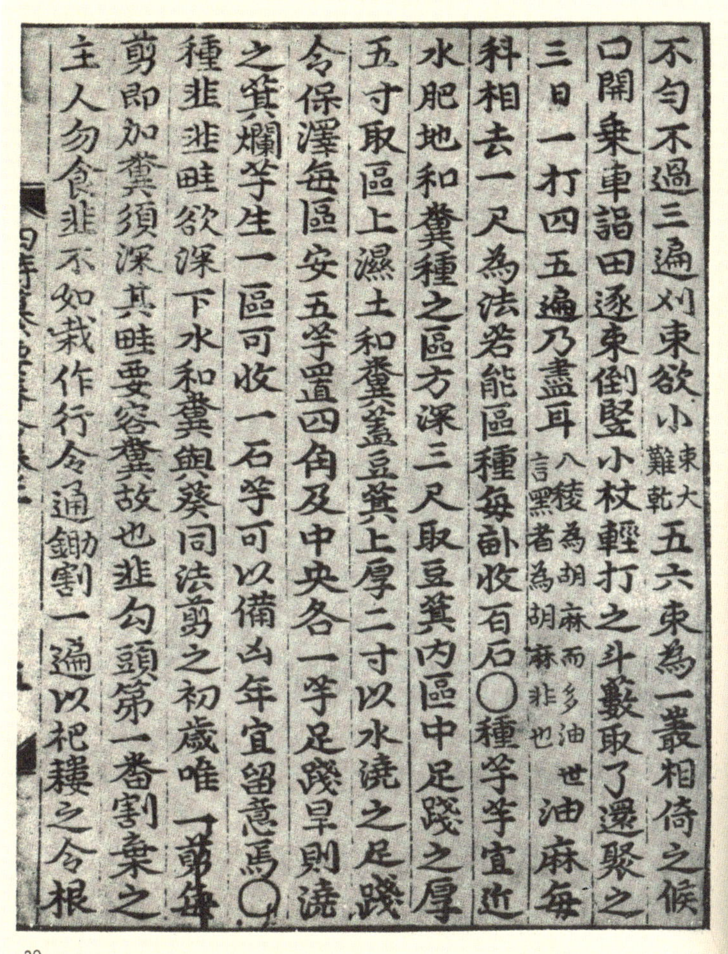

不匀不過三遍刈束欲小束大難乾五六束為一叢相倚之候
口開乗車詣田逐束倒竪小杖輕打之斗藪取了還聚之
三日一打四五遍乃盡耳八稜為胡麻而多油世言黑者為胡麻非也油麻每
科相去一尺為法若能區種每畝收百石○種芋芋宜近
水肥地和糞種之區方深三尺取豆萁内區中足踐之厚
五寸取區上濕土和糞蓋豆萁上厚二寸以水澆之足踐
令保澤每區安五芋置四角及中央各一芋足踐旱則澆
之萁爛芋生一區可收一石芋可以備凶年宜留意焉○
種韭韭畦欲深下水和糞與葵同法剪之初歳唯一剪每
剪即加糞須深其畦要容糞故也韭勾頭第一番割棄之
主人勿食韭不如栽作行令通鋤割一遍以杷耬之令根

39

不匀，[鋤][1] 不過三遍。刈束欲小。束大難乾。五六束爲一叢，相倚之。候口開，乘車詣田，逐束倒豎，小杖輕打之，斗藪。取了還聚之，三日一打，四五遍乃盡耳。八稜爲胡麻而多油，世言黑者爲胡麻，非也。油麻每科相去一尺，爲法若能區種，每畝收百石。

○種芋。芋宜近水肥地，和糞種之。區方深三尺，取豆萁内區中，足踐之，厚五寸[2]。取區上濕土和糞蓋豆萁上，厚二寸[3]，以水澆之，足踐令保澤。每區安五芋，置四角及中央各一芋。足踐，旱則[4]澆之。萁爛芋生，一區可收一石。芋可以備凶年，宜留意焉。

○種韭。韭畦欲深，下水和糞，與葵同法。剪之，初歲唯一剪，每剪即加糞，須深其畦，要容糞故也。韭勾頭，第一番割棄[5]之，主人勿食。韭不如栽作行，令通鋤。割一遍，以杷[6]耬之，令根

1　鋤，原闕，據上下文義，參考《齊民要術・胡麻》補。

2　五寸，《氾勝之書》作“厚尺五寸”。

3　二寸，《氾勝之書》作“厚尺二寸”。

4　旱則，癸未字本作“旦即”。

5　棄，癸未字本作“弃”，凡“棄”，癸未字本皆作“弃”，後不一一出校。

6　杷，癸未字本作“爬”。

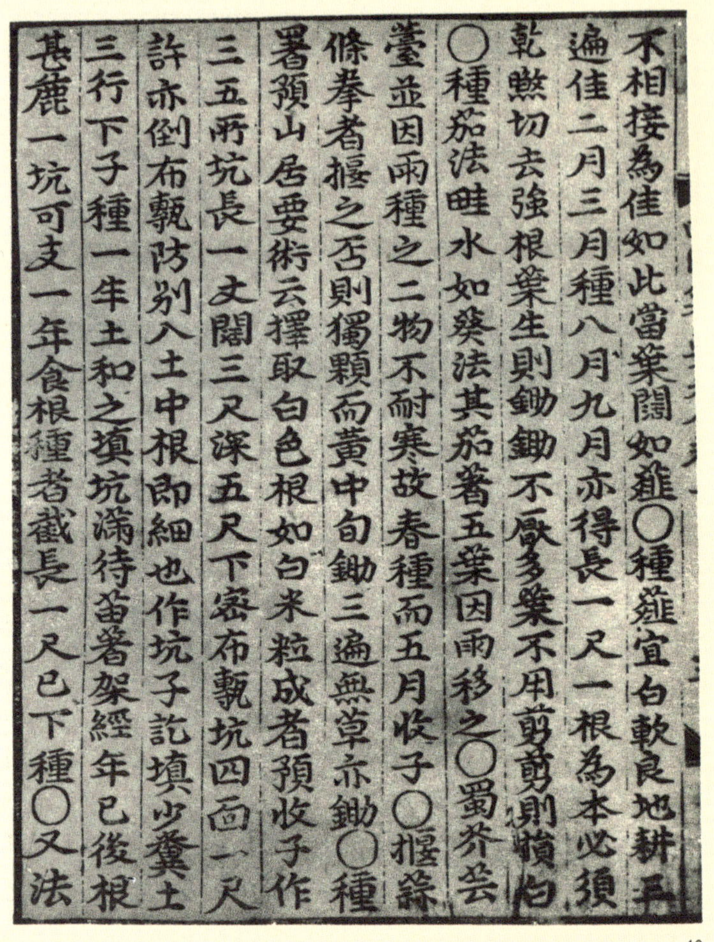
不相接爲佳如此當葉闊如薤○種薤宜白軟良地耕三
遍佳二月三月種八月九月亦得長一尺一根爲本必須
乾嶵切去强根葉生則鋤鋤不厭多葉不用剪剪則損白
○種茄法畦水如葵法其茄著五葉因雨移之○蜀芥芸
薹並因雨種之二物不耐寒故春種而五月收子○擫蒜
條拳者擫之否則獨顆而黃中旬鋤三遍無草亦鋤○種
署預山居要術云擇取白色根如白米粒成者預收子作
三五所坑長一丈闊三尺深五尺下密布甎坑四面一尺
許亦倒布甎防別入土中根即細也作坑子訖填少糞土
三行下子種一半土和之填坑滿待苗著架經年已後根
甚麁一坑可支一年食根種者截長一尺已下種○又法

40

不相接爲佳，如此當葉闊如薤。

〇種薤。宜白軟良地，耕三遍。佳二月、三月種，八月、九月亦得。長一尺一根爲本，必須乾嶵，切去强根。葉生則鋤，鋤不厭多。葉不用剪，剪則損白。

〇種茄法。畦、水如葵法。其茄著五葉，因雨移之。

〇蜀芥、芸薹。並因雨種之，二物不耐寒，故春種而五月收子。

〇擫蒜條。拳者擫之，否則獨顆而黃。中旬鋤三遍，無草亦鋤。

〇種署預。《山居要術》云："擇取白色根如白米粒成者，預收子。作三五所坑，長一丈，闊三尺，深五尺。下密佈甎，坑四面一尺許亦倒布甎，防[1]别入土中，根即細也。作坑子訖，填少糞土。三行下子種，一半土和之，填坑滿。待苗著架，經年已後，根甚麁。一坑可支一年。食根種者，截長一尺已下種。"

〇又法。

1　防，癸未字本作"妨"。

地利經云大者折二寸為根種當年便得子收子後一冬
埋之二月初取出便種忌人糞如旱放水澆又不宜苦濕
須是牛糞和土種即易成○造署藥粉法二三月内天晴
日取署預洗去土小刀子刮去外黑皮後又削去第二重
白皮約厚一分已來於净紙上著安竹箔上㬠至夜收於
焙籠内以微火養之至來日又㬠如陰即以微火養以乾
為度如久陰即如火焙乾便成乾署藥入丸散使用其第
二重白皮依前別㬠乾取為麵甚補益○又方山厨録云
去皮於筹籬中磨涎投百沸湯中當成一塊取出批為炙
臠雜乳腐為炰炙素食尤珎入臛用亦得○種地黃法已
具八月收根門中○下臭種上庚之日下種法具四月種

41

《地利經》云："大者折二寸爲根種，當年便得子。收子後，一冬埋之，二月初取出便種。忌人糞。如旱，放水澆，又不宜苦濕。須是牛糞和土種，即易成。"

○造署藥粉法。二、三月内，天晴日，取署預洗去土，小刀子刮去外黑皮後，又削去第二重白皮，約厚一分已來，於净紙上著，安竹箔上㬠。至夜，收於焙籠内，以微火養之，至來日又㬠，如陰，即以微火養。以乾爲度，如久陰，即（如）[加][1]火焙乾。便成乾署藥，入丸散便[2]用。其第二重白皮，依前別㬠乾，取爲麵，甚補益。

○又方。《山厨録》云："去皮，於筹籬中磨涎，投百沸湯中，當成一塊。取出，批爲炙臠，雜乳腐爲炰炙。素食尤珍[3]，入臛用亦得。"

○種地黄。法已具八月收根門中。

○下魚[4]種。上庚之日下種，法具四月種

1 加，原作"如"，據癸未字本改。

2 便，癸未字本作"使"。

3 珍，癸未字本作"珎"。

4 魚，癸未字本作"臭"。

魚門中。

○種栗。法具九月收栗種門中。

○種桐。青桐九月收子，二月、三月作畦種之。治畦、下水種如葵法。五寸一子，熟糞和土覆，生則數數澆令潤，性至宜濕。當年高一丈。至冬豎草樹間，令滿中，外復厚加草，十重束之。明年二、三月，植廳堂前，雅净可愛。大則不用草裹，已後每樹收子一石，其子生於葉上，炒食之甚良。白桐無子，遶大樹掘坑取栽。其木堪爲樂器、車板、盤合等用。

○移楸。楸無子，亦大樹[1]掘坑取栽，兩步一樹種之。楸，作樂器，亦堪作盤合。堪爲棺材，更勝松柏。

○種櫟。宜山阜地，三遍熟耕，漫撒橡子，再遍澇。生則耨治令净，十年，中作椽。二十年，作屋棟。伐而復生。凡有家者，向來之木，皆宜植。十年後，無求不給。

○移椒。移大椒

1 癸未字本“樹”後有“傍”字。

43

樹，二三月先作熟穰泥，出即和根泥却，行百里猶生。若冬移，即須草裹，或先生陰巖映日之地者，少稟寒氣，尤[1]須裹之。木尚以性成，朱藍能[2]不易質？故知“觀鄰識士，見友知人”者也。

○種紅花。二月三月初，雨後速種，如種麻法。具五月收紅花子門中。

○種牛蒡。熟耕肥地，令深平，二月末下子。苗出後耘，旱即澆灌。八月已後，即取根食。若取子，即須留却隔年方有子。凡是閑地，須是[3]種之，不但畦種也。

○乾菜脯。枸[4]杞、甘草[5]、牛膝、車前、五茄、當陸、合歡、决明、槐芽並堪入用。爛蒸、碎擣，入椒、醬，[6]脱作餅子，多作以備一年。

○種术。取根子劈破，畦中種。上糞下水，一年即稠。苗亦可爲菜，若作煎，宜多種之。

○種黄菁。擇取葉相對生者是真黄箐。劈長

1　尤，按上下文義，參考《齊民要術·種椒》，疑應作“不”。

2　能，癸未字本作“爭”。

3　須是，癸未字本作“即須”。

4　枸，癸未字本作“苟”。

5　草，癸未字本作“菊”。

6　癸未字本“脱”前有“同擣”二字。

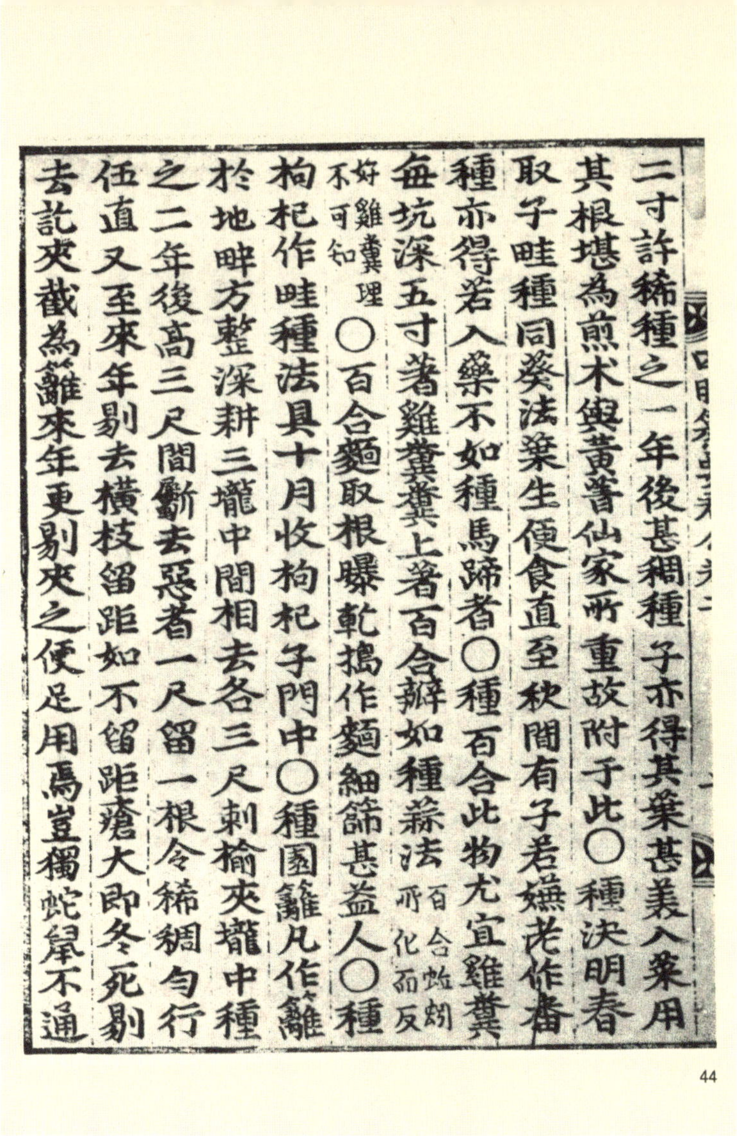

44

二寸許，稀種之，一年後甚稠。種子亦得。其葉甚美，入菜用，其根堪爲煎。术與黄箐，仙家所重，故附於此。

○種决明。春取子畦種，同葵法。葉生便食，直至秋間有子。若嫌老，作畚種亦得。若入藥不如種馬蹄者。

○種百合。此物尤宜雞糞，每坑深五寸，著雞糞，糞上著百合瓣，如種蒜法。百合[1]，蚯蚓所化，而反好雞糞，理不可知。

○百合麵。取根曝乾，搗作麵，細篩，甚益人。

○種枸[2]杞。作畦，種法具十月收枸[3]杞子門中。

○種園籬。凡作籬，於地畔方整深耕三壠，中間相去各三尺，刺[4]榆夾壠中種之。二年後，高三尺，間斷去惡者，一尺留一根，令稀稠匀，行伍直。又至來年，剔去横枝，留距。如不留距，瘡大即冬死。剔去訖，夾截爲籬。來年更剔夾之，便足用焉。豈獨蛇[5]鼠不通，

1　癸未字本“合”後有“是”字。

2　枸，癸未字本作“苟”。

3　枸，癸未字本作“苟”。

4　刺，癸未字本作“剌”。

5　蛇，癸未字本作“虵”。

45

兼有龍鳳之勢，非直奸人慙笑，亦令行者嗟稱。次以五茄、忍冬、羅摩植其下，採綴且免遠求。又助藩籬蓊欝，尤宜存意。《山居要術》用枳殼[1]，今謂之臭橘也。人家不宜此物爲籬。

〇種大胡蘆。二月初，掘地作坑，方四五尺，深亦如之。實填油麻、菉豆黠[2]及爛草等一重，糞土一重，草如此四五重，向上尺餘，著糞土種下十來顆子。待生後，揀取四莖肥好者，每兩莖肥好者相貼著，相貼處以竹刀子刮去半皮，以刮處相貼，用麻皮纏縛定，黄泥封裹，一如接樹之法。待相著活後，各除一頭，又取所活兩莖，准前刮半皮相著，一如前法。待活後，唯留一莖左者[3]，四莖合爲一本。待著子，揀取兩箇周正好大者，餘有旋旋除去食之，如此一斗種可變爲

1　殼，癸未字本作“穀”。
2　黠，癸未字本作“藍”。
3　左者，不可解，《種藝必用》引《四時纂要》改爲“左右”。

盛一石物大，此《莊[1]子》魏惠王大瓠之法。

○種茶。二月中於樹下或北陰之地開坎，圓三尺，深一尺，熟斸，著糞和土。每坑種六七十顆子，蓋土厚一寸强。任生草，不[2]得耘。相去二尺種一方。旱即以米泔澆。此物畏日，桒下竹陰地種之皆可。二年外方可耘治，以小便、稀糞、蚕沙澆擁之，又不可太多，恐根嫩故也。大槩[3]宜山中帶坡峻，若於平地，即須於兩畔深開溝壠洩水，水浸根必死。三年後每科收茶八兩，每畒計二百四十科，計收茶一百二十斤。茶未成，開四面不妨種雄麻、黍、穄等。

○收茶子。熟時收取子，和濕沙土拌，筐籠盛之，穰草蓋，不爾即乃凍不生。至二月出種之。

○種牛膝，已具八月收子門中。

○續命湯。主半身不遂、口喎、心昏、

1 莊，癸未字本作“壯”。
2 不，癸未字本作“木”。
3 槩，癸未字本作“都”。

角弓反張、不能言，方麻黄六分去節，獨活、防風各[1]六分，升麻、乾葛各五分[2]，羚[3]羊角屑、桂心、甘草各四分[4]。右件藥，各切碎，用水二大升，先煎麻黄六七沸，掠去沫。次下諸藥，浸一宿。明日五更，煎取八大合，去滓，分爲兩服。温温服畢，以衣被蓋卧，如人行十里，更一服，准前蓋臥。晚起，避風。每年春分後，隔日服一劑，服三劑即不染天行、傷寒及諸風邪等疾。忌生葱、菾菜、牛冷等物。

○神明散。方具十二月中，春分後宜將施人。

○雜事。栽柳。舒蒲桃上架。解栗裹縛。去石榴裹縛。造醬。是月合爲中時。造油衣。收羔種。收乾牛羊糞。買氈褥、綿[5]衣，此月賤。三月亦同。寒食前後收柴炭。造漆器。造弓矢。造布。放麥價。浣冬衣。采菜螵蛸。可粜粟、大小麥、麻子等。收毛物。同四月。

1 防風各，癸未字本無。

2 升麻、乾葛各五分，癸未字本作“昇麻五分、乾葛五分”。

3 羚，癸未字本作“零”。

4 桂心、甘草各四分，癸未字本作“桂心四分、防風六分、甘草四分”。

5 綿，癸未字本作“緜”。

〇仲春行夏令，則歲大旱，暖氣早來，蟲螟爲害。

〇行秋令，則有大水，寒氣揔至。

〇行冬令，則陽氣不勝，麥乃不熟。

三月

季春建辰。自清明即得三月節，陰陽使用[1]宜依三月法[2]。昏，柳中；曉，南斗中。穀雨爲三月中氣。昏，張中；曉，南斗中。事具正月。

〇天道。是月天道北行，起造、出行宜北方吉。

〇晦朔占。朔日風雨，民多病。晦雨，麥惡。朔日[3]清明，竹木再榮。朔日[4]穀雨，多雷震，或旱炎爍石。朔風從北來，申時不止，粟貴。

〇月内雜占。此月無三卯，宜種麻黍；有三卯，宜豆。虹出，九月穀貴，魚塩（中）[貴][5]五倍。月蝕，粂貴，人飢。此月雷，爲上歲，五穀熟。旦爲上歲，日中爲中歲，暮爲下歲。四日雷，五穀豐稔。測穀價[6]：五穀以取賤月測[7]之，若春最[8]賤，貴在來年夏；冬最[9]賤，貴在來

1 使用，癸未字本作“用事”。
2 法，癸未字本無。
3 日，癸未字本無。
4 日，癸未字本無。
5 貴，原作“中”，據上下文義改。
6 自“測穀價”至此條末，癸未字本單作一條。
7 測，癸未字本作“則”。
8 最，癸未字本作“冣”。
9 最，癸未字本作“冣”。

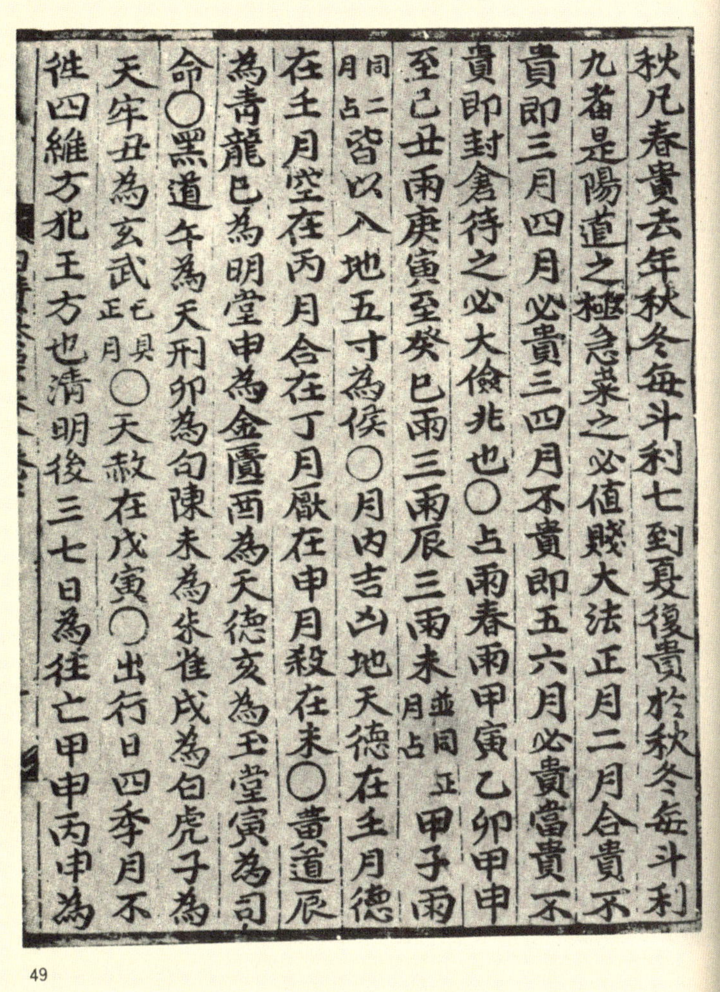

秋凡春貴去年秋冬每斗利七到夏復貴於秋冬每斗利
九者是陽道之極急棄之必值賤大法正月二月合貴不
貴即三月四月必貴三四月不貴即五六月必貴當貴不
貴即封倉待之必大儉兆也○占雨春雨甲寅乙卯甲申
至己丑雨庚寅至癸巳雨三雨辰三雨未並同正月占甲子雨
同二月占皆以入地五寸為侯○月内吉凶地天德在壬月德
在壬月空在丙月合在丁月厭在申月殺在未○黄道辰
為青龍巳為明堂申為金匱酉為天德亥為玉堂寅為司
命○黑道午為天刑卯為句陳未為朱雀戌為白虎子為
天牢丑為玄武巳具正月○天赦在戊寅○出行日四季月不
往四維方犯王方也清明後三七日為往亡甲申丙申為

49

秋；凡春貴去年秋冬每斗利七，到夏復貴於秋冬每斗利九者，是陽道之極，急棄之，必值賤。大法：正月、二月，合貴不貴，即三月、四月必貴；三、四月不貴，即五、六月必貴。[1] 當貴不貴，即封倉待之，必大儉兆也。

○占雨。春雨甲寅、乙卯、甲申至己丑雨，庚寅至癸巳雨，三雨辰，三雨未，並同正月占。甲子雨，同二月占。皆以入地五寸爲（侯）[候][2]。

○月内吉凶地。天德在壬，月德在壬，月空在丙，月合在丁，月厭在申，月殺[3]在未。

○黄道。辰爲青龍，巳爲明堂，申爲金匱，酉爲天德，亥爲玉堂，寅爲司命。

○黑道。午爲天刑，卯爲句陳，未爲朱雀，戌爲白虎，子爲天牢，丑爲玄武。巳具正月[4]。

○天赦。在戊寅。

○出行日。四季[5]月不往四維方，犯王方也。清明後三、七日爲[6]往亡，甲申、丙申爲

1 癸未字本“當”前有“如”字。

2 候，原作“侯”，據癸未字本改。

3 殺，癸未字本作“煞”。

4 “巳具正月”，癸未字本作大字，後又有“門中”二字。

5 癸未字本“季”後有“之”字。

6 爲，癸未字本無。

行很不可出行上官多窒塞巳爲天羅子爲歸忌八日二
十一日爲窮日四季巳亥申日爲往亡爲土公並不可出
行○臺土時每日日出時是也○四殺没時四季月用乙
時卯後辰前丁時午後未前辛時酉後戌前癸時子後丑
前已具正月○諸凶日未爲天剛丑爲河魁午爲狼籍戌爲九
焦寅爲血忌午爲天火申爲地火○嫁娵日求婦成日吉
天雄在申地雌在寅不可嫁娵新婦下車辛時吉此月生
男不宜娵六月十二月生女妨夫此月納財金命女宜子
孫火命女吉土命女自如水命女大凶木命女孤寡此月
行嫁巳亥女吉卯酉女妨首子媒人丑未女妨舅姑夫主
辰戌女妨自身寅申女妨父母子午女吉天地相去日已具

50

行很，不可出行、上官，多窒塞。巳爲天羅，子爲歸忌，八日、二十一日爲窮日，四季、巳、亥、申日爲往亡，爲土公，並不可出行。

○臺土時。每日日出時是也。

○四殺没時。四季[1]月，用乙時卯後辰前，丁時午後未前，辛時酉後戌前，癸時子後丑前。已具正月。

○諸凶日。未爲天剛[2]，丑爲河魁，午爲狼籍，戌爲九焦，寅爲血忌，午爲天火，申[3]爲地火。

○嫁娵日。求婦，成日吉。天雄在申，地雌在寅[4]，不可嫁娵。新婦下車[5]，辛時吉。此月生男，不宜娵六月、十二月生女，妨夫。此月納財，金命女宜子孫，火命女吉，土命女自如，水命女大凶，木命女孤寡。此月行嫁，巳、亥女吉，卯、酉女妨首子、媒人，丑、未女妨舅姑、夫主，辰、戌女妨自身，寅、申[6]女妨父母，子、午[7]女吉。天地相去日：已具

1 癸未字本“季”後有“之”字。
2 剛，癸未字本作“岡”。
3 申，癸未字本作“未”。
4 此句二“在”字癸未字本皆無。
5 新婦下車，癸未字本作“下車時”。
6 寅、申，癸未字本作“寅、卯”。
7 子、午，癸未字本作“申、子”。

正月門中。甲子、乙亥，損九夫。陰陽不將日：乙丑、甲戌、乙亥、丙子、丁丑、乙酉、丙戌、丁亥、己[1]丑、丁酉、己亥、己酉，並大吉。

○喪葬。此月死者妨辰、戌、丑、未人。斬草：丁卯、辛卯、甲午、庚子、壬子、乙卯。殯：丙寅、丙子、甲寅、庚寅、丁酉。葬：庚子、壬申、癸酉、甲申、乙酉、丙申、壬寅、庚申、辛酉，大吉。

○推六道。死道乾、巽，天道丙、壬，地道丁、癸，兵道艮、坤，人道甲、庚，鬼道乙、辛。

○五姓利月。宫，戊辰大墓。徵，丙辰小墓。羽，壬辰大墓[2]。商、角，利月。其利日與年，已備正月。宫、羽，凶。

○起土。飛廉午，土符酉，土公申，月刑辰。大禁南方。地囊：甲子、申寅。已上不可動土。月福德，子；月財地在己[3]，取土吉。

○移徙。大耗戌，小耗酉，五富巳，五貧亥。不可移往貧耗方，凶。春甲子、乙亥不可嫁娵、移徙、入宅，

1 己，癸未字本作“乙”。

2 此句癸未字本作“戊辰宫大墓，丙辰徵小墓，壬辰羽大墓”。

3 在己，癸未字本無。

凶。

〇架屋。甲子、庚午、庚子、辛亥、己巳、乙丑、癸巳、丙子、戊寅、辛巳、庚寅，已上架屋吉。又五酉日不架屋，凶。

〇禳[1]鎮。六日申時洗頭，令人利官。七日平旦及日入時浴，並招財。此月庚午日，斬鼠尾血塗屋梁，辟鼠。三日天陰或雨，蚕善。此月採桃花未開者，陰乾百日，與赤椹等分搗，和臘[2]月猪脂，塗禿瘡神效。三日取桃花收之，方具（十）[七][3]月中。三日收桃葉，曬乾，搗篩，井花[4]水服一錢，治心痛。寒食日，取黍穰，於月德上取土，脫（塹）[墼][5]一百二十口，安宅福德上，令人致福。術具《二宅經》。六日沐浴，除百病。十三日拔白，同正月注中。

〇食忌。是月勿食脾，土王在脾故也[6]。勿食雞子，令人一生昏亂。勿食鳥獸五臟及百草，仙家大忌。此月庚寅日勿食魚，大凶。

1 禳，癸未字本作“穰”。

2 臘，癸未字本作“臈”。

3 七，原作“十”，據癸未字本及後文改。

4 花，癸未字本作“華”。

5 墼，原作“塹”，據癸未字本改。

6 也，癸未字本無。

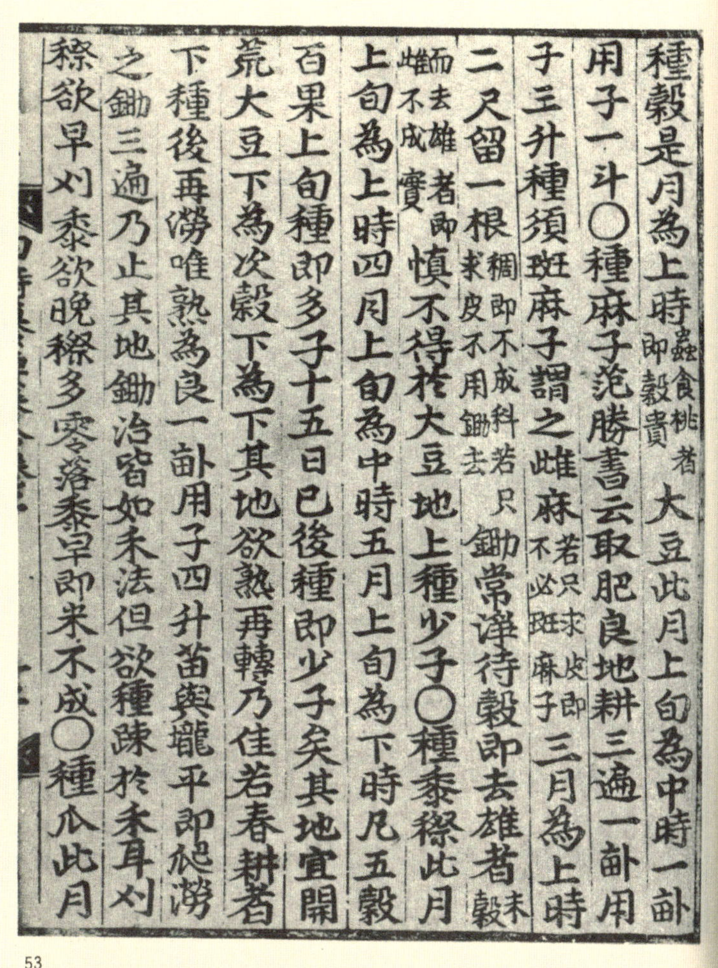
種穀是月為上時蟲食桃者即穀貴大豆此月上旬為中時一畝
用子一斗○種麻子范勝書云取肥良地耕三遍一畝用
子三升種須斑麻子謂之雌麻若只求皮即不必斑麻子三月為上時
二尺留一根稠即不成科若只求皮不用鋤去鋤常凈待穀即去雄者未穀
而去雄者即雌不成實慎不得於大豆地上種少子○種黍穄此月
上旬為上時四月上旬為中時五月上旬為下時凡五穀
百果上旬種即多子十五日已後種即少子矣其地宜開
荒大豆下為次穀下為下其地欲熟再轉乃佳若春耕者
下種後再澇唯熟為良一畝用子四升苗與壠平即爬澇
之鋤三遍乃止其地鋤治皆如禾法但欲種踈於禾耳刈
穄欲早刈黍欲晚穄多零落黍早即米不成○種瓜此月

53

○種穀，是月爲上時。蟲食桃者即穀貴。大豆此月上旬爲中時，一畝用子一斗。

○種麻子。《范勝書》云："取肥良地，耕三遍，一畝用子三升。種須斑[1]麻子，謂之雌麻。若只求皮，即不必斑[2]麻子。三月爲上時，二尺留一根。稠即不成科，若只求皮，不用鋤去。鋤常[3]凈，待穀即去雄者。未穀而去雄者，即雌不成實。慎不得於大豆地上種，少子。"

○種黍穄。此月上旬爲上時，四月上旬爲中時，五月上旬爲下時。凡五穀百果上旬種即多子，十五日已後種即少子矣。其地宜開[4]荒，大豆下爲次，穀下爲下。其地欲熟，再轉乃佳。若春耕者，下種後再澇，唯熟爲良。一畝用子四升。苗與壠平，即爬澇之，鋤三遍乃止。其地鋤治，皆如禾法，但欲種踈於禾耳。刈穄欲早，刈黍欲晚，穄［晚］[5]多零落，黍早即米不成。

○種瓜。此月

1　斑，癸未字本作"班"。

2　斑，癸未字本作"班"。

3　癸未字本"常"後有"令"字。

4　開，原闕，癸未字本作"閑"。

5　晚，原闕，據上下文義，參考《齊民要術·黍穄》補。

上旬爲中時，法具二月中。

○種水稻。此月爲上時。先放水，十日後碌軸打十遍，淘種子，經三宿，去浮者，漉裛，又三宿，芽生，種之。每畒下三斗[1]，美田稀種，瘠田宜稠矣。

○胡麻。此月爲上時，法具二月。

○紫草。宜良軟黄白地，青沙尤善，開荒黍穄下尤佳。不耐水，必須高田。秋耕後，至春又轉。耧[2]地，逐壠手下之。一畒良地用子一斗，半薄地用子二斗[3]。下訖，澇之。鋤如穀法，唯净爲佳。壟底草，手拔[4]之。九月子（收）[5]熟，刈之，候稍乾。稍音父，禾積名。其草以茆縛束之，四把爲一頭。當日斬齊，顛倒十重許爲長行，置堅平地，以板石鎮壓[6]之，令褊。及濕壓[7]，長而直。壓兩三宿，豎頭日中曝，令浥浥。不乾則黑暍，太乾則稱[8]折。五十頭作洪。著廠下陰[9]處涼棚收之，忌驢馬糞、人溺。人溺，人尿。煙入，並令草失

1 斗，《校釋》以爲應作“升”。
2 耧，癸未字本作“摟”。
3 “一畒”至“二斗”，癸未字本爲小字。
4 拔，原作“抜”，據癸未字本改。
5 原衍“收”字，據癸未字本删。
6 壓，癸未字本作“壂”。凡壓，癸未字本皆作“壂”，後不一一出校。
7 濕，癸未字本作“湿”。
8 稱，癸未字本作“秤”。
9 陰，癸未字本作“蔭”。

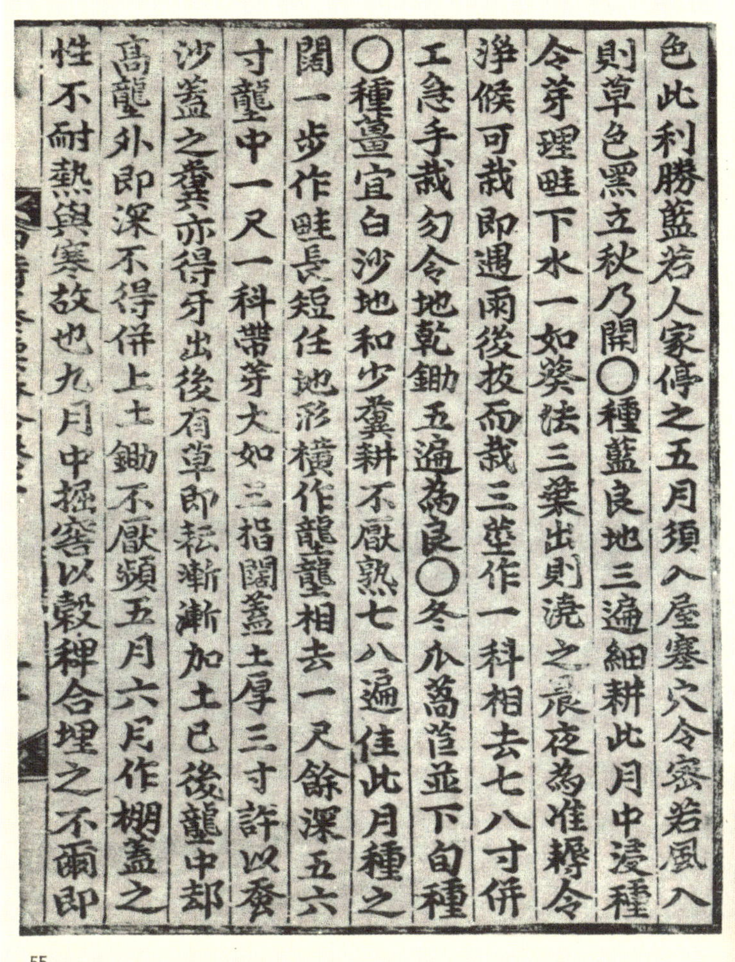

色此利勝藍若人家停之五月須入屋塞穴令密若風入
則草色黑立秋乃開○種藍良地三遍細耕此月中浸種
令芽理畦下水一如葵法三葉出則澆之晨夜為准耨令
淨候可栽即遇雨後拔而栽三莖作一科相去七八寸併
工急手栽勿令地乾鋤五遍為良○冬瓜萵苣並下旬種
○種薑宜白沙地和少糞耕不厭熟七八遍佳此月種之
闊一步作畦長短任地形橫作壟壟相去一尺餘深五六
寸壟中一尺一科帶芽大如三指闊蓋土厚三寸許以蚕
沙蓋之糞亦得牙出後有草即耘漸漸加土已後壟中却
高壟外即深不得併上土鋤不厭頻五月六月作棚蓋之
性不耐熱與寒故也九月中掘窖以穀稗合埋之不爾即

55

色。此利勝藍，若人家停之，五月須入屋，塞穴令密。若風入，則草色黑。立秋乃開。

〇種藍。良地三遍細耕，此月中浸種令芽。理畦，下水，一如葵法。三葉出則澆之，晨夜爲准。耨令净，候可栽，即遇雨後拔而栽[1]。三莖作一科，相去七八寸，併工急手栽，勿令地乾，鋤五遍爲良。

〇冬瓜、萵苣並下旬種。

〇種薑。宜白沙地，和少糞，耕不厭熟，七八遍佳。此月種之。闊一步作畦，長短任地形，横作壟，壟相去一尺餘，深五六寸。壟中一尺一科，帶芽大如三指闊，蓋土厚三寸許，以蚕沙蓋之糞亦得。牙出後，有草即耘，漸漸加土。已後壟中却高，壟外即深，不得併上土。鋤不厭頻，五月、六月作棚蓋之，性不耐熱與寒故也。九月中掘窖，以穀稗[2]合埋之，不爾[3]即

1　栽，癸未字本作“裁”。

2　稗，參考《齊民要術·種薑》應作“稃”，即今“稃”之意。

3　爾，癸未字本作“尔”。

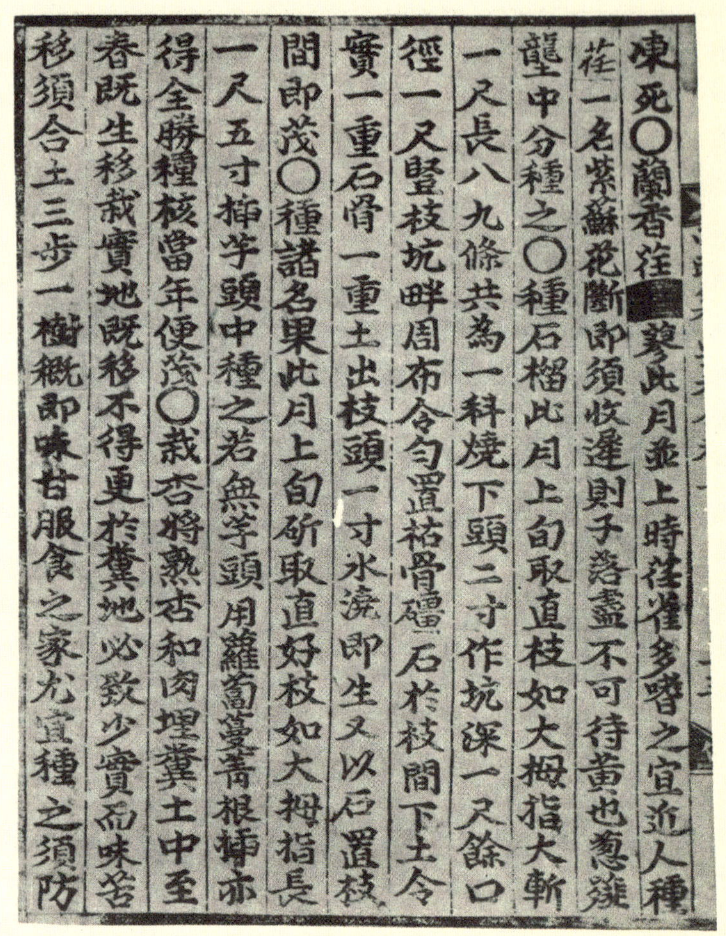
凍死○蘭香荏■蓼此月並上時荏雀多嗜之宜近人種
荏一名紫蘇花斷即須收遲則子落盡不可待黃也葱薤
壟中分種之○種石榴此月上旬取直枝如大拇指大斬
一尺長八九條共為一科燒下頭二寸作坑深一尺餘口
徑一尺竪枝坑畔周布令勻置枯骨礓石於枝間下土令
實一重石骨一重土出枝頭一寸水澆即生又以石置枝
間即茂○種諸名果此月上旬斫取直好枝如大拇指長
一尺五寸插芋頭中種之若無芋頭用蘿蔔蔓菁根插亦
得全勝種核當年便茂○栽杏將熟杏和肉埋糞土中至
春既生移栽實地既移不得更於糞地必致少實而味苦
移須合土三步一樹概即味甘服食之家尤宜種之須防

56

凍死。

○蘭香、荏、蓼，此月並上時。荏，雀多嗜之，宜近人種。荏，一名“紫蘇”，花斷即須收，遲則[1]子落盡，不可待黃也。葱、薤，壟中分種之。[2]

○種石榴。此月上旬，取直枝如大拇指大，斬一尺長，八九條共爲一科，燒下頭二寸。作坑，深一尺餘，口徑一尺。豎枝坑畔，周布令勻。置枯骨、礓[3]石於枝間，下土令實。一重石、骨，一重土。出枝頭一寸，水澆即生，又以石置枝間即茂。

○種諸名果。此月上旬，斫取直好枝如大拇[4]指，長一尺五，寸插芋頭中種之。若無芋頭，用蘿蔔、蔓菁根插亦得。全勝種核，當年便茂。

○栽杏。將熟杏和肉埋糞土中。至春既生，移栽實地，既移，不得更於糞地，必致少實而味苦。移須合土，三步一[5]樹，概即味甘，服食之家，尤宜種之。須防

1　則，癸未字本作“即”。

2　按，此條不言蘭香、蓼，而言葱、薤，疑有誤。

3　礓，癸未字本作“薑”。

4　拇，癸未字本作“母”。

5　一，癸未字本作“二”。

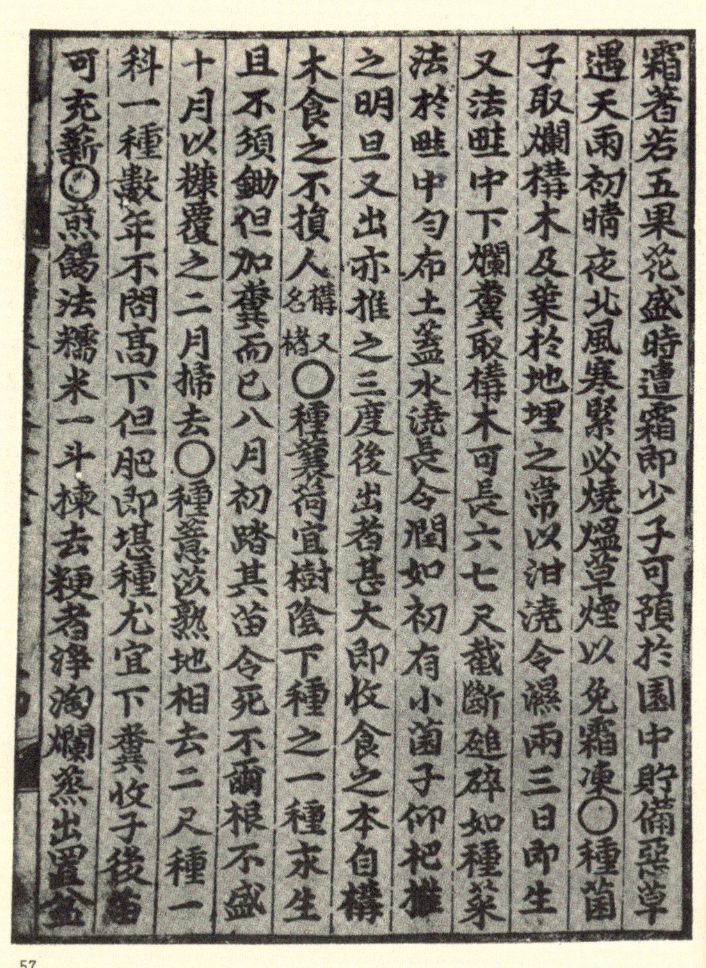
霜著若五果花盛時遭霜即少子可預於園中貯備惡草
遇天雨初晴夜北風寒緊必燒熅草煙以免霜凍○種菌
子取爛構木及葉於地埋之常以泔澆令濕兩三日即生
又法畦中下爛糞取構木可長六七尺截斷碓碎如種菜
法於畦中匀布土蓋水澆長令潤如初有小菌子仰杷推
之明旦又出亦推之三度後出者甚大即收食之本自構
木食之不損人構又名楮○種蘘荷宜樹陰下種之一種永生
且不須鋤但加糞而已八月初踏其苗令死不爾根不盛
十月以糠覆之二月掃去○種薏苡熟地相去二尺種一
科一種數年不問高下但肥即堪種尤宜下糞收子後苗
可充薪○煎餳法糯米一斗揀去粳者淨淘爛蒸出置盆

57

霜著，若五果花盛時遭霜，即少子。可預於園中貯備惡草，遇天雨初晴，夜北風，寒緊，必燒熅草煙，以免霜凍。

○種菌子。取爛構木及葉，於地埋之。常以泔澆令濕，兩三[1]日即生。又法：畦中下爛糞，取構木可長六七尺[2]，截斷碓碎。如種菜法，於畦中匀布，土蓋，水澆，長令潤。如初有小菌子，仰杷推之，明旦又出，亦推之。三度後出者甚大，即收食之。本自構木，食之不損人。構，又名楮。

○種蘘荷。宜樹陰下種之，一種永生，且不須鋤，但加糞而已。八月初，踏其苗令死，不爾[3]根不盛。十月以糠覆之，二月掃去。

○種薏苡。熟地相去二尺種一科，一種數年。不問高下，但肥即堪種，尤宜下糞。收子後，苗可充薪。

○煎餳法。糯米一斗，揀去粳者，净淘，爛蒸，出置盆

1 兩三，癸未字本作“三兩”。
2 尺，癸未字本作“寸”。
3 爾，癸未字本作“尔”。

58

中，入少湯，拌令勻，如粥狀。候冷如人體，下大麥蘖半升，節[1]碎如麴，入飯中，熟拌，令相入。如著手及黏物，即入半盌湯洗刮物、手，免令生水入。和拌了，布蓋，暖處安。天寒，微火養之。數看，候銷，以袋濾之，細即用絹爲袋，麄則用布爲袋。然後銅銀器及石鍋中煎，杓揚勿停手，候稠即止。鐵鍋亦得。

○是月收合龍駒。合驢馬之牝牡，此月三日爲上。准《令》："季春之月，乃合（騾）[累][2]牛、驢、馬，遊牝於牡[3]。仲夏之月，遊牝別群，則縶騰駒。仲冬之月，牛馬畜獸放逸者，取之不詰。"

○相馬法。《馬經》[4]："驢、馬生，墮地無毛，日行千里。溺舉一足，行五百里。又數其肋骨，得十莖，凡馬也；十一者，五百里；十三者，千里也；過十三者，天馬也。白額入口白喙，名'的盧'；目下有横毛旋毛，名

1 節，癸未字本作"篩"。

2 累，原作"騾"，《禮記·月令》"季春之月"作"乃合累牛、騰馬"。

3 牡，癸未字本作"牧"。

4 癸未字本"經"後有"云"字。

盛淚旋毛在吻後名銜禍旋毛在項白馬黑髦鞍下有旋
毛名負屍腋下有旋毛名挾屍左脇下有白毛直上名帶
劒汗溝過尾本者踏殺人後脚左右白白馬四蹄黑已上
不利主人○馬所忌石灰泥馬槽及繫驢馬於門上令馬
損駒常繫獼猴於馬坊內辟惡消百病令馬不患疥○治
牛馬溫病方獺肉肝肚煑汁灌之不用糞○治馬喉腫方
以物纏刀子露刃鋒一寸許剌咽喉潰即愈又方取乾馬
糞置瓶子中頭髮覆之火燒馬糞及髮煙出著馬鼻熏令
煙入鼻中須臾即差又方猪脊引脂亂髮燒煙熏鼻同上
法又療馬心結熱起臥寒戰不食水草方黃連二兩杵末白
鮮皮一兩杵末油五合猪脂四兩細切右以溫水一升半和藥

59

‘盛淚’；旋毛在吻後，名‘銜禍’；旋毛在項，白馬黑髦，鞍下有旋毛，名‘負屍’；腋下有旋毛，名‘挾屍’；左脇下有白毛直上，名‘帶劍’；汗溝過尾本者，踏殺[1]人；後脚左右白，白馬四蹄黑，已上不利主人。”

○馬所忌。石灰泥馬槽及系驢馬於門上，令馬損[2]駒。常系獼[3]猴於馬坊内，辟惡，消百病，令馬不患疥。

○治牛馬温病方。獺肉、肝、肚煮汁，灌之，不用糞。

○治馬喉腫方。以物纏刀子，露刃鋒一寸許，刺[4]咽喉，潰即愈。又方：取乾馬糞置瓶子中，頭髮覆之，火燒馬糞及髮，煙出，著馬鼻熏[5]，令煙入鼻中，須臾即差。又方：猪脊引脂、亂髮，燒煙熏[6]鼻，同上法。又療馬心結熱、起卧寒戰、不食水草方：黄連二兩杵末、白鮮皮一兩杵末、油五合、猪脂四兩細切，右以温水一升半，和藥

1 殺，癸未字本作“煞”。
2 損，癸未字本作“損”。
3 獼，癸未字本作“猕”。
4 刺，癸未字本作“剌”。
5 熏，癸未字本作“勳”。
6 熏，癸未字本作“勳”。

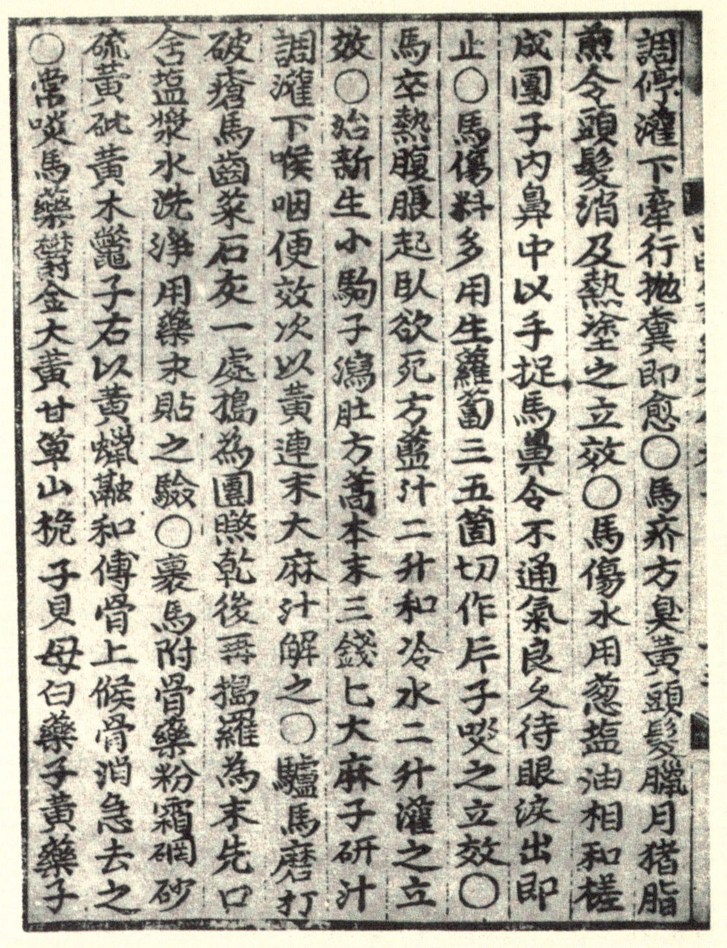

調停灌下牽行抛糞即愈○馬疥方臭黃頭髮臘月猪脂
煎令頭髮消及熱塗之立效○馬傷水用葱塩油相和槎
成團子内鼻中以手捉馬鼻令不通氣良久待眼淚出即
止○馬傷料多用生蘿蔔三五箇切作片子啖之立效○
馬卒熱腹脹起臥欲死方藍汁二升和冷水二升灌之立
效○治新生小駒子瀉肚方蒿本末三錢匕大麻子研汁
調灌下喉咽便效次以黃連末大麻汁解之○驢馬磨打
破瘡馬齒菜石灰一處擣為團㬠乾後再擣羅為末先口
含塩漿水洗淨用藥末貼之驗○裹馬附骨藥粉霜硇砂
硫黃砒黃木鱉子右以黃蠟融和傅骨上候骨消急去之
○常啖馬藥鬱金大黃甘草山梔子貝母白藥子黃藥子

60

1　效，癸未字本作“効”。
2　硇砂，《校釋》以爲應作“硇砂”。
3　梔，原作“桅”，據文義改。

調停，灌下，牽行，抛糞即愈。

○馬疥方。臭黃、頭髮，臘月猪脂煎，令頭髮消，及熱塗之，立效[1]。

○馬傷水。用葱、塩、油相和，槎成團子，内鼻中，以手捉馬鼻，令不通氣，良久，待眼淚出即止。

○馬傷料多。用生蘿蔔三五箇切作片子，啖之立效。

○馬卒熱腹脹起臥欲死方。藍汁二升，和冷水二升灌之，立效。

○治新生小駒子瀉肚方。蒿本末三錢匕、大麻子研汁調灌，下喉咽便效。次以黃連末大麻汁解之。

○驢馬磨打破瘡。馬齒菜、石灰，一處擣爲團，㬠乾後再擣，羅爲末。先口舍塩漿水洗净，用藥永貼之驗。

○裹馬附骨藥。粉霜、硇砂[2]、硫黃、砒黃、水鱉子，右以黃蠟融和，傅骨上，候骨消，急去之。

○常啖馬藥。鬱金、大黃、甘草、山（桅）［梔］[3]子、貝母、白藥子、黃藥子、

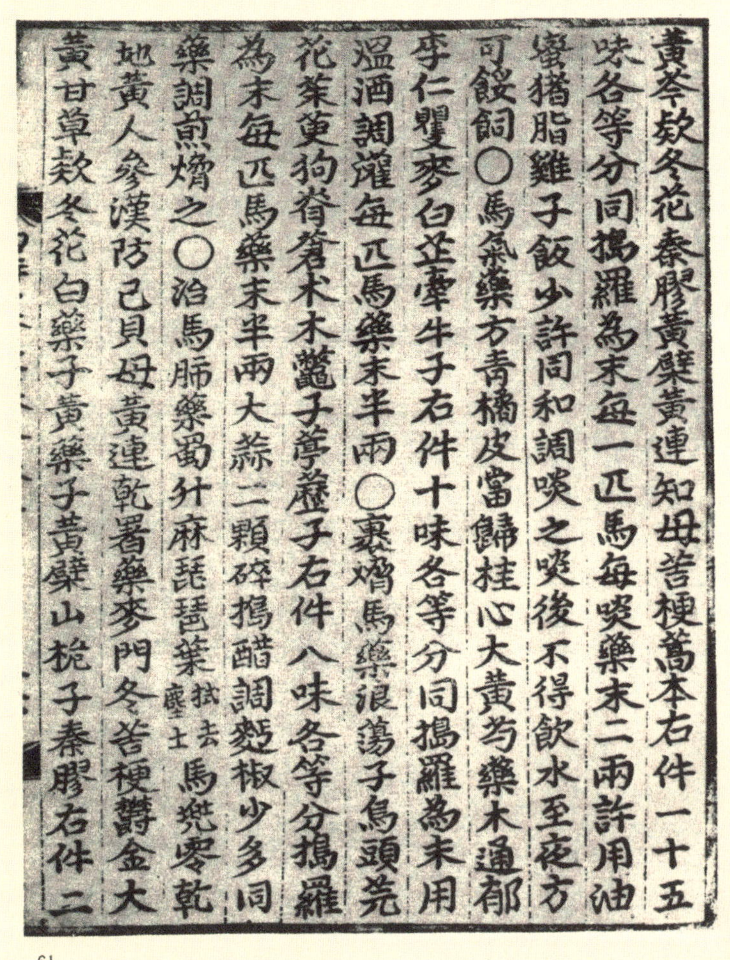
黄芩款冬花秦膠黄蘗黄連知母苦梗藁本右件一十五
味各等分同擣羅為末每一疋馬每啖藥末二兩許用油
蜜豬脂雞子飯少許同和調啖之啖後不得飲水至夜方
可餧飼○馬氣藥方青橘皮當歸桂心大黄芍藥木通郁
李仁瞿麥白芷牽牛子右件十味各等分同擣羅為末用
温酒調灌每疋馬藥末半兩○裹熁馬藥浪蕩子烏頭芫
花茱萸狗脊蒼朮木鼈子葶藶子右件八味各等分擣羅
為末每疋馬藥末半兩大蒜二顆碎擣醋調麪椒少多同
藥調煎熁之○治馬肺藥蜀升麻琵琶葉拭去塵土馬兜零乾
地黄人參漢防己貝母黄連乾署藥麥門冬苦梗鬱金大
黄甘草款冬花白藥子黄藥子黄蘗山梔子秦膠右件二

61

黄芩、款冬花、秦膠、黄蘗、黄連、知母、苦梗、藁本。右件一十五味，各等分，同擣羅爲末。每一匹[1]馬每啖藥末二兩許，用油蜜、猪脂、雞子、飯少許，同和調啖之。啖後不得飲水，至夜方可餧飼[2]。

○馬氣藥方：青橘皮、當歸、桂心、大黄、芍藥、木通、郁李仁、瞿[3]麥、白芷、牽牛子。右件十味，各等分，同擣羅爲末，用温酒調灌，每匹馬藥末半兩。

○裹熁馬藥。浪蕩子、烏頭、芫花、茱萸、狗脊、蒼术、木鼈子、葶[4]藶子，右件八味，各等分，擣羅爲末。每匹馬藥末半兩，大蒜二顆，碎擣，醋調麵，椒少多，同藥調煎，熁之。

○治馬肺藥。蜀升[5]麻、琵琶葉拭去塵土[6]、馬兜零、乾地黄、人參、漢防已、貝[7]母、黄連、乾署藥、麥門冬、苦[8]梗、欝金、大黄、甘草、款冬花、白藥子、黄藥子、黄蘗、山梔子、秦膠。右件二

1 匹，癸未字本作“疋”。
2 “啖後”至“餧飼”，癸未字本爲小字。
3 瞿，癸未字本作“瞿”。
4 葶，癸未字本作“亭”。
5 升，癸未字本作“昇”。
6 土，癸未字本作“毛”。
7 貝，癸未字本作“具”。
8 苦，癸未字本作“結”。

十味各等分擣羅爲末每疋馬用末二兩糯米三合杏仁
一兩去尖皮大麻子四合研麻杏汁煑糯米粥入蜜六兩調
藥放冷啖之○點馬眼藥青藍黃連馬牙硝蕤仁右件四
味各等分同研爲末用蜜煎入瓷瓶子盛或點時旋取少
多以井水浸化點之○治馬急起臥取壁上多年石灰細
杵羅用油酒調二兩已來灌之立效○治馬食槽内草結
方好白礬末一兩分爲二服每貼和飲水後啖之不過三
兩度即内消却此法神驗○收蔓菁花是月收得治小兒
瘖瘡甚妙○收桃花是月多收修術具七月門中○清明
日修蚕具蚕室宜蚕又清明前二日夜雞鳴時取炊湯澆
井口及飦瓮四面辟馬蚿百蟲○造酪是月牛羊飽草好

62

十味，各等分，擣羅爲末。每匹[1]馬用末二兩，糯米三合、杏仁一兩去尖皮[2]、大麻子四合，研麻、杏汁、煑糯米粥，入蜜六兩，調藥，放冷啖之。

○點馬眼藥。青藍[3]、黃連、馬牙硝、蕤仁。右件四味，各等分，同研爲末，用蜜煎，入瓷瓶子盛。或點時，旋取少多，以井水浸化點之。

○治馬急起臥。取壁上多年石灰，細杵羅，用油酒調二兩已來，灌之立效[4]。

○治馬食槽内草結方。好白礬末一兩，分爲二服，每貼和飲水後[5]啖之，不過三兩度，即内消却。此法神驗。

○收蔓菁花。是月收得，治小兒瘖瘡甚妙。

○收桃花。是月多收。修術具七月門中[6]。

○清明日，修蚕具、蚕室，宜蚕。又清明前二日夜雞鳴時，取炊湯澆井口及飦瓮四面，辟馬蚿、百蟲。

○造酪。是月牛羊飽草，好

1 匹，癸未字本作“疋”。
2 去尖皮，癸未字本爲大字。
3 藍，癸未字本作“籃”。
4 效，癸未字本作“効”。
5 後，《校釋》以爲應作“中”。
6 門中，癸未字本無。

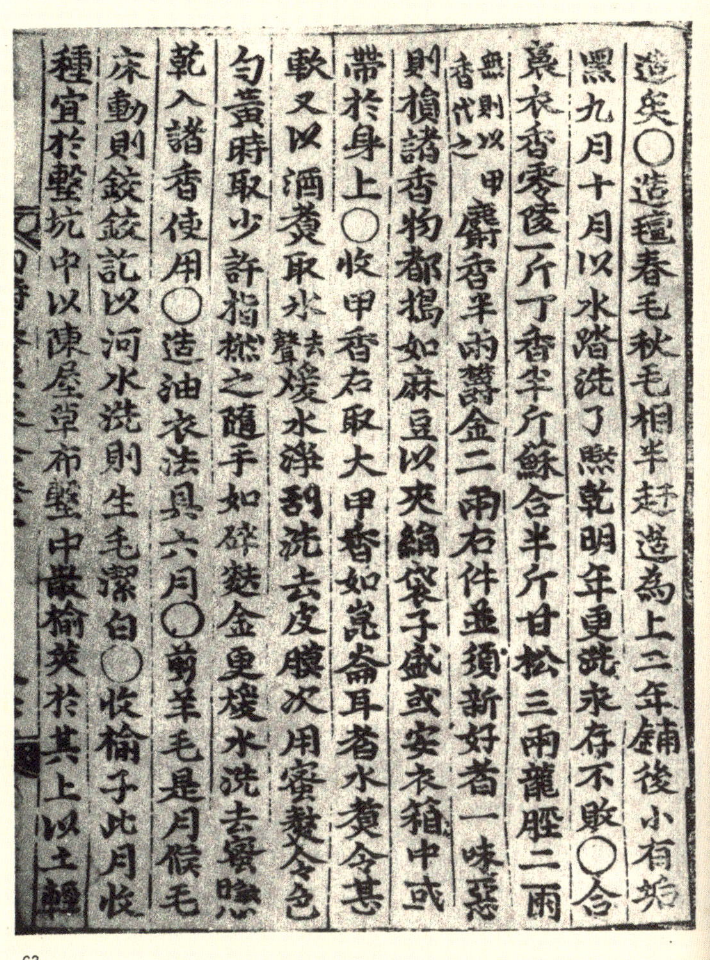
造矣○造氊春毛秋毛相半赶造爲上二年鋪後小有垢
黑九月十月以水踏洗了曒乾明年更洗永存不敗○合
裛衣香零陵一斤丁香半斤蘇合半斤甘松三兩龍脛二兩
無則以甲香代之麝香半兩欝金二兩右件並須新好者一味惡
則損諸香物都擣如麻豆以夾絹袋子盛或安衣箱中或
帶於身上○收甲香右取大甲香如崑崙耳者水煑令甚
軟又以酒煑取冰去聲煖水淨刮洗去皮膜次用蜜熬令色
匀黃時取少許指撚之隨手如碎麩金更煖水洗去蜜曒
乾入諸香使用○造油衣法具六月○翦羊毛是月候毛
床動則鉸鉸訖以河水洗則生毛潔白○收榆子此月收
種宜於墼坑中以陳屋草布墼中散榆莢於其上以土輕

63

造矣。

○造氊，春毛、秋毛相半，赶造爲上。二年鋪後，小有垢黑，九月、十月以水踏洗了，曒乾。明年更洗，永存不敗。

○合裛衣香。零陵一斤、丁香半斤、蘇合半斤、甘松三兩、龍脛[1]二兩無則以甲香代之、麝香半兩、欝金二兩。右件並須新好者，一味惡則損諸香物，都擣如麻豆，以夾絹袋子盛，或安衣箱中，或帶於身上。

○收[2]甲香。右取大甲香如崑崙耳者，水煑令甚軟。又以酒煑，取冰去聲，煖水净刮洗，去皮膜。次用蜜熬，令色匀黄時，取少許，指燃之，随手如碎麩金。更煖水洗去蜜，曒乾，入諸香使用。

○造油衣。法具六月。

○剪羊毛。是月候毛床動則鉸，鉸訖，以河水洗則生毛潔白。

○收榆子。此月收。種宜於墼[3]坑中，以陳屋草布墼中，敝榆莢於其上。以土輕

1 龍脛，疑爲"龍腦"之訛。

2 收，癸未字本作"修"。

3 墼，癸未字本作"壍"，次句同。

64

覆之，即生。

○雜事。是月順陽氣，宜布德賑乏絶。利溝瀆，葺垣墻，治屋室，以待霖雨。修門戶，設守備，以防春飢之寇。粜黍、粟。博布。貨百日油。子丑造者。放鋤刈工價。脱墼[1]。移越瓜、茄子。收蔓菁花。作乾菜。

○季春行夏令，則人多疾疫，時雨不降。

○行秋令，則天多陰沉，淫雨早降。

○行冬令，則寒氣時發，草木皆肅。

○種木綿法[2]。節進則穀雨前一二日種之，退則後十日内樹之，大槩必不違立夏之日。又種之時，前期一日以綿種雜以溺灰，兩足十分揉之。又田不下三四度翻耕，令土深厚而無塊，則萠葉善長而不病。何者？木綿無横根，只有一直根，故未盛時少遇風露，善死而難立苗。又種之後，覆以牛糞，水易長而多實。若先以牛糞糞之，而後

1　墼，疑應作“塹”。
2　此條癸未字本無。

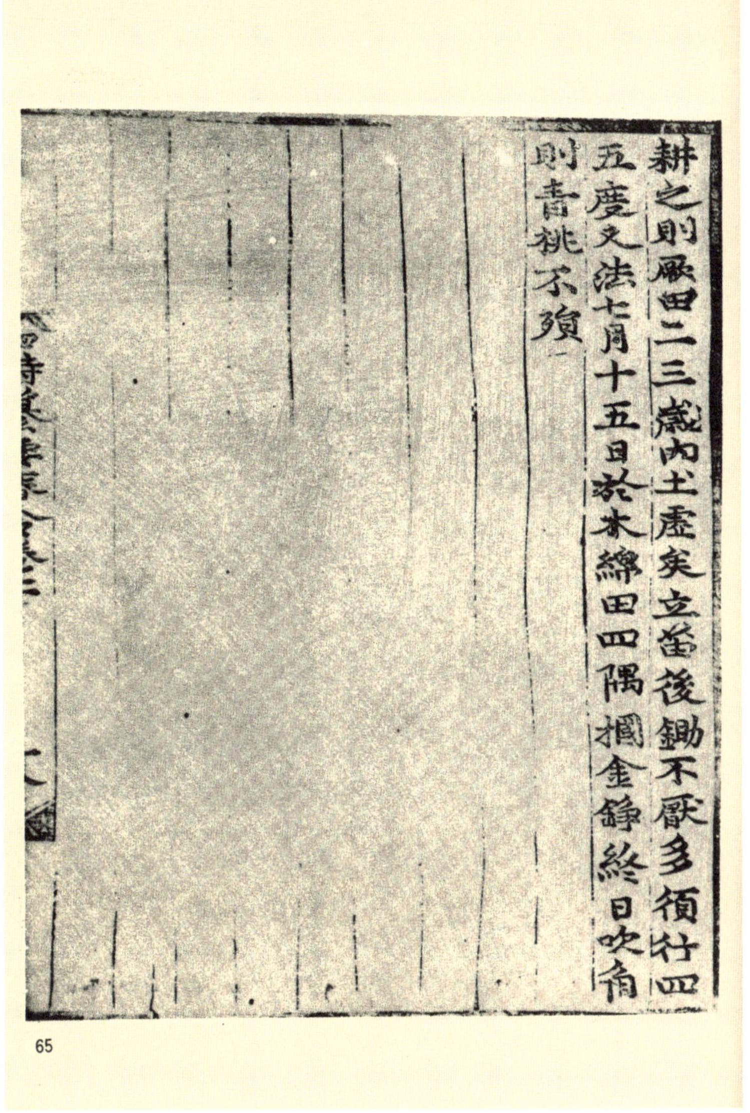
耕之則厥田二三歲內土虛矣立苗後鋤不厭多須行四
五度又法七月十五日於木綿田四隅擱金錚終日吹角
則青桃不殞

65

耕之，則厥田二三歲内土虚矣。立苗後，鋤不厭多，須行四五度。又法：七月十五日，於木綿田四隅擱金錚，終日吹角，則青桃不殞。

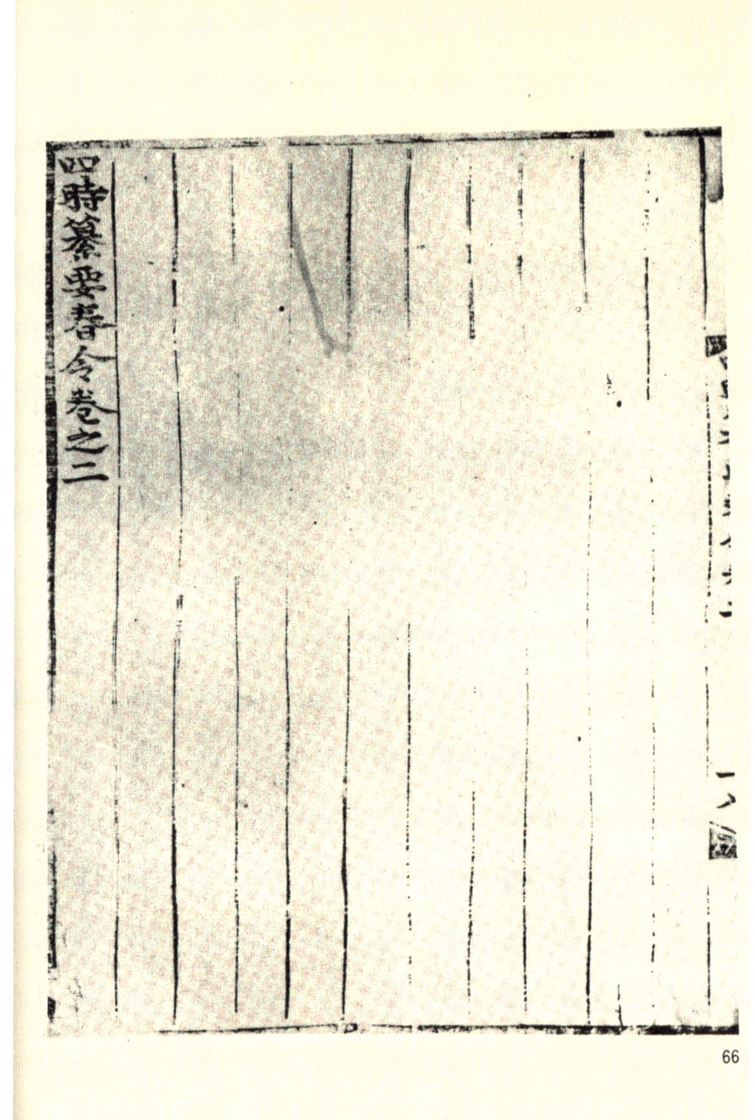
四時纂要春令卷之二

66

四時纂要春令卷之二

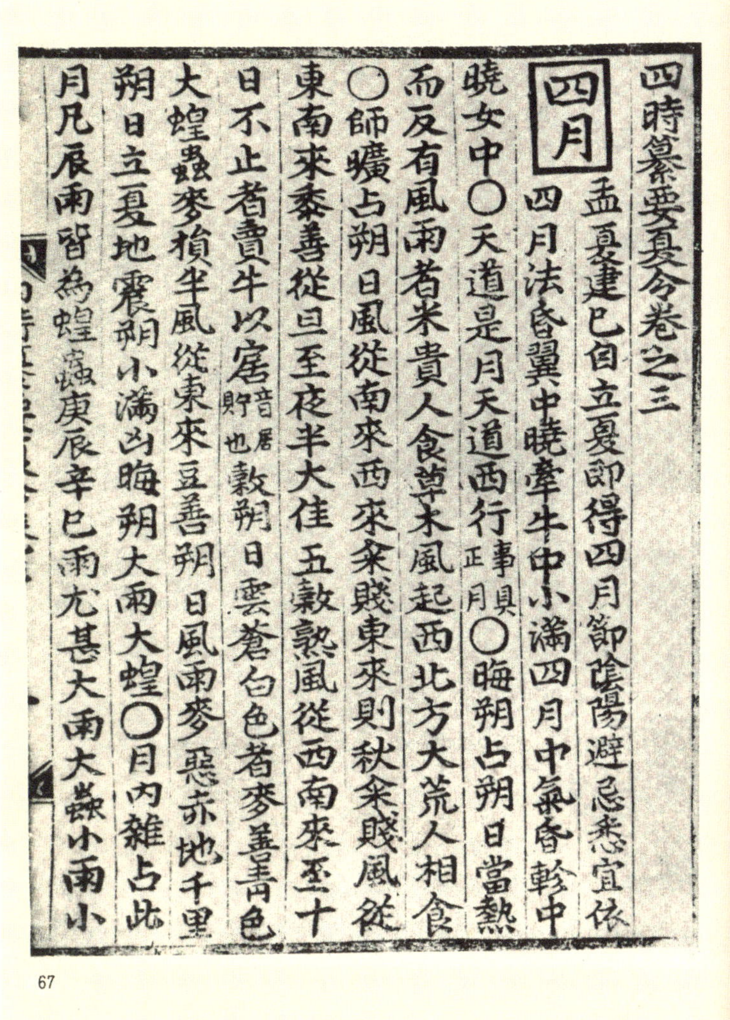
四時纂要夏令卷之三
四月　孟夏建巳自立夏卽得四月節陰陽避忌悉宜依
四月法昏翼中曉牽牛中小滿四月中氣昏軫中
曉女中○天道是月天道西行事具正月○晦朔占朔日當熱
而反有風雨者米貴人食草木風起西北方大荒人相食
○師曠占朔日風從南來西來粲賤東來則秋粲賤風從
東南來黍善從旦至夜半大佳五穀熟風從西南來至十
日不止者賣牛以宮音居貯也穀朔日雲蒼白色者麥善青色
大蝗蟲麥損半風從東來豆善朔日風雨麥惡赤地千里
朔日立夏地震朔小滿凶晦朔大雨大蝗○月內雜占此
月凡辰雨皆爲蝗蟲庚辰辛巳雨尤甚大雨大蟲小雨小

67

四時纂要夏令卷之三

四月 孟夏建巳。自立夏即得四月節，陰陽避忌悉宜依四月法[1]。昏，翼中；曉，牽牛中。小滿，四月中氣。昏，軫[2]中；曉，女中。

○天道。是月天道西行。事具正月。

○晦朔占。朔日當熱而反有風雨者，米貴，人食草木。風起西北方，大荒，人相食[3]。

○《師曠占》：朔日風從南來、西來，粲賤；東來則秋粲賤[4]；風從東南來，黍善，從旦至夜半大佳，五穀熟；風從西南來，至十日不止者，賣[5]牛以宮音居貯也。[6]，穀。朔日雲蒼白色者，麥善；青色，大蝗蟲，麥損半。風從東來，豆善。朔日風雨，麥惡[7]，赤地千里。朔日立夏，地震。朔小滿，凶。晦、朔大雨，大蝗。

○月內雜占。此月凡辰雨，皆爲蝗蟲，庚辰、辛巳雨尤甚，大雨大蟲，小雨小

1 癸未字本法後有“也”字。
2 軫，癸未字本作“軫”。
3 此條癸未字本爲小字。
4 賤，癸未字本作“貴”。
5 賣，癸未字本作“馬”。
6 宮音居，癸未字本作“居”。
7 惡，癸未字本作“貴”。

蟲。二日雨，百草旱，五穀不成。三日雨，小旱，風從西來，麻善。四日雨，五穀貴。五日、六日雨，有旱處，四日至七日風者，大豆善。八日微雨，熟，俗云“八日雨班闌，高低盡可憐。”此月自一日至十四日惡風者，皆不可種豆。此月虹見，穀貴。月蝕，人飢。有三卯，麻不成。

〇占雨。夏三月甲、乙、丙、丁日無雨，民不耕。夏雨丙寅、丁卯，秋粂貴一倍。又月内甲申至己丑雨者，麥大貴；庚寅至癸巳日雨者，麥大賤，貯麥者必折。夏三雨辰，蟲生；三雨未，蟲死。皆以入地五寸爲（侯）[候][1]。甲申大雨，五穀大貴，急聚五穀。夏甲子、庚辰、辛巳雨，蝗蟲死。雷同占。

〇立夏雜占。立夏日，立一丈表占影。法同正月[2]。次立八尺表度影。法同正月。一尺五寸三分，宜秋。若天氣晴[3]明，必旱。立夏以木，夏

1 候，原作“侯”，據癸未字本改。

2 “法同正月”，癸未字本作“同正月法”。

3 晴，癸未字本作“清”。

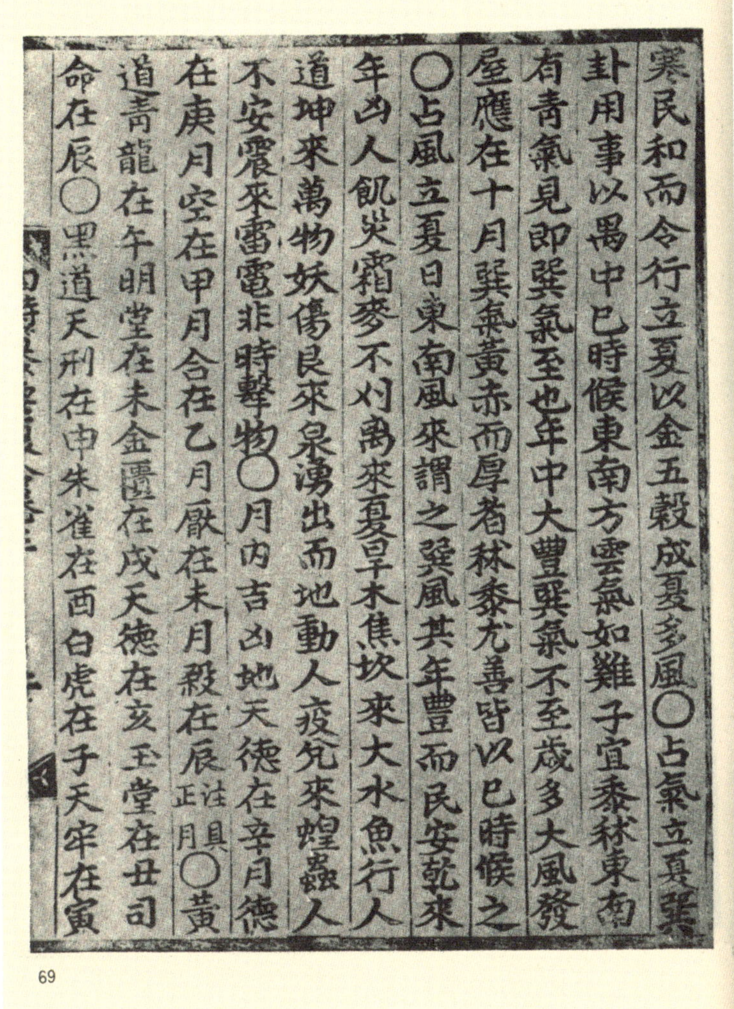
寒民和而令行立夏以金五穀成夏多風○占氣立夏巽
卦用事以禺中巳時候東南方雲氣如雞子宜黍秫東南
有青氣見即巽氣至也年中大豐巽氣不至歲多大風發
屋應在十月巽氣黃赤而厚者秫黍尤善皆以巳時候之
○占風立夏日東南風來謂之巽風其年豐而民安乾來
年凶人飢災霜麥不刈离來夏旱木焦坎來大水魚行人
道坤來萬物妖傷艮來泉湧出而地動人疫兌來蝗蟲人
不安震來雷電非時擊物○月內吉凶地天德在辛月德
在庚月空在甲月合在乙月厭在未月殺在辰注具正月○黃
道青龍在午明堂在未金匱在戌天德在亥玉堂在丑司
命在辰○黑道天刑在申朱雀在酉白虎在子天牢在寅

69

寒，民和而令行。立夏以金，五穀成，夏多風。

○占氣。立夏巽卦用事，以禺中巳時，候東南方雲氣如雞子，宜黍秫。東南有青氣見，即巽氣至也，年中大豐。巽氣不至，歲多大風發屋，應在十月。巽氣黃赤而厚者，秫黍尤善，皆以巳時候之。

○占風。立夏日東南風來，謂之“巽風”，其年豐而民安；乾來，年凶，人飢，災[1]霜，麥不刈；离來，夏旱，木[2]焦；坎來，大水，魚行人道；坤來，萬物妖傷；艮來，泉湧出而地動，人疫；兑來，蝗蟲，人不安；震來，雷電非時擊物。

○月內吉凶地。天德在辛，月德在庚，月空在甲，月合在乙，月厭在未，月殺[3]在辰。注具正月。

○黃道。青龍在午，明堂在未，金匱在戌，天德在亥，玉堂在丑，司命在辰[4]。

○黑道。天刑在申，朱雀在酉，白虎在子，天牢在寅，

1 災，癸未字本作“灾”。
2 木，癸未字本作“禾”。
3 殺，癸未字本作“煞”。
4 此條各“在”字，除“青龍在午”外，癸未字本皆無。

玄武在卯句陳在巳○天赦夏三月甲午日是也○出行
日夏三月不南行犯王方立夏後八日為往亡立夏前一
日為窮日丑為歸忌亥為往亡為土公巳具正月注中又夏丁亥
此月乙未丁未為行很巳上並不可遠行○臺土時是月
平旦寅時是也○四殺没時四孟之月用甲時寅後卯前
丙時巳後午前庚時申後酉前壬時亥後子前巳上四時
鬼神不見可為百事架屋埋葬上官並宜用之○諸凶日
河魁在申天剛在寅狼籍在酉九焦在未種蒔凶血忌在申
不可針灸出血天火在酉不架屋地火在未不種蒔他皆倣此○嫁娵日求
婦丑日平章辰戌上來吉天雄在巳地雌在酉不可嫁娵
新婦下車壬時吉此月生男不可娵正月七月生女害夫

70

玄武在卯，句陳在巳[1]。

○天赦。夏三月甲午日是也[2]。

○出行日。夏三月，不南行，犯王方。立夏後八日爲往亡，立夏前一日爲窮日，丑爲歸忌，亥爲往亡，爲[3]土公。已具正月注中。又夏丁亥，此月乙未、丁未爲行很。已上並不可遠行[4]。

○臺土時。是月平旦寅時是也。

○四殺没時。四孟之月，用甲時寅後卯前，丙時巳後午前，庚時申後酉前，壬時亥後子前，已上四時鬼神不見，可爲百事、架屋、埋葬、上官，並宜用之。

○諸凶日。河魁在申，天剛[5]在寅，狼籍在酉，九焦在未，種蒔凶。血忌在申，不可針灸出血。天火在酉，不架屋。地火在未[6]。不種蒔他皆倣此。

○嫁娵日。求婦，丑日平章辰、戌上來吉。天雄在巳，地雌在酉，不可嫁娵。新婦下車，壬時吉。此月生男[7]，不可娵正月、七月生女，害夫。

1 此條各“在”字，癸未字本皆無。

2 “夏三月甲午日是也”，癸未字本作“甲午日是”。

3 爲，癸未字本無。

4 “已上並不可遠行”，癸未字本爲小字。

5 剛，癸未字本作“罡”

6 “狼籍在酉”至“地火在未”句六“在”字癸未字本皆無。

7 男，癸未字本作“人”。

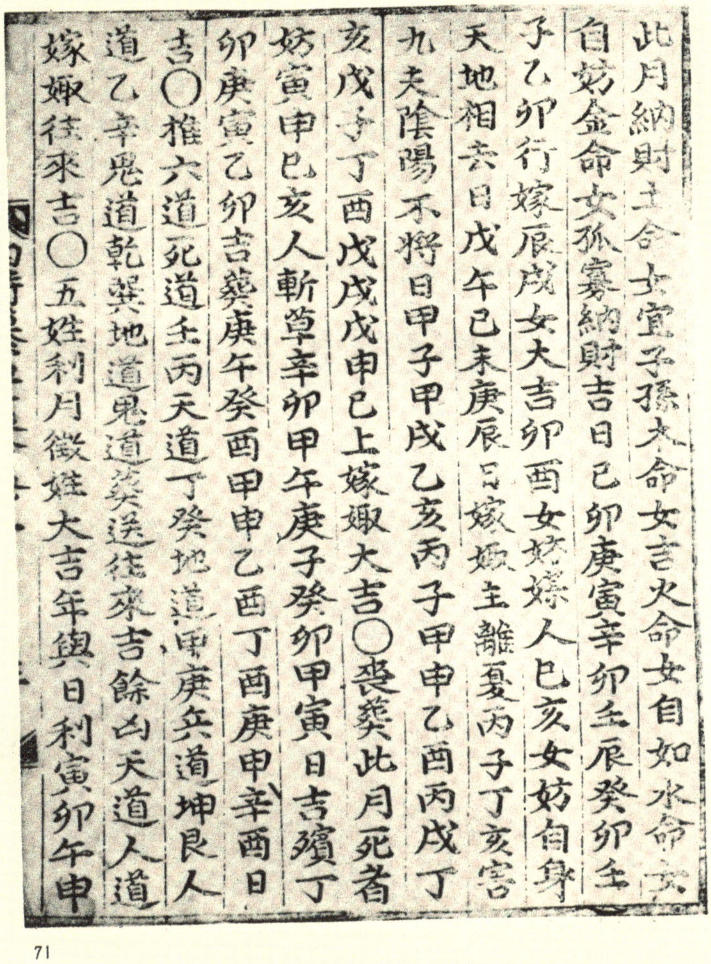
此月納財土命女宜子孫木命女吉火命女自如水命女
自妨金命女孤寡納財吉日己卯庚寅辛卯壬辰癸卯壬
子乙卯行嫁辰戌女大吉卯酉女妨嫁人巳亥女妨自身
天地相去日戊午己未庚辰日嫁娵主離夏丙子丁亥害
九夫陰陽不將日甲子甲戌乙亥丙子甲申乙酉丙戌丁
亥戊子丁酉戊戌戊申已上嫁娵大吉○喪葬此月死者
妨寅申巳亥人斬草辛卯甲午庚子癸卯甲寅日吉殯丁
卯庚寅乙卯吉葬庚午癸酉甲申乙酉丁酉庚申辛酉日
吉○推六道死道壬丙天道丁癸地道甲庚兵道坤艮人
道乙辛鬼道乾巽地道鬼道葬送往來吉餘凶天道人道
嫁娵往來吉○五姓利月徵姓大吉年與日利寅卯午申

71

此月納財，土命女宜子孫，木命女吉，火命女自如，水命女自妨，金命女孤寡。納財吉日：己卯、庚寅、辛卯、壬辰、癸卯、壬子、乙卯。行嫁，辰、戌女大吉，卯、酉女妨（嫁）［媒］[1]人，巳、亥女妨自身。天地相去日：戊午、己未、庚辰日嫁娵，主離憂[2]。丙子、丁亥，害九夫。陰陽不將日：甲子、甲戌、乙亥、丙子、甲申、乙酉、丙戌、丁亥、戊子、丁酉、戊戌、戊甲[3]，已上嫁娵[4]大吉。

○喪葬。此月死者，妨寅、申、巳、亥人。斬草：辛卯、甲午、庚子、癸卯、甲寅日，吉。殯：丁卯、庚寅、乙卯，吉。葬：庚午、癸酉、甲申、乙酉、丁酉、庚申、辛酉日，吉。

○推六道。死道壬、丙，天道丁、癸，地道甲、庚，兵道坤、艮，人道乙、辛，鬼道乾、巽。地道、鬼道葬送往來吉，餘凶；天道、人道嫁娵往來吉。

○五姓利月。徵姓大吉，年與日利寅、卯、午、申、

1 媒，原作“嫁”，據癸未字本改。
2 憂，原作“夏”，據文義改。
3 甲，癸未字本作“申”。
4 娵，癸未字本作“嫁”。

72

丑吉。商姓大利，年與日利子、卯、辰、巳、申、酉吉。角姓大利，年與日利子、寅、卯、辰、巳、午吉。宮姓小吉。羽姓凶。

○起土。飛廉在未，土符在寅，土公在亥，月刑在申。大禁東方。地囊：己卯[1]、己丑[2]，已上動土，凶。月福德在[3]戌，月財地在未，已上取土吉。

○移徙。大耗在亥，小耗在戌，五富在申，五貧在寅，不可往貧耗上。夏丙子、丁亥，不可嫁娵、移徙、入宅，凶。

○架屋。甲子、丙寅、戊寅、辛巳、庚寅、甲午、癸卯、乙卯、壬辰、庚辰、癸未、乙未、乙丑，已上日吉。五酉不可架屋。

○禳鎮。四月七日沐髮，令人大富。九日日没時浴，令人長命。十六日拔白，生黑髮。八日勿殺生、伐草木，仙家大忌。

○食忌。勿食雉，令人氣逆[4]。勿食鮮魚，害人[5]。勿食蒜，傷氣損神[6]。

○鋤禾。禾生半寸則一遍

1　己卯，癸未字本作“乙卯”。

2　己丑，癸未字本作“乙丑”。

3　在，癸未字本無。

4　“令人氣逆”，癸未字本爲小字。

5　“害人”，癸未字本爲小字。

6　“傷氣損神”，癸未字本爲小字。

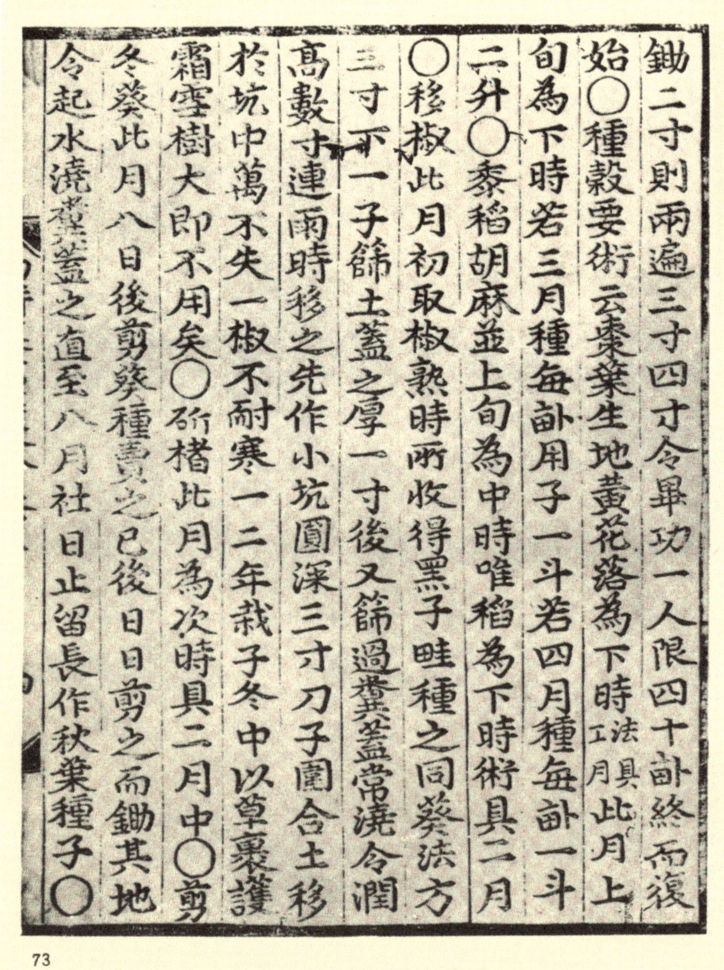

鋤二寸則兩遍三寸四寸令畢功一人限四十畝終而復
始○種穀要術云棗葉生地黃花落為下時法具二月此月上
旬為下時若三月種每畝用子一斗若四月種每畝一斗
二升○黍稻胡麻並上旬為中時唯稻為下時術具二月
○移椒此月初取椒熟時所收得黑子畦種之同葵法方
三寸下一子篩土蓋之厚一寸後又篩過糞蓋常澆令潤
高數寸連雨時移之先作小坑圓深三寸刀子圜合土移
於坑中萬不失一椒不耐寒一二年栽子冬中以草裹護
霜雪樹大即不用矣○斫楮此月為次時具二月中○剪
冬葵此月八日後剪葵種賣之已後日日剪之而鋤其地
令起水澆糞蓋之直至八月社日止留長作秋葉種子○

73

鋤；二寸則兩遍；三寸、四寸，令畢功。一人限四十畝，終而復始。

○種穀。《要術》云："棗葉生、地黃花落爲下時。法具二月。此月上旬爲下時，若三月種，每畝用子一斗；若四月種，每畝一斗二升。

○黍、稻、胡麻並上旬爲中時，唯稻爲下時，術具二月。

○移椒[1]。此月初，取椒熟時所收得黑子畦種之，同葵法。方三寸下一子，篩土蓋之，厚一寸，後又篩過糞蓋，常澆令潤。高數寸，連雨時移之。先作小坑，圓深三寸。刀子圜，合土移於坑中，萬不失一。椒不耐寒，一二年栽[2]子，冬中以草裹護，霜雪樹大即不用矣。

○斫楮。此月爲次時，具二月中。

○剪冬葵。此月八日後，剪葵種賣之。已後日日剪之，而鋤其地令起，水澆，糞蓋之，直至八月社日止。留長作秋葉種子。

○

1　椒，癸未字本作"抍"。

2　栽，癸未字本作"裁"。

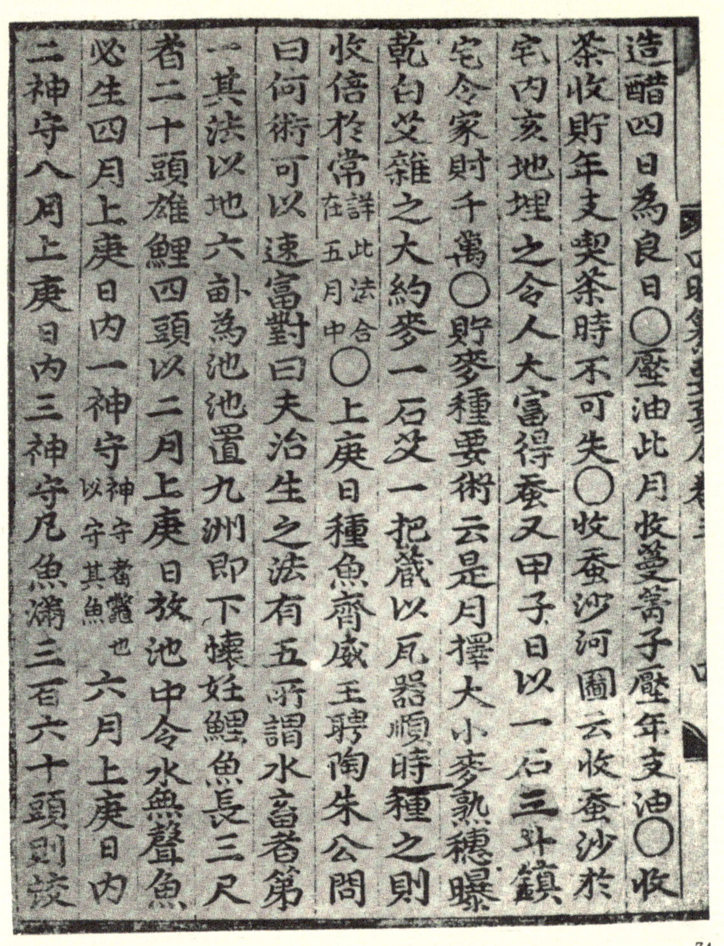
造醋四日為良日○壓油此月收蔓菁子壓年支油○收
茶收貯年支喫茶時不可失○收蚕沙河圖云收蚕沙於
宅内亥地埋之令人大富得蚕又甲子日以一石三斗鎮
宅令家財千萬○貯麥種要術云是月擇大小麥熟穗曝
乾白艾雜之大約麥一石艾一把藏以瓦器順時種之則
收倍於常詳此法合在五月中○上庚日種魚齊威王聘陶朱公問
曰何術可以速富對曰夫治生之法有五所謂水畜者第
一其法以地六畝為池池置九洲即下懷妊鯉魚長三尺
者二十頭雄鯉四頭以二月上庚日放池中令水無聲魚
必生四月上庚日内一神守神守者鱉也以守其魚六月上庚日内
二神守八月上庚日内三神守凡魚滿三百六十頭則蛟

74

1 財，癸未字本作“貯”。

造醋。四日爲良日。

○壓油。此月收蔓菁子，壓年支油。

○收茶。收貯年支喫茶，時不可失。

○收蚕沙。《河圖》云：“收蚕沙於宅内亥地埋之，令人大富，得蚕。又甲子日以一石三斗鎮宅，令家財[1]千萬。”

○貯麥種。《要術》云：“是月擇大小麥熟穗，曝乾，白艾雜之，大約麥一石，艾一把，藏以瓦器。順時種之，則收倍於常。”詳此法合在五月中。

○上庚日種魚。齊威王聘陶朱公問曰：“何術可以速富？”對曰：“夫治生之法有五，所謂水畜者第一。其法以地六畝爲池，池置九洲，即下懷妊鯉魚長三尺者二十頭，雄鯉四頭。以二月上庚日放池中，令水無聲，魚必生。四月上庚日内一神守，神守者，鱉也，以守其魚。六月上庚日内二神守，八月上庚日内三神守。凡魚滿三百六十頭，則蛟

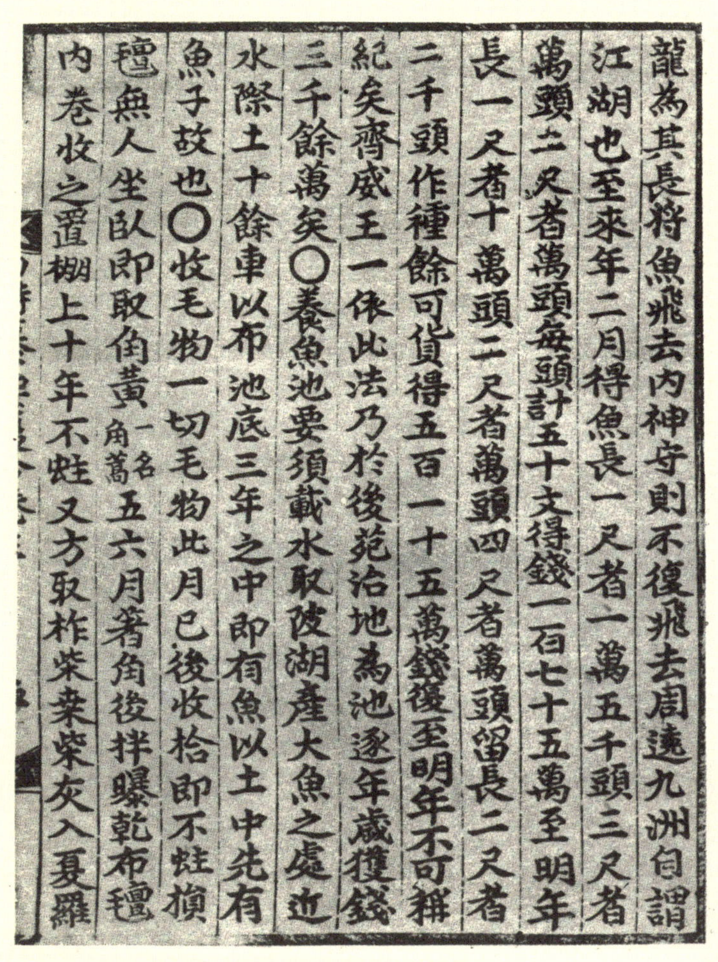
龍為其長將魚飛去内神守則不復飛去周遶九洲自謂
江湖也至來年二月得魚長一尺者一萬五千頭三尺者
萬頭二尺者萬頭每頭計五十文得錢一百七十五萬至明年
長一尺者十萬頭二尺者萬頭四尺者萬頭留長二尺者
二千頭作種餘可貨得五百一十五萬錢復至明年不可稱
紀矣齊威王一依此法乃於後苑治地為池逐年歲獲錢
三千餘萬矣○養魚池要須載水取陂湖產大魚之處近
水際土十餘車以布池底三年之中即有魚以土中先有
魚子故也○收毛物一切毛物此月已後收拾即不蛀損
氈無人坐臥即取角黃一名角蒿五六月著角後拌曝乾布氈
内卷收之置棚上十年不蛀又方取柞柴桒柴灰入夏羅

75

龍爲其長，將魚飛去；内神守則不復飛去，周遶九洲，自謂江湖也。至來年二月，得魚長一尺者一萬五千頭，三尺者萬頭，二尺者萬頭。每頭計五十文，得錢一百七十五萬。至明年，長一尺者[1]十萬頭，二尺者萬頭，四尺者萬頭。留長二尺者二千頭作種，餘可貨，得五百一十五萬錢。復至明年，不可稱紀矣。[2]”齊威王一依此法，乃於後苑治地爲池，（逐）［遂］[3]年歲獲錢三千餘萬矣。

○養魚[4]池。要須載水[5]，取陂湖産大魚之處近水際土十餘車，以布池底，三年之中即有魚，以土中先有魚子故也。

○收毛物。一切毛物，此月已後收拾，即不蛀損。氊[6]，無人坐臥[7]，即取角黄，一名角蒿[8]。五六月著角後（拌）［採］[9]曝乾，布氊[10]内，卷收之，置棚上，十年不蛀。又方：取柞柴、桒柴灰，入夏，羅

1 者，癸未字本無。

2 按，此條錢數、魚數不符，疑有錯訛。

3 遂，原作“逐”，據癸未字本改。

4 魚，癸未字本作“臭”。

5 《校釋》以爲此“水”字衍。

6 氊，癸未字本作“氈”。

7 臥，癸未字本作“卧”。

8 角蒿，癸未字本作“蒿角”。

9 採，原作“拌”，據上下文義改。

10 氊，癸未字本作“氈”。

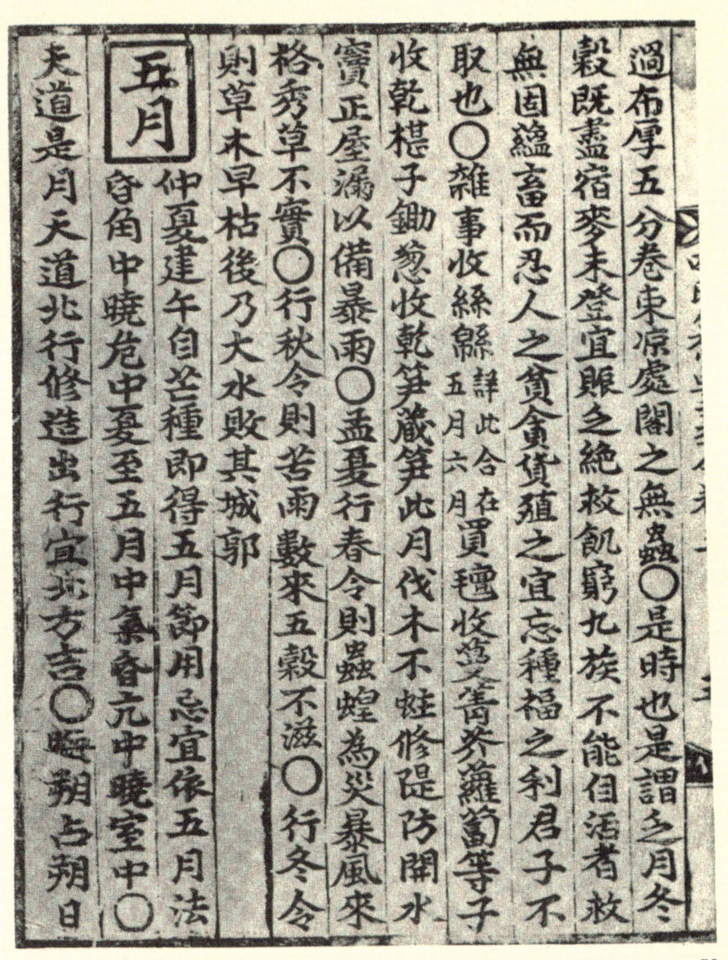
過布厚五分卷束凉處閣之無蟲○是時也是謂乏月冬
穀既盡宿麥未登宜賑乏絶救飢窮九族不能自活者救
無固蘊畜而忍人之貧貪貨殖之宜忘種福之利君子不
取也○雜事收絲繇 詳此合在五月六月 買氈收蔓菁芥蘿蔔等子
收乾椹子鋤葱收乾笋藏笋此月伐木不蛀修隄防開水
竇正屋漏以備暴雨○孟夏行春令則蟲蝗為災暴風來
格秀草不實○行秋令則苦雨數來五穀不滋○行冬令
則草木早枯後乃大水敗其城郭
五月 仲夏建午自芒種即得五月節用忌宜依五月法
昏角中曉危中夏至五月中氣昏亢中曉室中○
天道是月天道北行修造出行宜北方吉○晦朔占朔日
76

過，布厚五分，卷束，涼處閣之，無蟲。

○是時也，是謂“乏月”，冬穀既盡，宿麥未登，宜賑乏絶，救飢窮。九族不能自活者，救。無固蘊（畜）[蓄][1]而忍人之貧，貪貨殖之宜，忘種福之利，君子不[2]取也。

○雜事。收絲繇。詳此合在五月、六月。買氈[3]。收蔓菁、芥、蘿蔔等子。收乾椹子。鋤葱。收乾笋，藏笋。此月伐木不蛀。修隄防，開水竇，正屋漏，以備暴雨。

○孟夏行春令，則蟲蝗爲災，暴風來格，秀草不實。

○行秋令，則苦雨數來，五穀不滋。

○行冬令，則草木早枯，後乃大水，敗其城郭。

五月

仲夏建午。自芒種即得五月節，用忌宜依五月法[4]。昏，角中；曉，危中。夏至五月中氣。昏，亢中；曉，室中。

○天道。是月天道[5]北行，修造、出行宜北方吉[6]。

○晦朔占。朔日

1 蓄，原作“畜”，據癸未字本改。
2 不，癸未字本作“弗”
3 氈，癸未字本作“氊”。
4 癸未字本“法”後有“也”字。
5 天道，癸未字本無。
6 吉，癸未字本無。

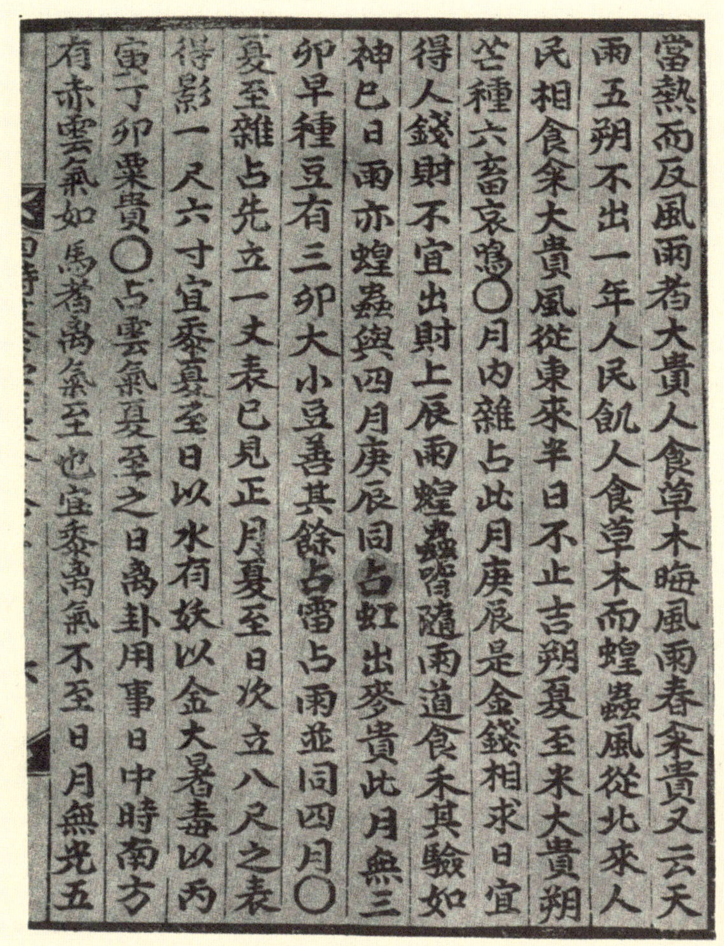
當熱而反風雨者大貴人食草木晦風雨春粲貴又云天
雨五朔不出一年人民飢人食草木而蝗蟲風從北來人
民相食粲大貴風從東來半日不止吉朔夏至米大貴朔
芒種六畜哀鳴○月內雜占此月庚辰是金錢相求日宜
得人錢財不宜出財上辰雨蝗蟲皆隨雨道食禾其驗如
神巳日雨亦蝗蟲與四月庚辰同占虹出麥貴此月無三
卯早種豆有三卯大小豆善其餘占雷占雨並同四月○
夏至雜占先立一丈表已見正月夏至日次立八尺之表
得影一尺六寸宜黍夏至日以水有妖以金大暑毒以丙
寅丁卯粟貴○占雲氣夏至之日离卦用事日中時南方
有赤雲氣如馬者离氣至也宜黍离氣不至日月無光五

77

當熱而反風雨者，大貴，人食草木。晦，風雨，春粲貴。又云：天雨五朔，不出一年，人民飢，人食草木而蝗蟲。風從北來，人民相食，粲大貴。風從東來，半日不止，吉。朔夏至，米大貴。朔芒種，六畜哀鳴。

○月内雜占。此月庚辰是金錢相求日，宜得人錢財，不宜出財。上辰雨，蝗蟲皆隨雨道食禾，其驗如神。巳日雨，亦蝗蟲，與四月庚辰同占。虹出，麥貴。此月無三卯，早種豆；有三卯，大小豆善。其餘占雷、占雨，並同四月。

○夏至雜占。先立一丈表，已見正月。夏至日次立八尺之表，得影一尺六寸，宜黍。夏至日以水，有妖；以金，大暑毒；以丙寅、丁卯，粟貴。

○占雲氣。夏至之日，离卦用事，日中時南方有赤雲氣如馬者，离氣至也，宜黍。离氣不至，日月無光，五

穀不成人病目痛冬中無氷應在十一月〇占風夏至之
日風從离來為順風其歲大熟坎來山水暴出坤來六月
水横流大道兊來秋多霖雨震來八月人多疾疫乾來傷
萬物巽來九月風落萬物若風雨從北來穀大貴貴在四
十五日又云黍貴若晴明無雲旱〇月内吉凶地天德在
乾月德在丙月空在壬月合在辛月厭在午月殺在丑〇
黄道青龍在申明堂在酉金匱在子天德在丑玉堂在卯
司命在午〇黑道天刑在戌朱雀在亥白虎在寅天牢在
辰玄武在巳句陳在未〇天赦甲午日是也〇出行日夏
三月不南行自芒種後十六日謂之往亡寅為歸忌卯為
天羅卯為往亡又為土公夏至前一日夏至後十日十六日

78

穀不成，人病目痛，冬中無冰，應在十一月。

○占風。夏至之日，風從离來爲順風[1]，其歲大熟；坎來，山水暴出；坤來，六月水横流大道；兑來，秋多霖雨；震來，八月人多疾疫；乾來，傷萬物；巽來，九月風落萬物。若風雨從北來，穀大貴，貴在四十五日，又云黍貴。若晴明無雲，旱。

○月内吉凶地。天德在乾，月德在丙，月空在壬，月合在辛，月厭在午，月殺[2]在丑。

○黄道。青龍在申，明堂在酉，金匱在子，天德在丑，玉堂在卯，司命在午。

○黑道。天刑在戌，朱雀在亥，白虎在寅，天牢在辰，玄武在巳，句陳在未。

○天赦。甲午日是也[3]。

○出行日。夏三月不南行。自芒種後十六日[4]謂之往亡，寅爲歸忌，卯爲天羅，卯爲往亡，又爲土公。夏至前一旦、夏至後十日、十六日

1 風，癸未字本無。
2 殺，癸未字本作“煞”。
3 也，癸未字本無。
4 日，癸未字本作“目”。

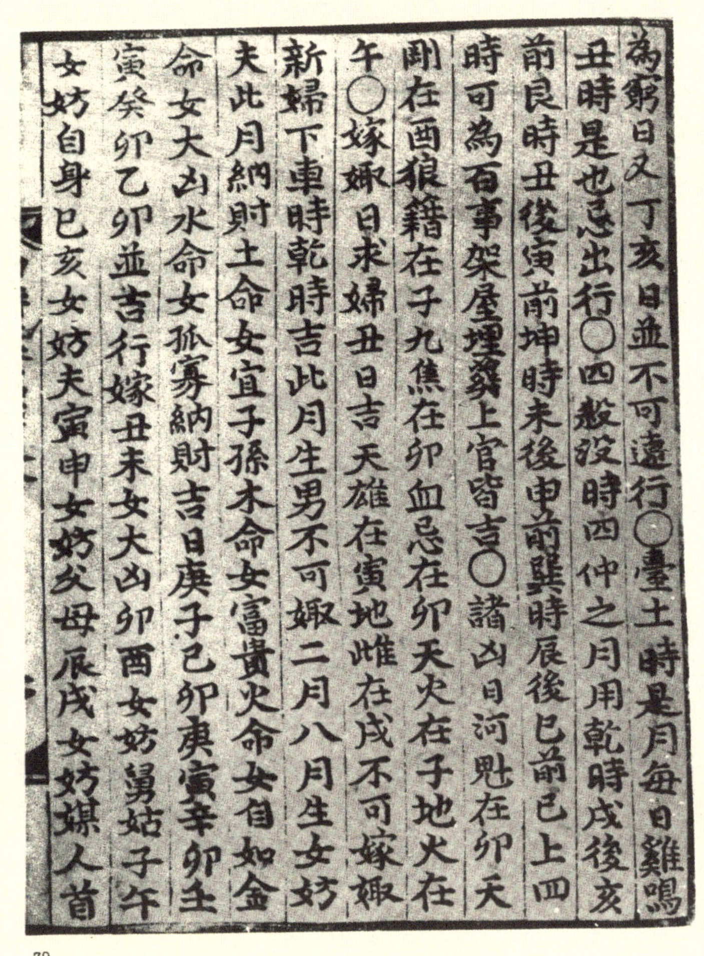
為窮日又丁亥日並不可遠行○臺土時是月每日雞鳴
丑時是也忌出行○四殺没時四仲之月用乾時戌後亥
前艮時丑後寅前坤時未後申前巽時辰後巳前已上四
時可為百事架屋埋葬上官皆吉○諸凶日河魁在卯天
剛在酉狼籍在子九焦在卯血忌在卯天火在子地火在
午○嫁娵日求婦丑日吉天雄在寅地雌在戌不可嫁娵
新婦下車時乾時吉此月生男不可娵二月八月生女妨
夫此月納財土命女宜子孫木命女富貴火命女自如金
命女大凶水命女孤寡納財吉日庚子已卯庚寅辛卯壬
寅癸卯乙卯並吉行嫁丑未女大凶卯酉女妨舅姑子午
女妨自身巳亥女妨夫寅申女妨父母辰戌女妨媒人首

79

爲窮日，又丁亥日，並不可遠行。

〇臺土時。是月每日雞鳴丑時是也，忌出行[1]。

〇四殺[2]没時。四仲之[3]月，用乾時戌後亥前，艮時丑後寅前，坤時未後申前，巽時辰後巳前。已上四時，可爲百事，架屋、埋葬、上官，皆吉。

〇諸凶日。河魁在卯，天剛[4]在酉，狼籍在子，九焦在卯，血忌在卯，天火在子，地火在午[5]。

〇嫁娵日。求婦，丑日吉。天雄在寅，在雌在戌，不可嫁娵。新婦下車時，乾時吉。此月生男[6]，不可娵二月、八月[7]生女，妨夫。此月納財，土命女宜子孫，木命女富貴，火命女[8]自如，金命女大凶，水命女孤寡。納財吉日：庚子、己卯、庚寅、辛卯、壬寅、癸卯、乙卯，並吉。行嫁：丑、未女大凶，卯、酉女妨舅姑，子、午女妨自身，巳、亥女妨夫；寅、申女妨父母；辰、戌女妨媒人、首

1 “也忌出行”四字，癸未字本無。
2 殺，癸未字本作“煞”。
3 之，癸未字本無。
4 剛，癸未字本作“罡”。
5 午，癸未字本作“酉”。
6 男，癸未字本作“人”。
7 癸未字本“二月”“八月”互乙。
8 女，癸未字本無。

子。天地相去日，巳具四月中。夏丙子、丁亥，害九夫。陰陽不將日：癸酉、甲戌、乙亥、癸未、甲申、乙酉、丙戌、乙未、丙申、戊戌、戊申、癸亥，已上嫁娵大吉。

○喪葬。此月死者，妨子、午、卯、酉生人。斬草[1]：丙子、庚寅、庚子、壬子、乙卯日吉。殯[2]：丙寅、甲寅日，吉。葬[3]：壬申、甲申、乙酉、丙申、壬寅、乙卯、庚申、辛酉日，吉。

○推六道。死道丁、癸，天道坤、艮，地道甲、庚，兵道乙、辛，人道乾、巽，鬼道丙、壬。注巳具四月中[4]。

○五姓利月。徵姓大利，年與日用丑、寅、卯、巳、午、申吉。角姓大利，年與日用子、寅、卯、辰、巳、午吉。宮小吉。商、羽凶。

○起土。飛廉在寅，土符在午，土公在卯，月刑在午。大禁北方。地囊在戊辰、戊寅，已上日不可動土，凶。月福德在亥，月財地在酉，已上取土吉。

○移徙。大耗在子，小耗

1 癸未字本“草”後有“日”字。
2 癸未字本“殯”後有“日”字。
3 癸未字本“葬”後有“日”字。
4 中，癸未字本無。

81

在亥，五富在亥[1]，五貧在巳。移徙不可往貧耗上。又夏[2]丙子、丁亥，不可嫁娵、移徙、入宅，凶。

○架屋。此月切不可起造。

○端午日禳鎮附。此日午時取蝦蟆[3]，陰乾百日，以其足畫地，成水流。出《枹樸[4]子》。午日采[5]艾收之，治百病。一日沐浴，令人吉利。《（枹）［抱］樸[6]子》云："午日造赤靈符，著心前，辟兵。"《歲時記》云："午日以彩線五色造長命縷，繫臂上，辟兵。"又以艾蒜爲人，安門上，辟瘟。出《風土記》。收蟾蜍，合一切瘡瘡藥。蜀葵、赤白者，各收陰乾，治婦人赤白帶下。赤治赤，白治白。爲末，酒服之，甚妙。又午日采[7]桒上木耳白如魚鱗者，患喉痺者，搗碎，綿裹如彈丸大，蜜浸[8]，含之立差。

○金瘡藥。午日日未出時，採[9]百草頭。唯藥苗多即尤佳，不限多少。搗取濃汁，又取石灰三五升，以草汁相

1 "五富在亥"，癸未字本無。

2 癸未字本"夏"後有"忌"字。

3 蟆，癸未字本作"蟇"。

4 樸，癸未字本作"朴"。

5 采，癸未字本作"採"。

6 抱，原作"枹"，误。樸，癸未字本作"朴"。

7 采，癸未字本作"採"。

8 浸，癸未字本作"浸"。

9 採，癸未字本作"采"。

82

和，搗脱作餅子，曝乾。治一切金刃傷瘡，血即[1]止，兼治小兒惡瘡。

○淋藥。午（自）[日][2]取葵子，燒作灰，收之。有患砂石淋者，水調方寸匕服之，立愈。

○心痛藥。取獨頭蒜五顆、黄丹二兩，午日午時搗蒜如泥，相和黄丹爲丸。丸如雞頭[3]大，曝乾。患心痛，醋磨一丸服之。

○瘧藥，名“四神丹”。朱砂一分、麝香一分、黄丹二兩、砒半分[4]，右各研[5]細，又同一處研令相合，即研飯爲丸，如梧桐子大，曝乾。有患者得三發已後，第四發日五更，以井花[6]水吞一丸。一日内忌熱物。若是勞瘧，更一發稍重，便差。痰瘧即大吐，吐甚者，即研小菉豆漿，服之即止，鬼瘧便定。有孕婦人不可服。緣有砒故也[7]。一月内忌毒物、雞猪肉、鮮魚、酒、果、油膩等。

○痢藥阿膠散子。當歸、剉碎，酒熬。黄連、去毛，

1 即，癸未字本作“立”。
2 日，原作“自”，據癸未字本改。
3 癸未字本“頭”後有“子”字。
4 癸未字本“一分”“一分”“二兩”“半分”皆小字。
5 癸未字本“研”後有“令”字。
6 花，癸未字本作“華”。
7 也，癸未字本無。

83

淨洗。訶子、煨取肉。阿膠、慢火炙[1]，令泡起即止。甘草。漿水浸炙[2]之。右件五味，各等分，細搗羅爲末。黄丹三兩、白礬二兩[3]，二味相和，細研入瓶子内，以炭火斷之，通炙良久，教冷，即出細研之。此藥與前草藥等和合爲散。每服三錢匕，米飲調下。若要作丸子，以麪糊和[4]爲丸，丸如豌豆大，一服十丸。一[5]散兼治一切瘡及小兒瘡，以人乳調塗，餘瘡乾用。

○木瓜餅子，治冷氣、霍亂、痰逆方。青木香甘草、炙。白檳榔、訶梨勒、人參、陳橘皮、芎藭[6]、吴茱萸、高良薑、當歸、益智子、草豆蔻、桂心。已上各半兩，細杵爲末。桑白皮一兩，白术、生薑各二兩[7]，大腹五介[8]。四味別擣。右先以四味用水三升並前藥篩不盡鹿滓末同入煎之，煎至二升許，去滓，入净塩一升，又煎似藥塩令乾。先以好土木瓜十顆，去皮核，爛蒸，入砂盆内細研。入藥

1 炙，原作“灸”，據文義改。

2 炙，原作“灸”，據文義改。

3 “三兩”“二兩”，癸未字本皆小字。

4 癸未字本“和”字後又有“和”字。

5 一，癸未字本作“此”。

6 藭，癸未字本無。

7 “一兩”“二兩”癸未字本皆小字。

8 五介，癸未字本作“五个”，小字。

塩及前藥末同研，取勻，細曝乾，脱作餅子，火焙乾。忽遇藿亂，咬一片子喫便定。遠近出入將行，隨身用防急疾。或是酒筵下出，香美而且風流。

○壓鎮。一日沐浴，吉利。二十日拔白髮。已具正月門中。

○雜忌。此月君子齋戒，節嗜欲[1]，薄滋味，無食肥濃，無食煑餅。

○别寢。是月五日、六日、十六日[2]别寢。犯之，三年致卒[3]。

○暵麥地。是月不暵，音漢。而種則寡矣，同六月。

○小豆。此月爲上時。但加熟耕，（樓）［耬］[4]下。澤多者，耬[5]耩漫擲，澇之，如麻法。再遍鋤之，候桒[6]落，刈之。

○種槐。槐子熟時收，擘取曝乾，勿令蟲生。數數[7]曝不妨。夏至前十餘日，水浸六七日，芽[8]生，如浸麻子法，勿令傷皮。如好雨種麻時，和麻子撒之。當年與麻齊，豎木繩欄之。當繩草裹，勿令傷皮。明年斸地令熟，還於地

1 欲，癸未字本作“慾”。

2 十六日，癸未字本作“六日”。

3 此條癸未字本與“雜忌”合爲一條。

4 耬，原作“樓”，據文意改。

5 耬，癸未字本作“樓”。

6 桒，《校释》據《齊民要術》以為應為“葉”。

7 疑衍一“數”字。

8 芽，癸未字本作“牙”。

上種麻賀令速長二年正月移植之亭亭條直千百如一
○種苴麻夏至前十日為上時夏至日為中時夏至後十
日為下時熟耕地縱橫七遍已上生則無葉良田一畝用
子三升薄田二升麥黃時種種亦良候也麻子有兩般一般白麻子為雄
即少子此月種一般黑斑謂之苴麻即宜依三月中法種之待地白背以耬耩漫擲子
空曳澇若截雨脚種者地濕令麻瘦若待白背而種即麻
肥如少雨即略浸而種不可令芽生樓頭中難下也麻生
數日常驅雀葉青即止布葉而鋤勃如灰便收未勃而收
者皮不成若放勃而收遇雨即離束欲小鋪欲薄其為易乾
故一宿輒翻之得霜即麻黃撲即欲淨有葉者愛爛遂欲水
清○種麻良日丙申戊申戊寅壬辰癸卯乙巳四季則辰

85

上種麻，（賀）［脅］[1]令速長。二年正月移植之，亭亭條直，千百如一。

○種苴麻。夏至前十日爲上時，夏至日爲中時，夏至後十日爲下時。熟耕地，縱橫七遍已上，生則無葉。良田一畝，用子三升；薄田二升。麥黄時種，種[2]亦良候也。麻子有兩般，一般白麻子，爲雄，即少子，此月種。一般黑斑，謂之苴麻，即宜依三月中法種之。待地白背，以耬[3]耩，漫擲子，空曳滂[4]。若截雨脚種者，地濕，令麻瘦。若待白背而種，即麻肥。如少雨，即略浸[5]而種，不可令芽[6]生，（樓）［耬］[7]頭中難下也。麻生數日，常驅雀。葉青即止，布葉而鋤。勃如灰便收，[8]未勃而收者，皮不成；若放勃而收，遇雨即离[9]。束欲小，鋪欲薄，其爲易乾故。一宿輒翻之，得霜即麻黄。撲即欲净，有葉者愛爛，遂[10]欲水清。

○種麻。良日：丙申、戊申、戊寅、壬辰、癸卯、乙巳。四季則辰、

1 脅，原作“賀”，據上下文義改。
2《校釋》以爲此“種”字衍。
3 耬，癸未字本作“樓”。
4 滂，癸未字本作“勞”。
5 浸，癸未字本作“浸”。
6 芽，癸未字本作“牙”。
7 耬，原作“樓”，據文意改。
8 癸未字本“未”前有“若”字。
9 离，癸未字本作“離”。
10 遂，癸未字本作“遂”。

戊、丑、戊、己並吉日。

〇浸麻子法。安麻子於水中，如炊二石米久，便漉出。著[1]席上布之，令厚二[2]寸，頻攪之令匀。得地氣，一宿即芽[3]生。若滂沛，即不用生芽也。

〇辨麻種。麻子顔色雖白，齒咬破，乾無膏潤者，秕子也，不中種。口含少時，顔色如舊者佳；色變异者，暍子也。

〇胡麻。此月上旬爲下時。

〇肥田法。菉豆爲上，小豆、胡麻爲次，皆以此月及六月穊種之，七、八月耕殺之。春種穀，即一畝收十石，其美與蚕沙、熟糞同矣。

〇晚越瓜。此月至六月上旬種之，以供冬藏，法具二月。

〇收紅花子。《齊民要術》云："種紅花，地欲良熟。二月末三月初，雨後速種，耬[4]下，如種麻法。鋤（培）[掊][5]種者，省子而科，又易斷治。花開，日日乘涼摘，必須净盡，留餘即隨合去，不復

1　著，癸未字本作"着"。
2　二，癸未字本作"三"。
3　芽，癸未字本作"牙"。
4　耬，癸未字本作"楼"。
5　掊，原作"培"，癸未字本作"陪"，據上下文義，參考《齊民要術·種紅藍花梔子》改。

吐花也去五月子熟收乾打取子不得令暍五月種晩花
還用春子七月摘之任為燭及脂車並得○殺花法摘得
花即熟挼令勻入器中布蓋經一宿明日趁早箔席上煞
取苗内乾脕作餅子不早乾者多致暍矣○燕脂法紅花
不限多少淨柔洗一二十遍去黃汁盡即取灰汁退取濃
花汁以醋漿水點染布一丈依染紅法唯深為上要作燕
脂却以灰汁退取布上紅濃汁於淨器中盛取醋石榴子
搗碎以少醋水和之布絞取汁即瀉置花汁中無石榴用烏梅即
下英粉大如酸棗看花子多少入粉粉多則白澄著良久瀉去清汁至
醇處傾絹角袋中懸令浥浥捻作小瓣如麻子粒乾用葛粉作
亦得○種晩紅花若舊收得子入此月便種若待新花子即

87

吐花也。去五月，子熟，收乾，打取子，不得令暍。五月種晚花，還用春子，七月摘之，任爲燭及脂車並得。”

○殺[1]花法。摘得花，即熟挼令匀，入器中，布蓋，經一宿。明日趁早箔席上煞[2]，取苗内乾，脱作餅子。不早乾者，多致暍矣。

○燕脂法。紅花不限多少，净柔洗一二十遍，去黄汁盡，即取灰汁退取濃花汁，以醋漿水點，染布一丈，依染紅法，唯深爲上。要作燕脂，却以灰汁退取布上紅濃汁，於净器中盛。取醋石榴子搗碎，以少醋水和之，布絞取汁，即瀉置花汁中。無石榴用烏梅。即下英粉，大如酸棗，看花子多少入粉，粉多則白。澄著[3]良久，瀉去清汁至醇處，傾絹角袋中懸，令浥浥。撚作小瓣，如麻子粒，[陰][4]乾。用葛粉作亦得。

○種晚紅花。若舊收得子，入此月便種。若待新花子，即

1　殺，癸未字本作“煞”。
2　煞，癸未字本作“煞”。
3　著，癸未字本作“着”。
4　陰，原無，據癸未字本補。

太晚而花少七月摘之其色鮮濃耐久不暍勝春種者多
用人併摘頃收三百斛〇栽藍因雨而接濕拔栽之〇栽
早稻此月霖雨時拔而栽之栽欲淺植根四散不必須此
月隨處鄉風早晚〇種桒椹是月取椹淘淨陰乾以肥地
每畝和黍子各三升種之候桒黍俱生看稀稠鋤之長與
黍齊和黍刈倒曝乾順風燒至來春生葉每一畝飼蚕三
箔〇移竹此月十三日神日可移之〇種諸果種梅杏等
法並同桃李取核種之經接者核不堪種又杏熟時和肉
埋糞中至春既生則移栽實地既移不得更安糞地必致
少實而味苦梅杏皆可多種作油可以度荒歲俗曰木奴
千無凶年〇漚麻夏至後二十日漚麻水欲清水少則麻

88

太晚而花少。七月摘之，其色鮮濃，耐久不暍，勝春種者多。用人併摘，頃收三百斛。

〇栽藍。因雨而接，濕拔栽[1]之。

〇栽早稻[2]。此月霖雨時拔而栽之。栽欲淺植，根四散。不必須此月，隨處鄉風早晚[3]。

〇種桒椹。是月取椹，淘淨，陰乾。以肥地每畝和黍子各三升種之。候桒、黍俱生，看稀稠鋤之。長與黍齊，和黍刈倒[4]，曝乾，順風燒。至來春生葉，每一畝飼蚕三箔。

〇移竹。此月十三日神日可移之。

〇種諸果。種梅杏等法，並同桃李，取核種之。經接者，核不堪種。又杏熟時，和肉埋糞中，至春既生，則移栽實地，既移不得更安糞地，必致少實而味苦。梅杏皆可多種，作油可以度荒歲，俗曰："木奴千，無凶年。"

〇漚麻。夏至後二十日漚麻，水欲清，水小[5]則麻

1　栽，癸未字本作"裁"。
2　早稻，《校釋》據《齊民要術》以爲應爲"旱稻"。
3　"不必"至"早晚"，癸未字本皆小字。
4　倒，癸未字本作"倒"。
5　小，癸未字本作"少"。

脆浸生則難剥過爛則不任持唯在恰好得温泉而漚者
最為柔朒○作杏酪五六月杏熟時收核至冬中取仁一
汁揀去山杏仁及雙仁有毒者去尖皮搗研濾於浄釜中
煎令苦味盡接沸數數揚勿住手即入好白粳米二升候
汁濃出貯之更入少蘇蜜若有氣疾入加蘇子薏苡汁二
升同煎一切風及百病咳嗽上氣金瘡奔肫氣驚悸心中
煩熱風頭痛悉宜服之下氣不可言○務椝粢粢大小麥
收布椝大小豆胡麻黍秫糯○笐油衣不笐則暑濕相粘
○曝晝裘衣服匹段圖障書籍每晴明則曬直至八月○
籠炕皮物弓矢馬鞭刀劒及諸皮毛物入此月後常以火
籠如人體常旋漆熟炭火以灰蓋勿令太甚秋霖罷乃止

89

脆，浸[1]生則難剥，過爛則不任持，唯在恰好。得温泉而漚者，最[2]爲柔朒[3]。

○作杏酪。五六月杏熟時收核，至冬中取仁一（汁）[斗][4]，揀去山杏仁及雙仁有毒者，去尖、皮，搗研，濾於浄釜中。煎令苦味盡，接沸數數揚，勿住手。即入好白粳米二升，候汁濃，出貯之，更入少蘇蜜。若有氣疾，入加蘇[5]子、薏苡汁二升，同煎。一切風及百病、咳嗽上氣、金瘡奔肺氣、驚悸、心中煩熱、風頭痛，悉宜服之，下氣不可言。

○務椝粢。粢大小麥，收布。椝大小豆、胡麻、黍、秫、糯[6]。

○笐油衣。不笐則暑濕相粘。

○曝晝、裘、衣服、匹[7]段、圖障、書籍，每晴明則曬，直至八月。

○籠炕皮物、弓矢、馬鞭、刀劍及諸皮毛物。入此月後常以火籠如人體[8]，常旋漆熟炭火，以灰蓋，勿令太甚，秋霖罷乃止。

1 浸，癸未字本作“滉”。
2 最，癸未字本作“冣”。
3 朒，癸未字本作“脮”。
4 斗，原作“汁”，據癸未字本改。
5 蘇，癸未字本作“紫”。
6 癸未字本“糯”後有“米”字。
7 匹，癸未字本作“疋”。
8《校釋》以爲“體”後應有“炕之”二字。

○拭弓劍[1]。劍須常以帛子乾拭刃，鞘宜數歇見風，不得㬵，㬵即緊窄。准律令：人家得畜弓劍、短槍[2]八尺已下，自餘器械不合畜[3]。

○焙茶、藥。茶、藥以火閣上及焙籠中，長令火氣至。茶又忌與藥及香同處。

○雜事。灰藏毛羽物。氈須人卧，不卧晴則晒，苕箒掃。剪羊毛，同三月。收蠶種、豌豆、蜀芥、胡荽子。

○仲夏行春令，則五穀晚熟，百螣時起。

○行秋令，則草木零落，果實早成，人殃於疫。

○行冬令，則雹傷穀。

六月

季夏建未。自小暑即得六月節，陰陽使用宜依六月法。昏，氐中；曉，東壁中。大暑，六月中氣。昏，尾中；曉，奎中。

○天道。是月天道[4]東行，修造、遠行宜東方吉。

○晦朔占。朔日[5]風雨，粂貴。晦同[6]。朔日夏至，急粂，歲必大饑饉。朔日大

1 劍，癸未字本作“劒”，此條後二“劍”字皆同。

2 槍，癸未字本作“搶”。

3 按，此條未言拭弓之法，疑有闕文。

4 天道，癸未字本無。

5 日，癸未字本無。

6 “晦同”，癸未字本皆小字。

暑多死亡朔日小暑山崩河不流○月内雜占此月虹見
麻子貴月蝕旱月内雷雨同四月占○月内吉凶地天德
在甲月德在甲月空在庚月合在巳月厭在巳月殺在戌
並解具正月門中○黄道青龍在戌明堂在亥金匱在寅天德在
卯玉堂在巳司命在申○黑道天刑在子朱雀在丑白虎
在辰天牢在午玄武在未句陳在酉○天赦甲午日是也
○出行日夏三月不南行自小暑後二十四日謂之往亡
夏不南行四季月亦不宜往四維方子為歸忌又午為往
亡及土公已具正月注中丑為天羅巳亥日十二日二十四日窮
日並不可遠行嫁娵還家○臺土時是月每日夜半子時
是也行者往而不返○四殺没時四季之月用乙時卯後

91

暑，多死亡。朔日小暑，山崩，河不流。

〇月内雜占。此月虹見，麻子貴。月蝕，旱。月内雷雨，同四月占[1]。

〇月内吉凶地。天德在甲，月德在甲，月空在庚，月合在巳，月厭在巳，月殺在戌[2]。並解具正月門中[3]。

〇黄道。青龍在戌，明堂在亥，金匱在寅，天德在卯，玉堂在巳，司命在申[4]。

〇黑道。天刑在子，朱雀在丑，白虎在辰，天牢在午，玄武在未，句陳在酉。

〇天赦。甲午日是也。

〇出行日。夏三月不南行，自小暑後二十四日謂之往亡，夏[5]不南行。四季月亦不宜往四維方[6]。子爲歸忌，又午爲往亡及土公，已具正月注中。丑爲天羅，巳亥日、十二日、二十四日窮日，並不可遠行、嫁娵、還家。

〇臺土時。是月每日夜半子時是也，行者往而不返。

〇四殺[7]没時。四季之月，用乙時卯後

1 “同四月占”，癸未字本皆小字。

2 此條除“天德在甲”外，各“在”字癸未字本皆無。

3 門中，癸未字本無。

4 此條除“青龍在戌”外，各“在”字癸未字本皆無。

5 癸未字本“夏”字後有“雖”字。

6 “夏雖”至“维方”，癸未字本皆小字。

7 殺，癸未字本作“煞”。

辰前，丁時午後未前，辛時酉後戌前，癸時子後丑前。巳具四月注中。

○諸凶日。河魁在戌，天剛[1]在辰，狼籍在卯，九焦在子，血忌在酉，天火在卯，地火在巳[2]。

○嫁娵日。求婦，丑日吉。天雄在亥，地雌在卯，不可嫁娵。新婦下車，戌時吉。此月生男[3]，不可娵三月、九月生女，妨夫。此月納財，金命女宜子孫，火命女孤寡，木命女凶，水命女［凶］[4]，土命女自如。納財[5]：丙子、己卯、庚寅、辛卯、壬寅、癸卯、壬子、乙卯日並吉。此月行嫁，子、午女大吉，卯、酉女妨子媒人，寅、申女妨夫，巳、亥女妨父母，丑、未女妨自身，辰、戌女妨舅姑。天地相去日：戊午、巳未。又夏丙子、丁亥害九夫。陰陽不將日：[6]壬申、癸酉、甲戌、甲申、乙酉、甲午、乙未、戊戌、戊申、戊午、壬戌、壬午、癸未，並吉[7]。

○喪葬[8]。此

1　剛，癸未字本作“岡”。

2　巳，癸未字本作“戌”。

3　男，癸未字本作”人“。

4　凶，原闕，據癸未字本補。

5　癸未字本“財”後有“日”字。

6　癸未字本“壬”前有“此月”二字。

7　並吉，癸未字本無。

8　癸未字本“葬”後有“日”字。

月死者妨辰戌丑未人斬草丙寅丙子乙卯甲子庚子壬
子日吉殯丁卯辛卯癸卯甲寅吉葬庚午壬申癸酉庚寅
丙申丁酉丙午壬午甲申乙酉辛酉壬寅庚申日吉○推
六道死道坤艮兵道乾巽天道甲庚地道乙辛人道丙壬
鬼道丁癸注具四月○五姓利月角姓乙未大墓商辛未小墓
徵吉年與日利丑寅卯巳午申吉羽吉年與日利子寅卯
未申吉宮大利年與日利申酉丑未吉○起土飛廉在卯
土符在戌土公在午月刑在丑大禁西方地囊己巳己未
巳上皆不可動土其方位與日辰同月福德在卯卯上及卯日動
土吉月財地在亥並動土吉○移徙大耗在丑小耗在子五
富在寅五貧在申移徙不可往貧耗上又夏丙子丁亥不

93

月死者妨辰、戌、丑、未人，斬草[1]：丙寅、丙子、乙卯、甲子、庚子、壬子日，吉。殯[2]：丁卯、辛卯、癸卯、甲寅，吉[3]。葬[4]：庚午、壬申、癸酉、庚寅、丙申、丁酉、丙午、壬午、甲申、乙酉、辛酉、壬寅、庚申日，吉。

○推六道。死道坤、艮，兵道乾、巽，天道甲、庚，地道乙、辛，人道丙、壬，鬼道丁、癸。注具四月。

○五姓利月。角姓，乙未，大墓。商[5]，辛未，小墓。徵[6]，吉，年與日[7]利丑、寅、卯、巳、午、申吉。羽[8]，吉，年與日[9]利子、寅、卯、未、申吉。宮[10]，大利，年與日利申、酉、丑、未吉。

○起土。飛廉在卯，土符在戌，土公在午，月刑在丑。大禁西方。地囊己巳、己未，巳上皆不可動土。其方位與日、辰同。月福德在卯，卯上及卯日動土，吉。月財地在亥，並動土吉。

○移徙。大耗在丑，小耗在子，五富在寅，五貧在申。移徙不可往貧耗上[11]。又夏丙子、丁亥，不

1 癸未字本“草”後有“日”字。
2 癸未字本“殯”後有“日”字。
3 吉，癸未字本無。
4 癸未字本“葬”後有“日”字。
5 癸未字本“商”後有“姓”字。
6 癸未字本“徵”後有“姓”字。
7 年與日，癸未字本作“日與年”。
8 癸未字本“羽”後有“姓”字。
9 年與日，癸未字本作“日與年”。
10 癸未字本“宮”後有“姓”字。
11 上，癸未字本無。

94

可嫁娵、移徙、入宅，凶。

○架屋。甲子、丙寅、丁卯、辛巳、甲午、丁巳、己巳、己丑、庚午，並吉。

○禳鎮。一日沐吉，七日、八日、二十一日浴，令人去病除灾。二十四日、十九日，拔白永不生。

○食忌。是月勿食生葵，宿疾尤不可食。食露葵者，犬噬終身不差。勿食諸脾，勿飲澤水，令人病鼈癥。六日勿起土，仙家大忌。

○伏日進湯餅。《歲時記》云："食之辟惡。"

○腎瀝湯，治丈夫虚羸、五勞七傷、風濕、腎藏虚竭、耳目聾暗方。乾地黄、黄蓍、白茯苓各六分[1]，五味子、羚羊角屑[2]、桑螵蛸、防風[3]、麥門冬去心各五分[4]，地骨皮、桂心各四兩[5]，磁石三兩，打破如碁子，洗去十數遍，令黑汁盡。白羊腎一對。猪腎亦得，去脂膜，切作柳葉片子。右以水四大升，先煑腎，耗水升半許，即去水上肥沫，去腎滓，取腎汁，煎諸藥。取八大合，絞去

1 "各六分"，癸未字本皆小字。

2 屑，癸未字本爲大字。

3 防風，癸未字本作"地骨皮、桂心各四兩"，"各四兩"小字。

4 "各五分"，癸未字本作"五分"，皆小字。

5 "地骨皮、桂心各四兩"，癸未字本作"防風五分"，"五分"小字。

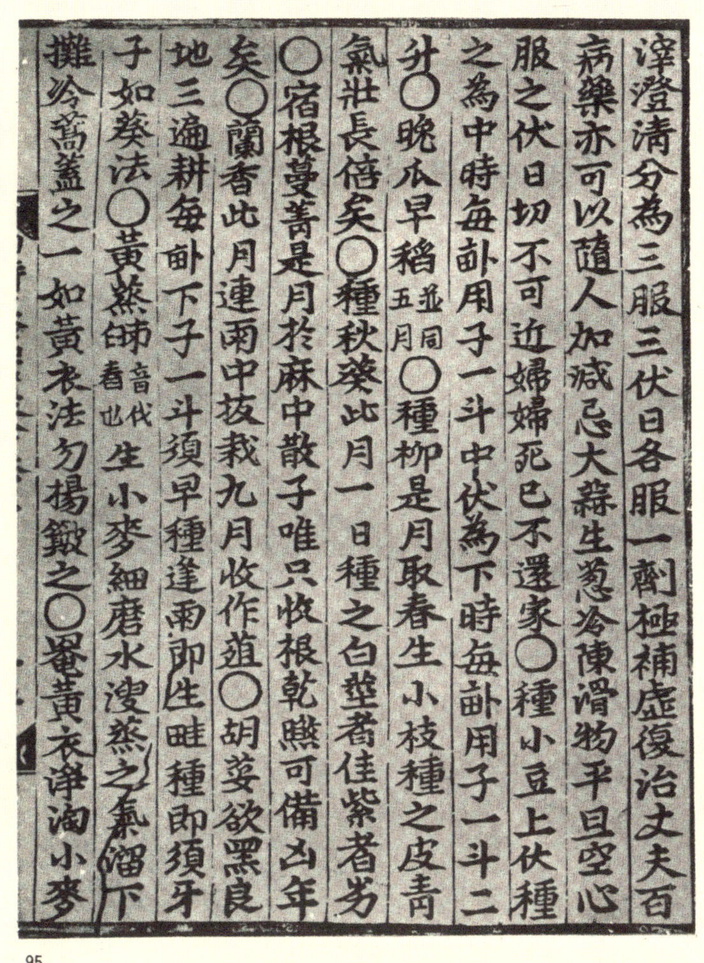
滓澄清分為三服三伏日各服一劑極補虛復治丈夫百
病藥亦可以隨人加減忌大蒜生葱冷陳滑物平旦空心
服之伏日切不可近婦婦死已不還家○種小豆上伏種
之為中時每畝用子一斗中伏為下時每畝用子一斗二
升○晚瓜早稻並同五月○種柳是月取春生小枝種之皮青
氣壯長倍矣○種秋葵此月一日種之白莖者佳紫者劣
○宿根蔓菁是月於麻中散子唯只收根乾𦢊可備凶年
矣○蘭香此月連雨中拔栽九月收作菹○胡荽欲黑良
地三遍耕每畝下子一斗須早種逢雨即生畦種即須牙
子如葵法○黃蒸餗音伐春也生小麥細磨水溲蒸之氣溜下
攤冷蒿蓋之一如黃衣法勿揚簸之○罨黃衣淨淘小麥

95

滓，澄清。分爲三服，三伏日各服一劑，極補虛，復治丈夫百病。藥亦可以隨人加減，忌大蒜、生葱、冷、陳、滑物。平旦空心服之。伏日切不可近[1]婦，婦死已不還家。

○種小豆。上伏種之爲中時，每畝用子一斗；中伏爲下時，每畝用子一斗二升。

○晚瓜早稻[2]。並同五月。

○種柳。是月取春生小枝種之，皮青氣壯，長倍矣。

○種秋葵。此月一日種之，白莖者佳，紫者劣。

○宿根蔓菁。是月於麻中散子。唯只收根，乾𦢊，可備凶年矣。

○蘭香。此月連雨中拔栽[3]，九月收作菹。

○胡荽。欲黑良地，三遍耕，每畝下子一斗。須早[4]種，逢雨即生。畦種即須牙子，如葵法。

○種柳，是月，取春生少枝，種之，皮青氣壯，長倍疾[5]。

○黃蒸餗[6]。音伐，春也。生小麥，細磨，水溲，蒸之。氣溜下，攤冷，蒿蓋之，一如黃衣法，勿揚簸之。

○罨黃衣。浄淘小麥，

1 近，癸未字本作“迎”。
2 早稻，《校釋》以爲應爲“旱稻”。
3 栽，癸未字本作“裁”。
4 早，《校釋》以爲應爲“旱”。
5 此條原闕，據癸未字本補。
6 餗，癸未字本作“䬶”。

於瓮中，浸[1]令醋，漉出，熟蒸之。於箔上鋪席，攤厚二寸許。先一日刈蒿，或荊葉、構葉皆可，薄覆蓋之。待黄衣上遍，便出曝之令乾。去葉，慎勿揚簸，凡合造，以仰黄衣爲熱爾。

○種蕎麥。立秋在六月，即秋前十日種。立秋在七月，即秋後十日種。定秋之遲疾，宜細詳之[2]。

○六日造法麯。小麥三石：一石生；一石蒸，曬乾；一石炒，炒勿令焦。各别磨羅取麵，其数留取入麯使。取蒼耳、蓼，爛搗，絞取汁，溲和。五更和，取了，若天明後則無力。溲欲剛，搗欲熟。於平板上以範子緊踏，脱之。净掃東向戶室，密牕牖，泥封[3]隙，使不通風。地上鋪蒿草，厚三（王）[五][4]寸，豎[5]麯如隔子眼，以草覆之令厚。若立秋前削平鋪上，及開取之日當陷入地，乃知力大而實重。閉戶，封泥之。二七日開，翻之。至二七日，聚

1 浸，癸未字本作“湿”。
2 此條癸未字本無。
3 封，癸未字本作“縫”。
4 三五，原作“王”，據癸未字本改。
5 豎，癸未字本作“竪”。

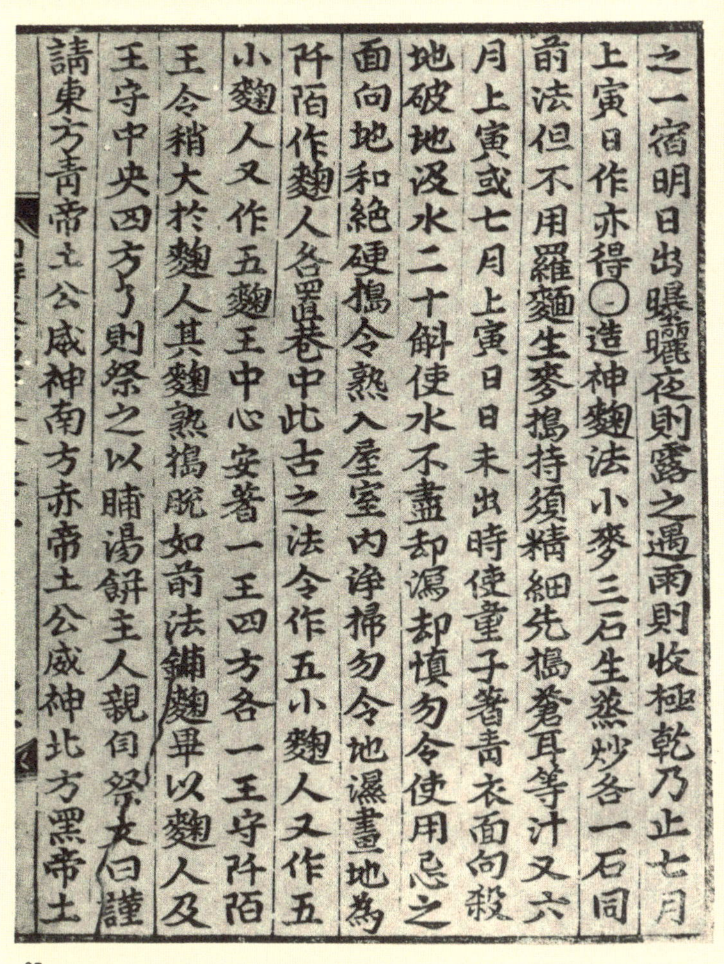
之一宿明日出曝曬夜則露之遇雨則收極乾乃止七月
上寅日作亦得〇造神麴法小麥三石生蒸炒各一石同
前法但不用羅麵生麥擣持須精細先擣蒼耳等汁又六
月上寅或七月上寅日日未出時使童子著青衣面向殺
地破地汲水二十斛使水不盡却瀉却慎勿令使用忌之
面向地和絶硬擣令熟入屋室内淨掃勿令地濕畫地為
阡陌作麴人各置巷中此古之法令作五小麴人又作五
小麴人又作五麴王中心安著一王四方各一王守阡陌
王令稍大於麴人其麴熟擣脱如前法鋪麴畢以麴人及
王守中央四方了則祭之以脯湯餅主人親自祭文曰謹
請東方青帝土公威神南方赤帝土公威神北方黑帝土

97

之一宿，明日出曝曬。夜則露之，遇雨則收，極乾乃止。七月上寅日作亦得。

〇造神麴法。小麥三石，生、蒸、炒各一石，同前法，但不用羅麵。生麥擣，持須精細。先擣蒼耳等汁，又六月上寅或七月上寅[1]日，日未出時，使童子著[2]青衣面向殺地、破地，汲水二十斛。使水不盡却瀉却，慎勿令[3]使用，忌之。面向地和絶硬，擣令熟。入屋室内，净掃，勿令地濕。畫[4]地爲阡陌，作麴人各置巷中，此古之法。令作五小麴人，又作五小麴人，又作五麴王，中心安著[5]一王，四方各一王守阡陌。王令稍大於麴人。其麴熟，擣脱，如前法鋪麴畢，以麴人及王守中央四方了，則祭之以脯[6]湯餅。主人親自祭，文曰："謹請東方青帝、土公威神，南方赤帝、土公威神，北方黑帝、土

1 寅，癸未字本作"夤"。
2 著，癸未字本作"着"。
3 癸未字本"令"後有"人"字。
4 畫，癸未字本作"盡"。
5 著，癸未字本作"着"。
6 按祭文，"脯"前應有"酒"字。

公威神，西方白帝、土公威神，中央黄帝、土公威神，某年月日辰，謹啓五帝五土公之靈。某謹以六月上寅[1]造作麥麴，建立五王，各布封境。酒脯之醮，以相祈請。願垂神力，明鑒所領。令使飛蟲絶蹤，穴蟲潛影。衣色遍布，或蔚或炳。煞熱火焚，以烈以猛。芳越神薰，殊趨[2]調領。君子酣暢，小人恭静。虔告三神，望垂允聽。急急如律令！”讀文三遍，各再拜。泥戶後二七日，准前曬、露。

〇煞米法。神麴末一斗，煞黍秫米二石一斗，神麴末一斗，煞糯米一石八斗。法麴：第一年一斗米用麴八兩，二年一斗米用麴四兩，第三年一石米用麴一斤。

〇煞大小麥。今年收者，於此月取至清净日，掃庭除，候地毒熱，衆手出麥，薄攤，取蒼耳碎剉和拌曬之。至未時，

1 寅，癸未字本作“黄”。

2 趨，癸未字本作“趍”。

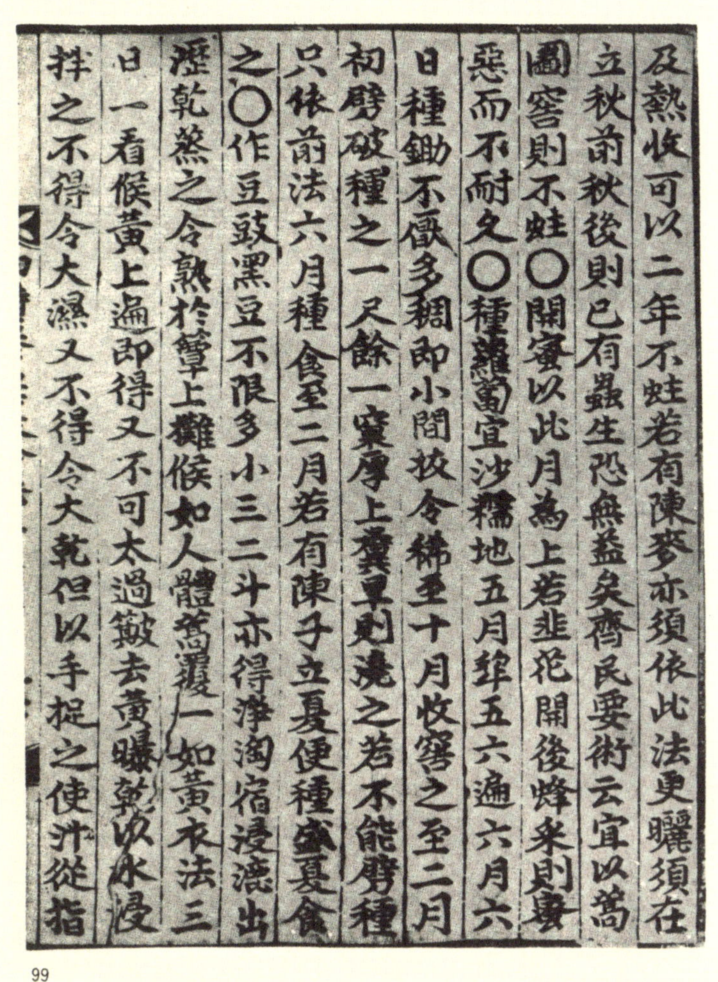
及熱收可以二年不蛀若有陳麥亦須依此法更曬須在立秋前秋後則已有蟲生恐無益矣齊民要術云宜以蒿圖窨則不蛀〇開蜜以此月為上若韭花開後蜂采則蜜惡而不耐久〇種蘿蔔宜沙糯地五月犁五六遍六月六日種鋤不厭多稠即小間拔令稀至十月收窨之至二月初劈破種之一尺餘一窠厚上糞旱則澆之若不能劈種只依前法六月種食至二月若有陳子立夏便種盛夏食之〇作豆豉黑豆不限多小三二斗亦得淨淘宿浸漉出瀝乾蒸之令熟於簟上攤候如人體蒿覆一如黃衣法三日一看候黃上遍即得又不可太過簸去黃曝乾以水浸拌之不得令大濕又不得令大乾但以手捉之使汁從指

99

及熱收，可以二年不蛀。若有陳麥，亦須依此法更曬。須在立秋前，秋後則已有蟲生，恐無益矣。《齊民要術》云：“宜以蒿圖窨則不蛀。”

〇開蜜。以此月爲上，若韭花開後，蜂采則蜜惡而不耐久。

〇種蘿蔔。宜沙糯地。五月犁五六遍，六月六日種。鋤不厭多，稠即小間拔令稀。至十月收，窨之。至二月初，劈破種之。一尺餘一窠，厚上糞，旱則澆之。若不能劈[1]種，只依前法六月種，食至二月。若有陳子，立夏便種，盛夏食之[2]。

〇作豆豉。黑豆不限多小[3]，三二斗亦得。净淘、宿浸[4]、漉出、瀝乾，蒸之令熟。於簟上攤，候如人體，蒿覆，一如黃衣法。三日一看，候黃上遍即得，又不可太過。簸去黃，曝乾，以水浸拌之，不得令大[5]濕，又不得令大[6]乾，但以手捉之，使汁從指

1 劈，癸未字本無。

2 “若不”至“食之”，癸未字本皆小字。

3 小，癸未字本作“少”。

4 浸，癸未字本作“湜”。

5 大，癸未字本作“太”。

6 大，癸未字本作“太”。

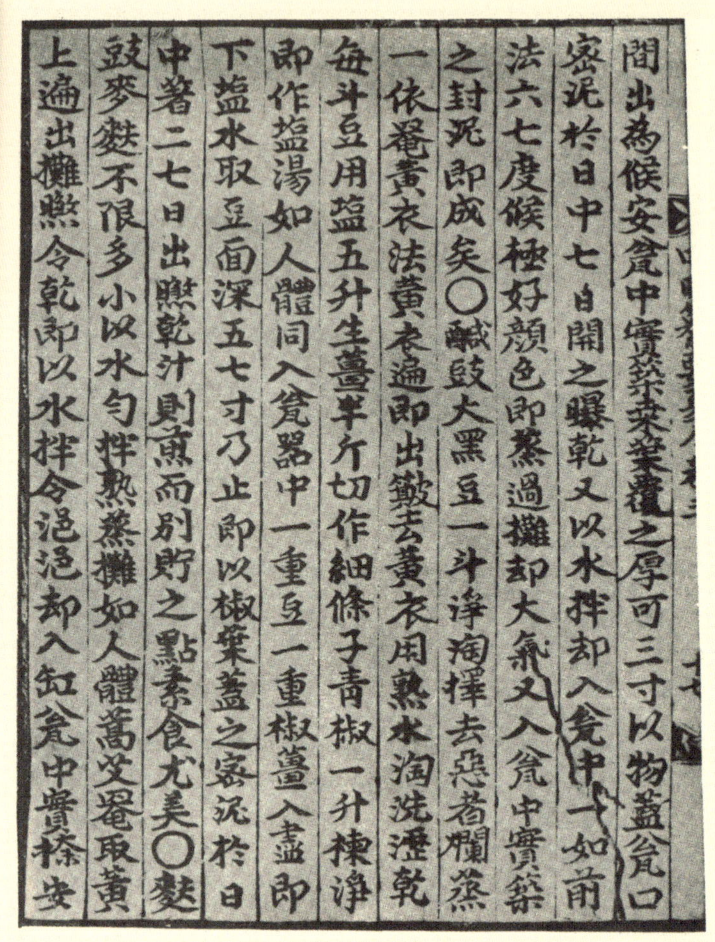

間出為候安瓮中實築桒葉覆之厚可三寸以物蓋瓮口
密泥於日中七日開之曝乾又以水拌却入瓮中一如前
法六七度候極好顏色即蒸過攤却大氣又入瓮中實築
之封泥即成矣○醎豉大黑豆一斗淨淘擇去惡著爛蒸
一依罨黃衣法黃衣遍即出簸去黃衣用熟水淘洗瀝乾
每斗豆用塩五升生薑半斤切作細條子青椒一升揀淨
即作塩湯如人體同入瓮器中一重豆一重椒薑入盡即
下塩水取豆面深五七寸乃止即以椒葉蓋之密泥於日
中著二七日出暵乾汁則煎而別貯之點素食尤美○麩
豉麥麩不限多小以水勻拌熟蒸攤如人體蒿艾罨取黃
上遍出攤暵令乾即以水拌令浥浥却入缸瓮中實捺安

100

間出爲候。安瓮中，實築，桒葉覆之，厚可三寸。以物蓋瓮口，密泥於日中七日開之，曝乾，又以水拌，却入瓮中，一如前法。六七度，候極好顏色，即蒸過，攤却大氣，又入瓮實築之，封泥，即成矣。

○醎豉。大黑豆一斗，净淘，擇去惡（著）［者］[1]，爛蒸，一依罨黄衣法。黄衣遍即出，簸去黄衣，用熟水淘洗，瀝乾。每斗豆用塩五升，生薑半斤，切作細條子。青椒一升揀净，即作塩湯如人體，同入瓮器中。一重豆，一重椒、薑，入盡即下塩水，取豆麵[2]深五七寸乃止。即以椒葉蓋之，密泥於日中著。二七日，出[3]，暵乾汁，則煎而别貯之，點素食尤美。

○麩豉。麥麩不限多小[4]，以水勻拌，熟蒸，攤如人體。蒿艾罨取黄上遍，出，攤暵令乾，即以水拌，令浥浥。却入缸瓮中，實捺，安

1 者，原作“著”，據癸未字本改。

2 麵，癸未字本作“面”。

3 癸未字本“出”後有“之”字。

4 小，癸未字本作“少”。

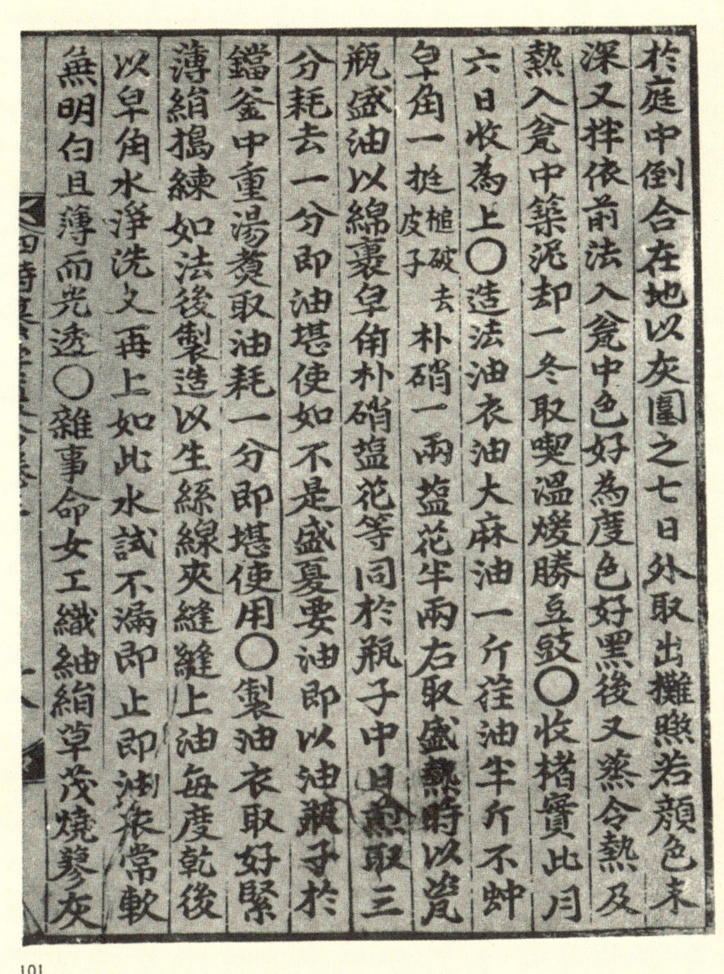
於庭中倒合在地以灰圍之七日外取出攤䁘若顏色末
深又拌依前法入瓮中色好為度色好黑後又蒸令熱及
熱入瓮中築泥却一冬取喫溫煖勝豆豉○收楮實此月
六日收為上○造法油衣油大麻油一斤荏油半斤不蚛
皁角一挺槌破去皮子朴硝一兩塩花半兩右取盛熱時以瓷
瓶盛油以綿裹皁角朴硝塩花等同於瓶子中日煎取三
分耗去一分即油堪使如不是盛夏要油即以油瓶子於
鐺釜中重湯煑取油耗一分即堪使用○製油衣取好緊
薄絹擣練如法後製造以生絲線夾縫縫上油每度乾後
以皁角水淨洗又再上如此水試不漏即止即油當軟
兼明白且薄而光透○雜事命女工織紬絹草茂燒蓼灰

101

於庭中，倒合在地，以灰圍之。七日外，取出攤𪸩。若顔色末深，又拌依前法，入瓮中，色好爲度。色好黑後，又蒸令熱，及熱入瓮中，築泥却。一冬取喫，温煖勝豆豉。

○收楮實。此月六日收爲上。

○造法油、衣油。大麻油一斤、荏油半斤，不蚛皁角一挺，槌破，去皮、子。朴硝一兩、塩花半兩[1]。右取盛熱時，以瓷瓶盛油，以綿[2]裹皁角、朴硝、塩花等，同於瓶子中日煎。取三分耗去一分，即油堪使。如不是盛夏要油，即以油瓶子於鐺釜中重湯煑取油耗一分，即堪使用[3]。

○製油衣。取好緊薄絹，擣練如法後製造。以生絲線夾縫，縫上油。每度乾後，以皂角水净洗，又再上。如此，水試不漏即止。即油［衣］[4]當軟，兼明白且薄而光透。

○雜事。命女工織紬絹。草茂，燒蓼灰，

1 "一斤""半斤""一挺""一兩""半兩"癸未字本皆小字。
2 綿，癸未字本作"緜"。
3 用，癸未字本無。
4 衣，原闕，據癸未字本補。

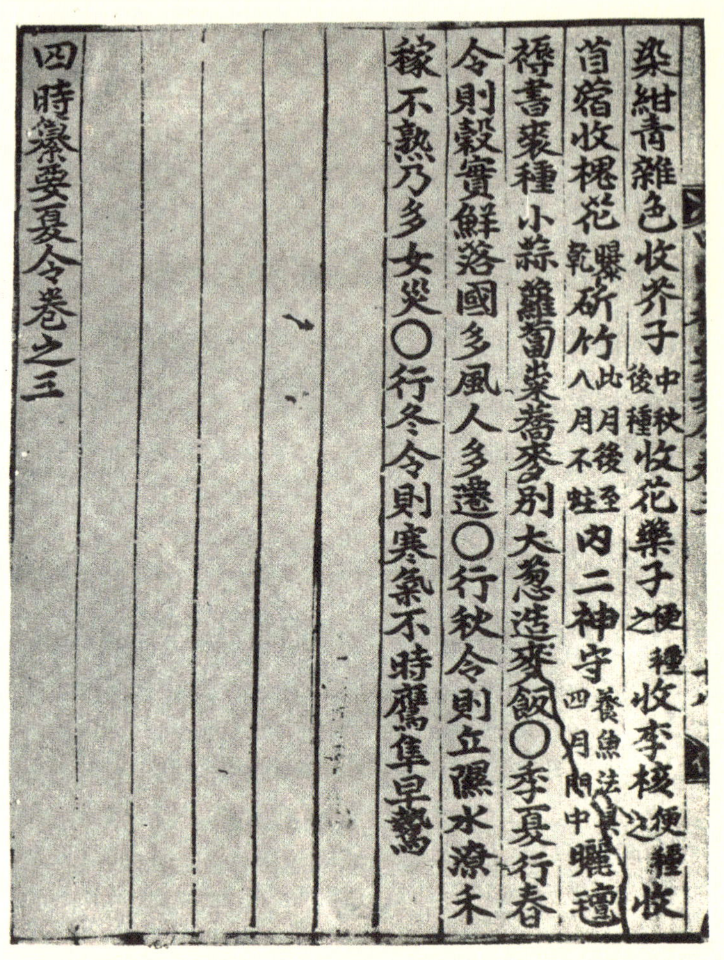
染紺青雜色收芥子中秋後種收花藥子便種之收李核便種之收
苜蓿收槐花曝乾斫竹此月後至八月不蛀內二神守養魚法具四月門中曬氈
褥書裘種小蒜蘿蔔渠蕎麥別大葱造麥飯○季夏行春
令則穀實鮮落國多風人多遷○行秋令則丘隰水潦禾
稼不熟乃多女災○行冬令則寒氣不時鷹隼早鷙

四時纂要夏令卷之三

102

染紺、青雜色。收芥子。中秋後種。收花藥子。便種之。收李核。便種之[1]。收苜蓿。收槐花。曝乾。斫竹。此月後至八月不蛀。內二神守養魚法具四月門中。曬氈褥、書、裘。種小蒜、蘿蔔。渠蕎[2]麥。別大葱。造麥飯[3]。

○季夏行春令，則穀實鮮落，國多風，人多遷。

○行秋令，則丘隰水潦，禾稼不熟，乃多女災[4]。

○行冬令，則寒氣不時，鷹隼[5]早鷙。

種蕎麥。立秋在六月，即秋前十日種。立秋在七月，即秋後十日種。定秋之遲疾，宜詳細之。[6]

四時纂要夏令卷之三

1 之，癸未字本無。
2 蕎，癸未字本作“喬”。
3 癸未字本此條在“收楮實”後。
4 災，癸未字本作“灾”。
5 隼，癸未字本作“準”。
6 據癸未字本補。

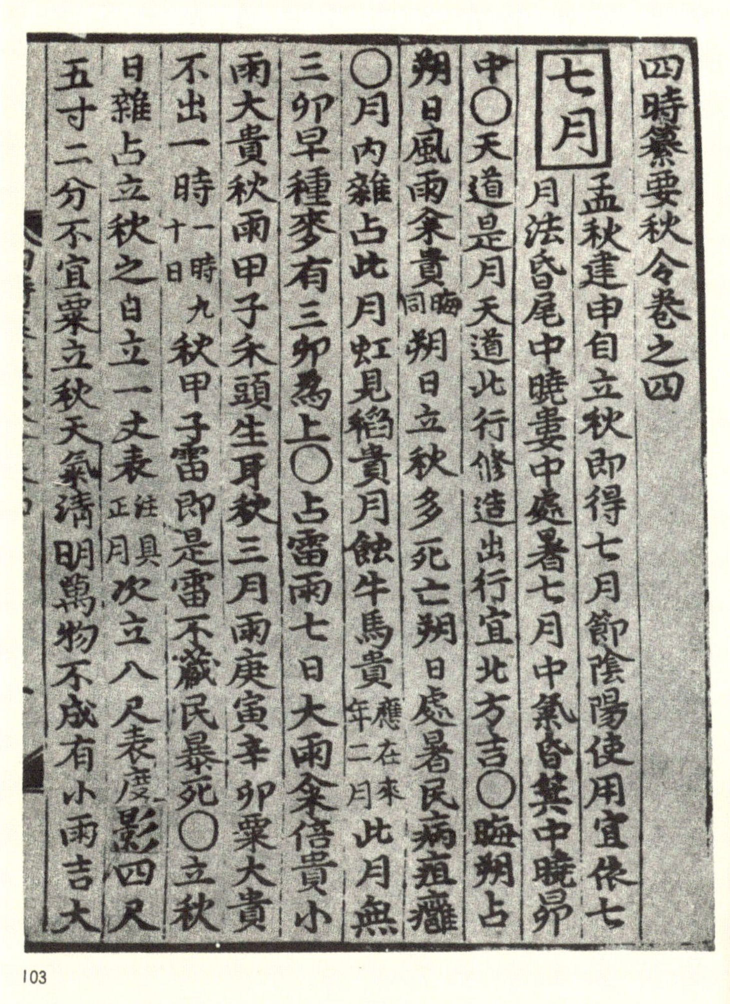
四時纂要秋令卷之四
七月孟秋建申自立秋即得七月節陰陽使用宜依七
月法昏尾中曉婁中處暑七月中氣昏箕中曉昴
中○天道是月天道北行修造出行宜北方吉○晦朔占
朔日風雨粂貴晦同朔日立秋多死亡朔日處暑民病疽癰
○月内雜占此月虹見稻貴月蝕牛馬貴應在來年二月此月無
三卯早種麥有三卯為上○占雷雨七日大雨粂倍貴小
雨大貴秋雨甲子禾頭生耳秋三月雨庚寅辛卯粟大貴
不出一時一時九十日秋甲子雷即是雷不藏民暴死○立秋
日雜占立秋之日立一丈表注具正月次立八尺表度影四尺
五寸二分不宜粟立秋天氣清明萬物不成有小雨吉大

103

四時纂要秋令卷之四

七月 孟秋建申。自立秋即[1]得七月節，陰陽使用宜依七月法。昏，尾中；曉，婁中。處暑，七月中氣。昏，箕中；曉，昴中。

○天道。是月天道北行，修造出行宜北方吉。

○晦朔占。朔日風雨，粂貴。晦同。朔日[2]立秋，多死亡。朔日[3]處暑，民病疽癰。

○月内雜占。此月虹見，稻貴。月蝕，牛馬貴。應在來年二月。此月無三卯，早種麥；有三卯爲上。

○占雷雨。七日大雨，粂倍貴；小雨，大貴。秋雨甲子，禾頭生耳。秋三月雨庚寅、辛卯，粟大貴，不出一時。一時，九十日。秋甲子雷，即是雷不藏，民暴死。

○立秋日雜占。立秋之日，立一丈表。注具正月。次立八尺表，度影四尺五寸二分，不宜粟。立秋天氣清明，萬物不成；有小雨，吉；大

1　即，癸未字本無。
2　日，癸未字本無。
3　日，癸未字本無。

104

雨，傷五穀。立秋以火，不宜老人，雷風折[1]木，注[2]多怪。

〇占氣。立秋日坤卦用事，日晡時西南有赤黃雲如群羊者，坤氣至，宜粟。坤氣不至，萬物不成，地多震，牛羊死，應在衝。衝在來年正月。

〇占風。立秋日風從艮來，（㲈）[穀][3]貴，貴在四十五日中；從震來，歲多瘟[4]疫，草木更榮；坤來，年豐；兑來，秋雨；巽來，凶；离來，秋旱，凶；乾來，暴寒；坎來，冬多陰雪。

〇月内吉凶地。天德在坎，月德在壬，月空在丙，月合在丁，月厭在辰，月殺[5]在未。

〇黃道。子爲青龍，丑爲明堂，辰爲金匱，巳爲天德，未爲玉堂，戌爲司命。凡出軍、遠行、商賈、移徙、嫁娵，吉凶百事出其下。即得天福，不避將軍、大歲、刑禍、姓墓、月建等。若疾病，移往黃道下即差；不堪移者，轉面向之亦吉。

〇黑道。寅[6]爲天刑，

1 折，癸未字本作“析”。

2 按，此“注”疑應作“主”。

3 穀，原作“㲈”，據癸未字本改。

4 瘟，癸未字本作“温”。

5 殺，癸未字本作“煞”。

6 寅，癸未字本作“寅”。

105

卯爲朱雀，午爲白虎，申爲天牢，酉爲玄武，亥爲句[1]陳。已上不可犯，犯之必有死亡、失財、劫盜、刑獄之事，切[2]宜慎之。凡用黄道，更以天德、月德、月空、月合者用之，尤吉。若值大歲、黑方、五鬼、將軍，雖云不避，亦宜且罷。世人尚欲威力臨之[3]，即凶神，不可以天福制之也。他皆倣此。

○天赦。戊申日是也。

○出行日。秋三月，不西行[4]，犯王方。立秋後九日爲往亡，立秋前一日、立秋日，並不可行。七月丑爲歸忌，又辛亥日、卯爲天羅，酉爲土公，十二日爲窮日，並不可出行。

○臺土時。是月每日人定亥時是也[5]。

○四殺[6]没時。四孟之月，宜用甲時寅後卯前，丙時巳後午前，庚時申後酉前，壬時亥後子前。已上四時，鬼神不見，百事可爲[7]，架屋、埋葬、上官並用

1 句，癸未字本作“勾”。
2 切，癸未字本無。
3 之，癸未字本作“人”。
4 西行，癸未字本作“行西”。
5 也，癸未字本無。
6 殺，癸未字本作“煞”。
7 百事可爲，癸未字本作“可爲百事”。

之吉○諸凶日河魁在巳天剛在亥狼籍在午九焦在酉
血忌在辰天火在午地火在辰○嫁娵日求婦辰巳日吉
天雄在申地雌在子不可嫁娵新婦下車壬時吉此月生
男不可娵四月十月生女害夫此月納財金命女自如木
命女凶水命女富貴火命女孫寡土命女大吉納財吉日
丙子己卯庚寅辛卯壬寅癸卯壬子丁卯是月行嫁卯酉
女大吉丑未女妨夫寅申女妨自身辰戌女妨父母子午
女妨首子巳亥女妨舅姑天地相去日戊午己未庚辰五
亥並不可嫁娵主生離秋庚子辛亥害九夫陰陽不將日
壬申癸酉壬午癸未甲申乙酉癸巳甲午乙未乙巳戊申
戊午巳○喪葬此月死者妨寅申巳亥人斬草丙子丙寅

106

之，吉。

○諸凶日。河魁在巳，天剛[1]在亥，狼籍在午，九焦在[2]酉，血忌在辰，天火在午，地火在辰[3]。

○嫁娵日。求婦，辰、巳日吉。天雄在申，地雌在子，不可嫁娵。新婦下車，壬時吉。此月生男[4]，不可娵四月、十月生女，害夫。此月納財，金命女自如，木命女凶，水命女富貴，火命女孤寡，土命女大吉。納財吉日：丙子、己卯、庚寅[5]、辛卯、壬寅、癸卯、壬子、丁卯。是月行嫁，卯、酉女大吉，丑、未女妨夫，寅、申女妨自身，辰、戌女妨父母，子、午女妨首子，巳、亥女妨舅姑。天地相去日：戊午、己未、庚辰、五亥，並不可嫁娵，主生離。秋庚子、辛亥，害九夫。陰陽不將日：壬申、癸酉、壬午、癸未、甲申、乙酉、癸巳、甲午、乙未、乙巳、戊申、戊午日[6]。

○喪葬[7]。此月死者妨寅申、巳、亥人。斬草[8]：丙子、丙寅、

1 剛，癸未字本作“罡”。
2 在，癸未字本無。
3 辰，癸未字本作“亥”。
4 男，癸未字本作“人”。
5 寅，癸未字本作“賓”。此條諸“寅”字同。
6 日，癸未字本無。
7 癸未字本“葬”後有“日”字。
8 癸未字本“草”後有“日”字。

辛卯癸卯壬子日葬癸酉壬午乙酉壬寅庚午己酉日吉
○推六道死道甲庚兵道丙壬天道乙辛地道乾巽人道
丁癸鬼道坤艮○五姓利日羽姓大利年與月同用子寅
卯申酉吉宮大利年與月同申酉丑未吉商年與月同子
卯辰巳申酉吉徵亦通利角凶○起土飛廉在辰土符在
卯土公在酉月刑在寅大禁南方地囊丙辰丙午已上不
可動土凶月福德在丑月財地在午已上日及方位動土
吉○移徙大耗在寅小耗在丑五富在巳五貧在亥移徙
不可往貧耗方日辰亦忌之秋庚子辛亥亦不可移徙入
宅嫁娵凶○架屋日丁卯庚午丙午丙戌庚子壬戌癸卯
乙丑壬辰庚辰己卯癸未已上吉○禳鎮七日乞巧乞富

107

辛卯、癸卯、壬子日。葬[1]：癸酉、壬午、乙酉、壬寅、庚午、己酉日，吉[2]。

○推六道。死道甲、庚，兵道丙、壬，天道乙、辛，地道乾、巽，人道丁、癸，鬼道坤、艮。

○五姓利日。羽姓大利，年與月同，用子、寅[3]、卯、申、酉吉。宮[4]大利，年與月同，申、酉、丑、未吉[5]。商[6]，年與月同，子、卯、辰、巳、申、酉吉。徵[7]，亦通利。角[8]，凶。

○起土。飛廉在辰，土符在卯，土公在酉，月刑在寅[9]。大禁南方。地囊：丙辰、丙午。已上不可動土，凶。月福德在丑，月財地在午，已上日及方位動土，吉。

○移徙。大耗在寅[10]，小耗在丑，五富在巳，五貧在亥。移徙不可往貧耗方，日辰亦忌之。秋庚子、辛亥，亦不可移徙、入宅、嫁娵，凶。

○架屋日：丁卯、庚午、丙午、丙戌、庚子、壬戌、癸卯、乙丑、壬辰、庚辰、己卯、癸未，已上[11]吉。

○禳鎮。七日乞巧，乞富

1 癸未字本“葬”後有“日”字。
2 日、吉，癸未字本皆無。
3 寅，癸未字本作“夤”。
4 癸未字本“宮”後有“姓”字。
5 吉，癸未字本無。
6 癸未字本“商”後有“姓”字。
7 癸未字本“徵”後有“姓”字。
8 癸未字本“角”後有“姓”字。
9 寅，癸未字本作“夤”。
10 寅，癸未字本作“夤”。
11 癸未字本“上”後有“日”字。

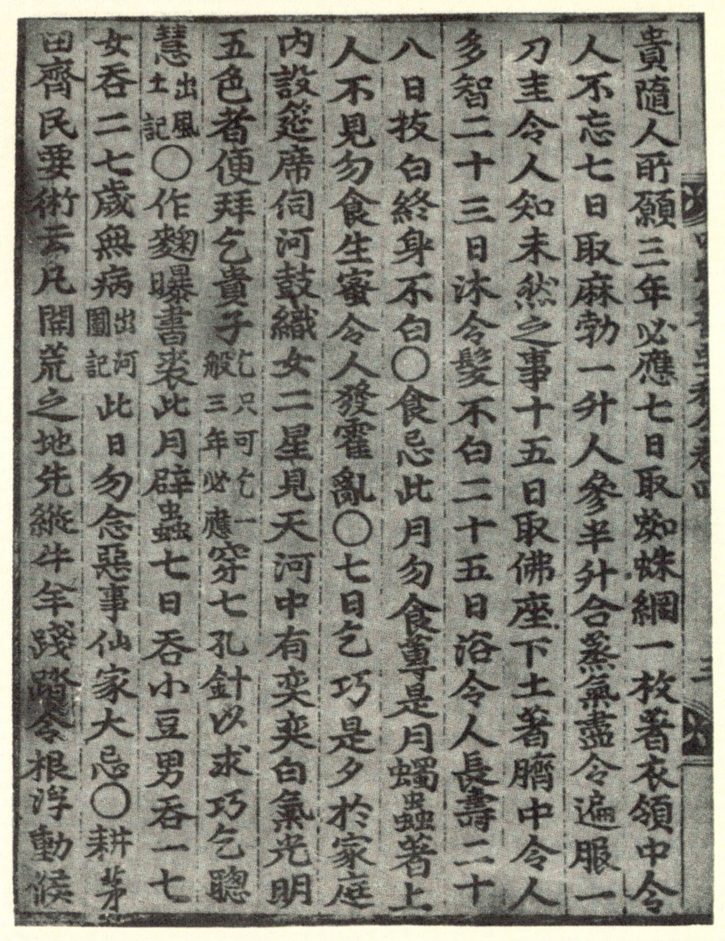

貴隨人所願三年必應七日取蜘蛛網一枚著衣領中令
人不忘七日取麻勃一升人參半升合蒸氣盡令遍服一
刀圭令人知未然之事十五日取佛座下土著臍中令人
多智二十三日沐令髮不白二十五日浴令人長壽二十
八日拔白終身不白○食忌此月勿食蓴是月蠋蟲著上
人不見勿食生蜜令人發霍亂○七日乞巧是夕於家庭
內設筵席伺河鼓織女二星見天河中有奕奕白氣光明
五色者便拜乞貴子乞只可乞一般三年必應穿七孔針以求巧乞聰
慧出風土記○作麴曝書裘此月辟蟲七日吞小豆男吞一七
女吞二七歲無病出河圖記此日勿念惡事仙家大忌○耕茅
田齊民要術云凡開荒之地先縱牛羊踐踏令根浮動候

108

貴，隨人所願，三年必應。七日取蜘蛛網一枚，著衣領中，令人不忘。七日取麻勃一升，人參半升合蒸，氣盡令遍，服一刀圭，令人知未然之事。十五日取佛座下土著臍中，令人多智[1]。二十三日沐，令髮不白。二十五日浴，令人長壽。二十八日拔白，終身不白。

○食忌。此月勿食蓴，是月蠋蟲著上，人不見。勿食生蜜，令人發霍[2]亂。

○七日乞巧。是夕於家庭内設筵席，伺河鼓。織女二星見天河中，有奕奕白氣光明五色者，便拜，乞貴子。乞只可乞一般，三年必應。穿七孔針，以求巧乞聰慧。出《風土記》。

○作麴，曝書、裘，此月辟蟲。七日吞小豆，男吞一七，女吞二七，歲無病。出《河圖記》。此日勿念惡事，仙家大忌。

○耕茅田。《齊民要術》云："凡開荒之地，先縱牛羊踐踏，令根浮動[3]。候

1 《歲時廣記》卷二七引《四時纂要》，"令人多智"後有"厭火灾"。

2 霍，癸未字本作"癨"。

3 動，癸未字本無。

109

七月耕之，則必死矣；非七月復生矣。”

○開荒田。凡開荒山澤田，皆以此月芟其草，乾，放火燒，至春而開之，則根朽[1]而省工。若林木絶大者，劙殺[2]之，劙，烏莖反[3]。葉死不扇，便任耕種。三年之後，根枯莖朽[4]，燒之則入地盡矣。耕荒必以鐵爬漏湊之，徧爬之，漫擲黍穄，再遍澇，明年乃於其中種穀也。

○煞穀地。五、六月種美田菉豆，此月殺之。事具五月。不獨肥田，菜地亦同。

○種苜蓿。畦種，一如韭法。亦剪一遍，加糞，爬起，水澆。

○種葱、薤[5]。欲種葱，先種菉豆，五月中耕，掩殺[6]之。頻耕令熟，至此月種之。每畝用子五升。又，取穀五升，先炒穀令焦，即與葱子同攪，令匀，而耬[7]一眼中種之。塞其耬一眼。他月葱出，取其塞耬一眼之地中土培之，疎密恰好，又不勞移。種薤法，具二月中。

○胡

1 朽，癸未字本作“杇”。
2 殺，癸未字本作“煞”。
3 “劙，烏莖反”，癸未字本無“劙”字，在前“劙”字下。
4 朽，癸未字本作“杇”。
5 薤，癸未字本作“韮”。
6 殺，癸未字本作“煞”。
7 耬，癸未字本作“樓”。此條諸“耬”字同。

菱，同六月。

○種蔓菁。地須肥良，耕六七遍，此月上旬種之。欲陳者，以乾鰻鱧[1]魚汁浸[2]之，曝乾種，必無蟲矣。至冬，收苗後收根窖藏之。冬至後，爬熟，上糞，間[3]拾，留子者不斷。出《山居要術》。

○蜀芥、芸薹。是月中旬爲上時，芥每畝子一升，芸薹每畝子[4]四升。

○種桃、柳。柳同六月。桃熟時，墻南暖處，寬深爲坑，收濕牛糞内在坑中，好桃核十數介[5]，尖頭向上，安坑中，糞土蓋，厚一尺。深春（牙）[芽][6]生，和土移種之，萬不失一。桃皮急，四年已上，刀劃破皮，得速大，不爾[7]速死。七八年便老，十年多枯死，宜歲歲種之。

○造藍淀。先作地坑，可受百束許，作麥䴷泥泥之，可厚五寸，以苫蔽四壁。刈藍倒竪於坑中，下水浸，以木石壓之，令没。熱月一宿，稍涼再宿，漉去藍滓，取汁

1 鱧，癸未字本作"鱳"。
2 浸，癸未字本作"㵎"。
3 間，癸未字本作"閒"。
4 子，原闕，據癸未字本補。
5 介，癸未字本作"个"。
6 芽，原作"牙"，據文意改。
7 爾，癸未字本作"尔"。

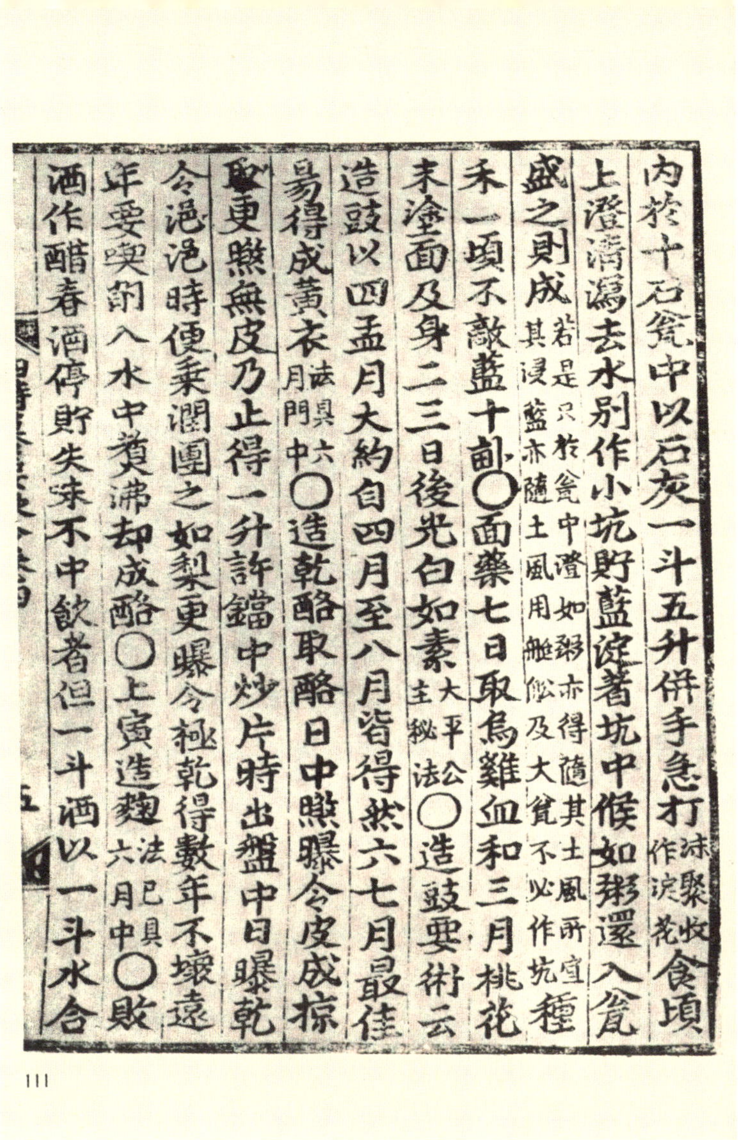
内於十石瓮中以石灰一斗五升併手急打沫聚收作淀花食頃
上澄清瀉去水別作小坑貯藍淀著坑中候如粥還入瓮
盛之則成若是只於瓮中澄如粥亦得隨其土風所宜其浸藍亦隨土風用艇舩及大瓮不必作坑種
禾一頃不敵藍十畝○面藥七日取烏雞血和三月桃花
末塗面及身二三日後光白如素大平公主秘法○造豉要術云
造豉以四孟月大約自四月至八月皆得然六七月最佳
易得成黃衣法具六月門中○造乾酪取酪日中暰曝令皮成掠
取更暰無皮乃止得一升許鐺中炒片時出盤中日曝乾
令浥浥時便乘闊團之如梨更曝令極乾得數年不壞遠
年要喫削入水中煑沸却成酪○上寅造麴法已具六月中○敗
酒作醋春酒停貯失味不中飲者但一斗酒以一斗水合

111

内於十石瓮中，以石灰一斗五升，並[1]手急打。沫聚，收作淀花。食頃，上澄清，瀉去水。別作小坑，貯藍淀著坑中，候如粥，還入瓮盛之，則成。若是只於瓮中澄如粥，亦得隨其土風所宜。其浸[2]藍，亦隨土風用艇舩及大瓮，不必作坑。種禾，一頃不敵藍十畝。

○面藥。七日取烏雞血，和三月桃花末，塗面及身，二三日後，光白如素。大[3]平公主秘法。

○造豉。《要術》云："造豉以四孟月，大約自四月至八月皆得。"然六、七月最佳，易得成黃衣。法具六月門中。

○造乾酪。取酪，日中暰曝[4]，令皮成，掠取，更暰，無皮乃止。得一升許，鐺中炒片時出，盤中日曝乾，令浥浥時，便乘闊團之如梨。更曝，令極乾[5]，得數年不壞。遠年要喫，削入水中，煑沸，却成酪。

○上寅造麴。法已具六月中。

○敗酒作醋。春酒停貯失味不中飲者，但一斗酒以一斗水合，

1　並，癸未字本作"併"。
2　浸，癸未字本作"浸"。
3　大，癸未字本作"太"。
4　暰曝，癸未字本作"曝暰"。
5　乾，癸未字本作"乹"。

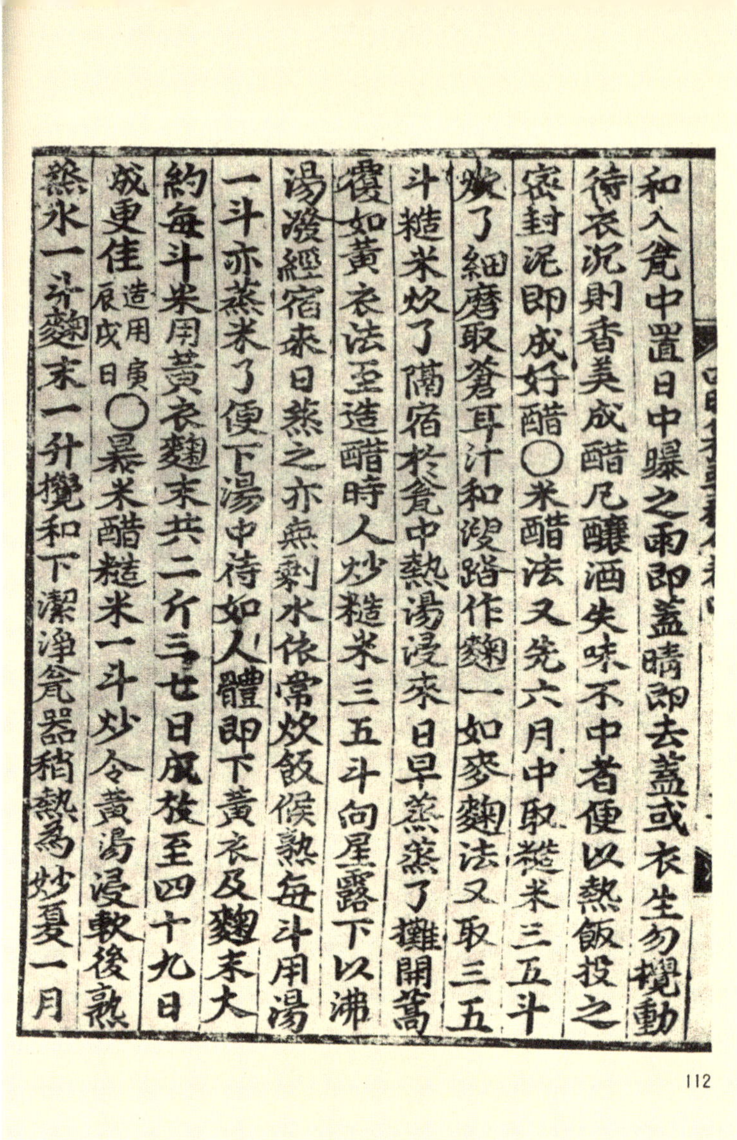
和入瓮中置日中曝之雨即蓋晴即去蓋或衣生勿攪動
待衣沉則香美成醋凡釀酒失味不中者便以熱飯投之
密封泥即成好醋○米醋法又先六月中取糙米三五斗
炊了細磨取蒼耳汁和溲踏作麴一如麥麴法又取三五
斗糙米炊了隔宿於瓮中熱湯浸來日早蒸蒸了攤開蒿
覆如黃衣法至造醋時人炒糙米三五斗向星露下以沸
湯潑經宿來日蒸之亦無剩水依常炊飯候熟每斗用湯
一斗亦蒸米了便下湯中待如人體即下黃衣及麴末大
約每斗米用黃衣麴末共二斤三七日成放至四十九日
成更佳造用寅辰戌日○暴米醋糙米一斗炒令黃湯浸軟後熟
蒸水一斗麴末一升攪和下潔淨瓮器稍熱爲妙夏一月

112

和入瓮中[1]，置日中曝之，雨即蓋，晴即去蓋。或衣生，勿攪動，待衣沉，則香美成醋。凡釀酒失味不中者，便以熱飯投之，密封泥，即成好醋。

○米醋法。又先六月中取糙米三五斗，炊[2]了，細磨，取蒼耳汁和溲，踏作麴，一如麥麴法。又取三五斗糙米，炊[3]了，隔宿於瓮[4]中熱湯浸，來日早蒸，蒸了，攤開，蒿覆，如黃衣法。至造醋時，（人）［又］[5]炒糙米三五斗，向星露下，以沸湯潑，經宿，來日蒸[6]之，亦無剩水，依常炊飯。候熟，每斗用湯一斗，亦蒸米了，便下湯中。待如人體，即下黃衣及麴末，大約每斗米用黃衣、麴末共二斤。三七日成，放至四十九日成更佳。造用寅辰戌日。

○暴米醋。糙米一斗，炒令黃，湯浸[7]軟後，熟蒸。水一斗、麴末一升，攪和。下潔净瓮器，稍熱爲妙。夏一月、

1 中，癸未字本作“内”。
2 炊，癸未字本作“炒”。
3 炊，癸未字本作“炒”。
4 瓮，癸未字本作“瓫”。
5 又，原作“人”，據癸未字本改。
6 蒸，癸未字本作“烝”。
7 浸，癸未字本作“湜”。

冬兩月密封頭日未足不可開○醫醋凡醋瓮下須安磚
石以隔濕氣又忌雜手取又忌生水器取及醎器貯皆致
易敗又醋因妊娠女人所壞者取車轍中土一掬著瓮中
即還好○麥醋取大麥一石舂取一糙取一半完人一半
帶皮便止取五斗爛蒸罨黃一如作黃衣法五斗炒令黃
熟浸一宿明日爛蒸攤如人體并前黃衣一時入瓮中以
蒸水沃之拌令勻其水於麥上深三五寸即得密封蓋七
日便香熟即中心著蒭取之頭者别收貯餘以水淋旋喫
之齊民要術云造麥醋米酘之此恐難成成亦不堪蓋失
其類矣○暴麥醋大麥一斗熟舂插炒令香焦黃磨中掣
破水拌濕後熱水一斗五升冷如人體以麴一升攪和入

113

冬兩月，密封頭，日未足不可開。

○醫醋。凡醋瓮下須安磚[1]石，以隔濕氣，又忌雜手取，又忌生水器取及醎[2]器貯，皆致易敗。又醋因妊娠女人所壞者，取車轍中土一掬，著瓮中，即還好。

○麥醋。取大麥一石，舂取一糙，取一半完人，一半帶皮便止。取五斗爛蒸，罨黃，一如作黃衣法。五斗炒令黃，熟浸[3]一宿，明日爛蒸，攤如人體，並[4]前黃衣一時入瓮中，以蒸水沃之，拌令勻。其水於麥上深三五寸即得，密封蓋，七日便香熟。即中心著蒭[5]取之，頭者别收貯，餘以水淋，旋喫之。《齊民要術》云："造麥醋，米酘之。"此恐難成，成亦不堪，蓋失其類矣。

○暴麥醋。大麥一斗，熟舂插，炒令香、焦、黃，磨中掣[6]破。水拌濕後，熱水一斗五升，冷如人體，以麴一升攪和，入

1 磚，癸未字本作"塼"。

2 醎，癸未字本作"鹹"。

3 浸，癸未字本作"濅"。

4 並，癸未字本作"并"。

5 蒭，《校釋》以爲應作"篘"，一種濾器。

6 掣，癸未字本作"㨖"。

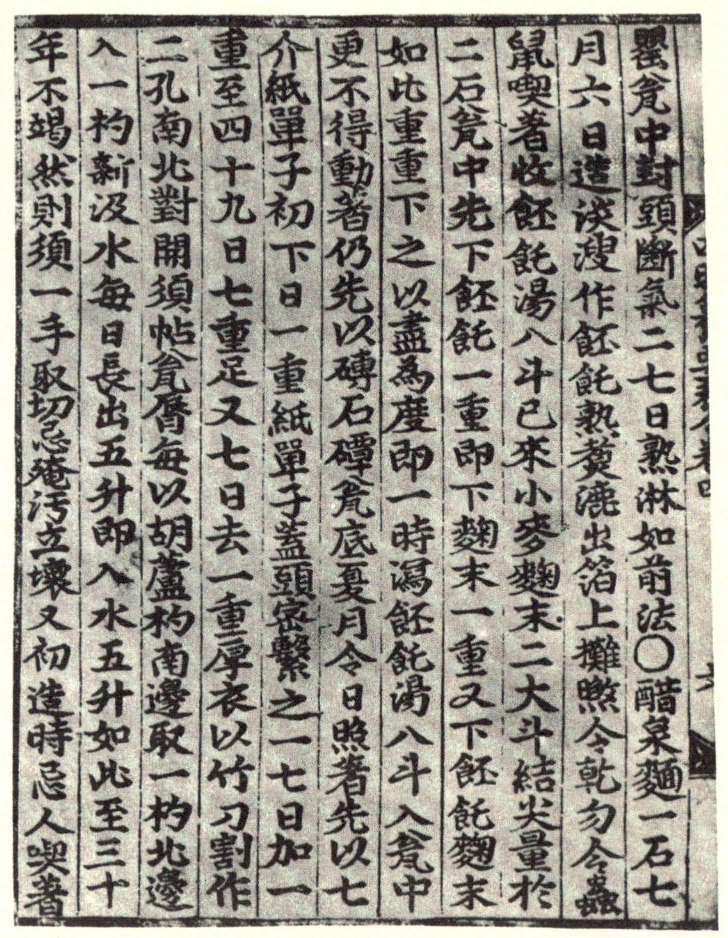
罌瓮中封頭斷氣二七日熟淋如前法○醋泉麵一石七
月六日造淡溲作餪飥熟煑漉出箔上攤𤏫令乾勿令蟲
鼠喫著收餪飥湯八斗已來小麥𪍿末二大斗結尖量於
二石瓮中先下餪飥一重即下𪍿末一重又下餪飥𪍿末
如此重重下之以盡為度即一時瀉餪飥湯八斗入瓮中
更不得動著仍先以磗石磹瓮底夏月令日照著先以七
介紙單子初下日一重紙單子蓋頭密繫之一七日加一
重至四十九日七重足又七日去一重厚衣以竹刀割作
二孔南北對開須帖瓮脣每以胡蘆杓南邊取一杓北邊
入一杓新汲水每日長出五升即入水五升如此至三十
年不竭然則須一手取切忌飡污立壞又初造時忌人喫著

114

罌瓮中，封頭斷氣。二七日熟，淋如前法。

〇醋泉。麵一石，七月六日造，淡溲，作餪飥，熟煑，漉出，箔上攤𤏫令乾，勿令蟲鼠喫著。收餪飥湯八斗已來，小麥𪍿末二大斗，結尖量，於二石瓮中，先下餪飥一重，即下𪍿末一重；又下餪飥、𪍿末，如此重重下之，以盡爲度。即一時瀉餪飥湯八斗入瓮中，更不得動著，仍先以磗[1]石磹瓮底，夏月令日照著。先以七介[2]紙單子，初下日，一重紙單子蓋頭，密[3]繫之[4]；一七日，加一重，至四十九日，七重足。又七日，去一重厚衣。以竹刀割作二孔，南北對開，須帖瓮脣。每以胡蘆杓南邊取一杓，北邊入一杓新汲水。每日長出五升，即入水五升。如此至三十年不竭。然則須一手取，切忌飡污，立壞。又初造時，忌人喫著

1 磗，癸未字本作“塼”。
2 介，癸未字本作“个”。
3 密，癸未字本作“蜜”。
4 從“繫之”至十日醬法條“酒一”，癸未字本闕。

115

飥飥片子，切防家人背食之，即不成矣。造多小，在臨時。

○八味丸。張仲景八味地黄丸，治男子虛羸百病眾所不療者，久服輕身不老，加以攝養，則成地仙方。大約立秋後宜服。乾地黄半斤，乾署藥四兩，白茯苓、牧丹皮、澤瀉、附子炮、肉桂，已上五味各二兩，山茱萸四兩湯泡五遍。右件一處搗羅爲末，煉蜜爲丸，丸如梧桐子大。每日空腹暖酒下二十丸，如稍覺熱，即大黄丸一服通轉爲妙。

○收角蒿。置氊褥、書籍中，辟蛀蟲。

○藏瓜、桃。醬、糟並佳。

○收瓜子。此月擇好瓜，截兩頭，出子，和糠日曬。乾，挼，簸取作種。

○十日醬法。豆黄一斗，净淘三遍，宿浸，漉出，爛蒸。傾下，以麵二斗五升相和拌，令麵悉裹却豆黄。又再蒸，令麵熟，攤却大氣，候如人體，以穀葉

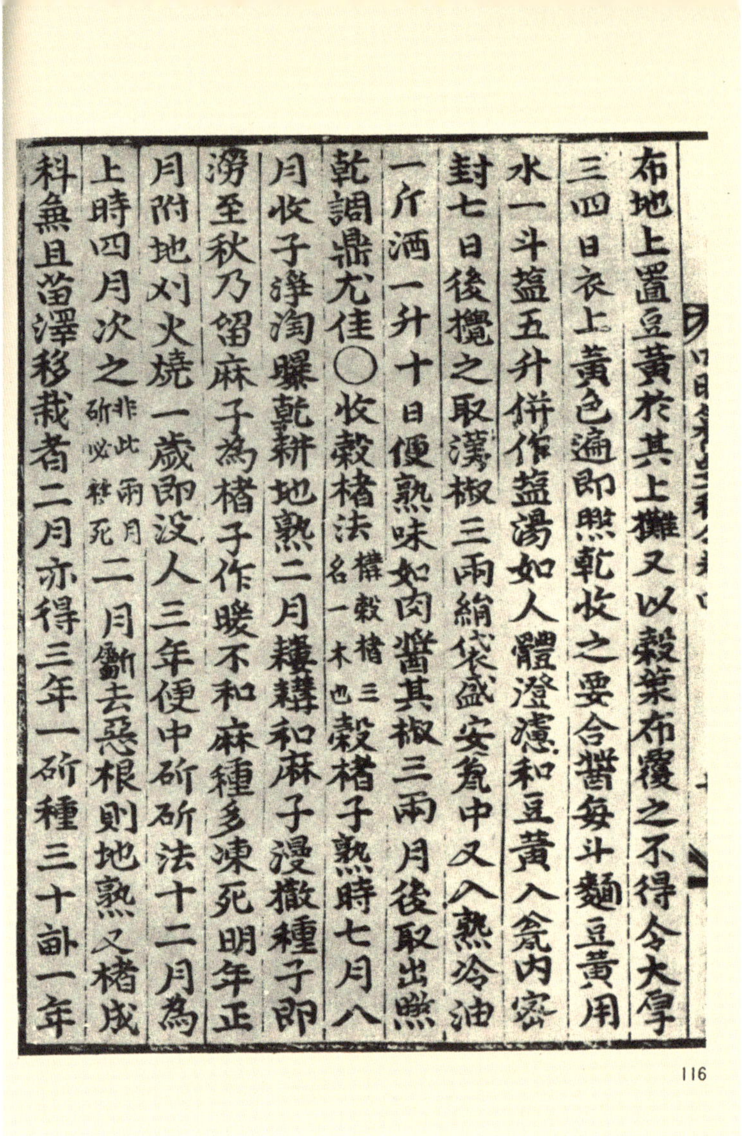

布地上，置豆黄於其上，攤，又以穀葉布覆之，不得令大厚。三四日，衣上，黄色遍，即曒乾收之。要合醬，每斗麵豆黄，用水一斗、塩五升，並作塩湯，如人體，澄濾，和豆黄入瓮内，密封。七日後攪之，取漢椒三兩，絹袋盛，安瓮中。又入熟冷油一斤、酒一升，十日便熟，味如肉醬。其椒三兩月後取出，曒乾，調鼎尤佳。

〇收穀楮法。構、穀、楮，三名一木也。穀楮子熟時，七月、八月收子，净淘，曝乾。耕地熟，二月耬耩，和麻子漫撒種子[1]，即澇。至秋，乃留麻子爲楮子作暖，不和麻種，多凍死。明年正月，附地刈，火燒。一歲即没人，三年便中斫。斫法十二月爲上時，四月次之。非此兩月斫[2]，必枯死。二月斸，去惡根，則地熟，又楮成科，兼且苗澤。移栽者，二月亦得。三年一斫，種三十畝，一年

1 子，癸未字本作“了”。
2 斫，癸未字本作“祛”。

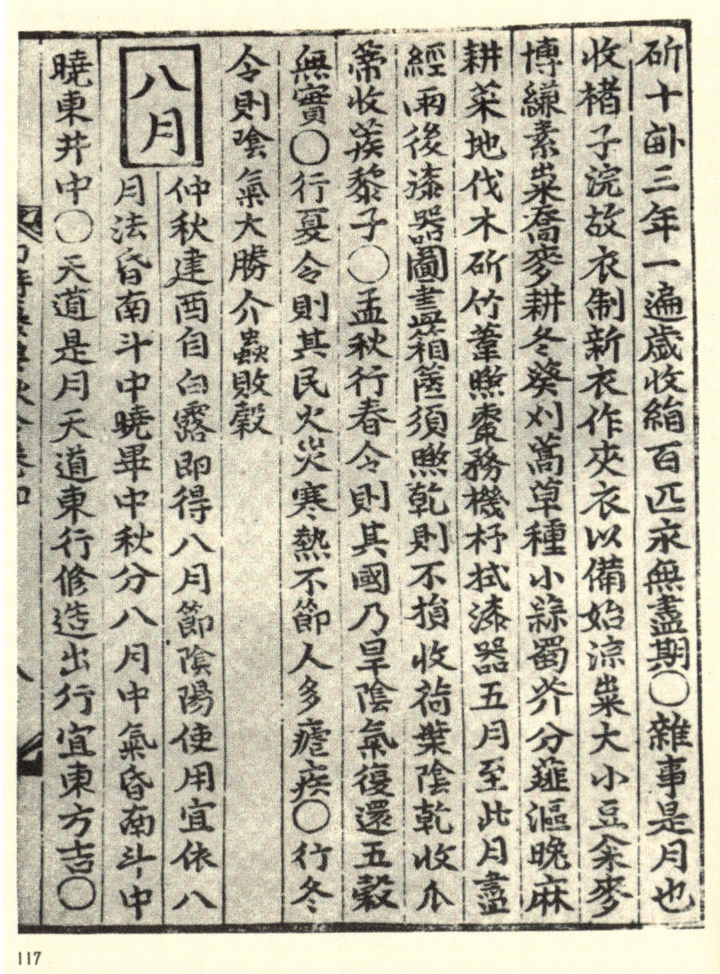
斫十畝三年一遍歲收絹百匹永無盡期○雜事是月也收楮子浣故衣制新衣作夾衣以備始涼粜大小豆籴麥博縑素粜喬麥耕冬葵刈蒿草種小蒜蜀芥分薤漚晚麻耕菜地伐木斫竹葦曒棗務機杼拭漆器五月至此月盡經雨後漆器圖畫箱篋須曒乾則不損收荷葉陰乾收瓜蒂收蒺藜子○孟秋行春令則其國乃旱陰氣復還五穀無實○行夏令則其民火災寒熱不節人多瘧疾○行冬令則陰氣大勝介蟲敗穀

八月 仲秋建酉自白露即得八月節陰陽使用宜依八月法昏南斗中曉畢中秋分八月中氣昏南斗中曉東井中○天道是月天道東行修造出行宜東方吉○

117

斫十畝，三年一遍，歲收絹百匹[1]，永無盡期。

○雜事。是月也，收楮子。浣故衣，制新衣，作夾衣，以備始涼。粜大小豆。籴麥。博[2]縑素。粜喬麥。耕冬葵[3]。刈蒿草。種小蒜、蜀芥。分薤。漚晚麻。耕菜地。伐木。斫竹、葦。曒棗。務機杼。拭漆器，五月至此月盡，經雨後，漆器、圖畫、箱篋須曒乾，則不損。收荷葉，陰乾。收瓜蒂。收蒺藜[4]子。

○孟秋行春令，則其國乃旱，(陰)[陽][5]氣復還，五穀無實。

○行夏令，則其民火災[6]，寒熱不節，人多瘧疾。

○行冬令，則陰氣大勝，介蟲敗穀。

八月

仲秋建酉。自白露即得八月節，陰陽使用宜依八月法。昏[7]，南斗中；曉，畢中。秋分八月中氣。昏[8]，南斗中；曉，東井中。

○天道。是月天道東行，修造、出行宜東方吉。

○

1 匹，癸未字本作"疋"。
2 博，癸未字本作"愽"。
3《校釋》以爲"葵"字後脱"地"字。
4 黎，癸未字本作"梨"。
5 陽，原作"陰"，據《禮記·月令》等改。
6 災，癸未字本作"灾"。
7 昏，癸未字本作"昬"。
8 昏，癸未字本作"昬"。

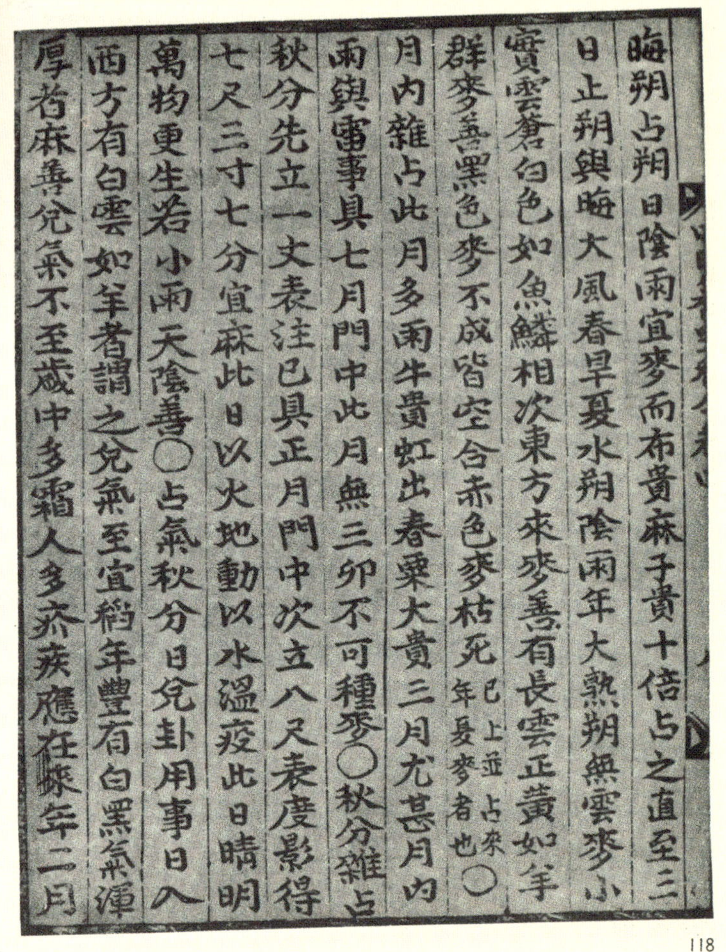
晦朔占朔日陰雨宜麥而布貴麻子貴十倍占之直至三
日止朔與晦大風春旱夏水朔陰雨年大熟朔無雲麥小
實雲蒼白色如魚鱗相次東方來麥善有長雲正黃如羊
群麥善黑色麥不成皆空合赤色麥枯死已上並占來年夏麥者也○
月内雜占此月多雨牛貴虹出春粟大貴三月尤甚月内
雨與雷事具七月門中此月無三卯不可種麥○秋分雜占
秋分先立一丈表注已具正月門中次立八尺表度影得
七尺三寸七分宜麻此日以火地動以水溫疫此日晴明
萬物更生若小雨天陰善○占氣秋分日兌卦用事日入
西方有白雲如羊者謂之兌氣至宜稻年豐有白黑氣渾
厚者麻善兌氣不至歲中多霜人多疥疾應在來年二月

118

1 丈，癸未字本無。

晦朔占。朔日陰雨，宜麥，而布貴，麻子貴十倍，占之直至三日止。朔與晦大風，春旱，夏水。朔陰雨，年大熟。朔無雲，麥小實，雲蒼白色如魚鱗相次東方來，麥善；有長雲正黃如羊群，麥善；黑色，麥不成，皆空合；赤色，麥枯死。已上並占來年夏麥者也。

○月内雜占。此月多雨，牛貴。虹出，春粟大貴，三月尤甚。月内雨與雷，事具七月門中。此月無三卯，不可種麥。

○秋分雜占。秋分先立一丈[1]表，注已具正月門中。次立八尺表，度影得七尺三寸七分，宜麻。此日以火，地動；以水，温疫。此日晴明，萬物更生；若小雨，天陰，善。

○占氣。秋分日兑卦用事，日入西方有白雲如羊者，謂之兑氣至，宜稻，年豐；有白黑氣渾厚者，麻善。兑氣不至，歲中多霜，人多疥疾，應在來年二月。

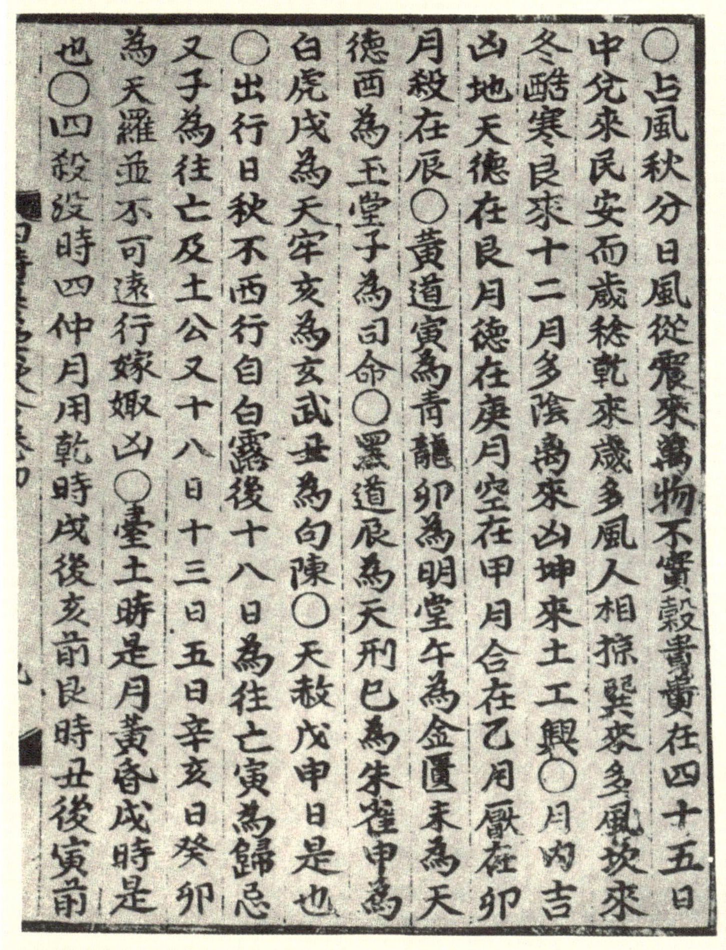
○占風秋分日風從震來萬物不實穀貴貴在四十五日
中兌來民安而歲稔乾來歲多風人相掠巽來多風坎來
冬酷寒艮來十二月多陰离來凶坤來土工興○月內吉
凶地天德在艮月德在庚月空在甲月合在乙月厭在卯
月殺在辰○黃道寅為青龍卯為明堂午為金匱未為天
德酉為玉堂子為司命○黑道辰為天刑巳為朱雀申為
白虎戌為天牢亥為玄武丑為句陳○天赦戊申日是也
○出行日秋不西行自白露後十八日為往亡寅為歸忌
又子為往亡及土公又十八日十三日五日辛亥日癸卯
為天羅並不可遠行嫁娵凶○臺土時是月黃昏戌時是
也○四殺沒時四仲月用乾時戌後亥前艮時丑後寅前

119

○占風。秋分日風從震來，萬物不實，穀貴，貴在四十五日中；兑來，民安而歲稔；乾來，歲多風，人相掠；巽來，多風；坎來，冬酷寒；艮來，十二月多陰；离來，凶；坤來，土工興。

○月内吉凶。地天德在艮，月德在庚[1]，月空在甲，月合在乙，月厭在卯，月殺在辰。

○黄道。寅[2]爲青龍，卯爲明堂，午爲金匱，未爲天德，酉爲玉堂，了爲司命。

○黑道。辰爲天刑，巳爲朱雀，申爲白虎，戌爲天牢，亥爲玄武，丑爲句[3]陳。

○天赦。戊申日是也[4]。

○出行日。秋不西行，自白露後十八日爲往亡，寅[5]爲歸忌，又子爲往亡及土公。又十八日、十三日、五日、辛亥日、癸卯[6]爲天羅，並不可遠行、嫁娵，凶。

○臺土時。是月黄昏[7]戌時是也[8]。

○四殺[9]没時。四仲月，用乾時戌後亥前，艮時丑後寅[10]前，

1 庚，癸未字本作“乙”。
2 寅，癸未字本作“夤”。
3 句，癸未字本作“勾”。
4 也，癸未字本無。
5 寅，癸未字本作“夤”。
6 癸未字本“卯”後有“日”字。
7 昏，癸未字本作“昬”。
8 也，癸未字本無。
9 殺，癸未字本作“煞”
10 寅，癸未字本作“夤”。

120

坤時未後申前，巽時辰後巳前。已上四時可爲百事，架屋、埋葬、上官皆吉。

○諸凶日。河魁在子，天剛在午，狼籍在酉，九焦在午，血忌在戌，天火在酉，地火在子。

○嫁娵日。求婦，辰、巳日吉。天雄在[1]巳，地雌在丑，不可嫁娵。新婦下車，乾時吉。此月生男[2]，不可娵五月、十一月生女。此月納財，金命女自如，土命女吉，水命女宜子孫，火命女凶，木命女孤寡。納財吉日：丙子、乙卯、庚寅、辛卯、壬寅、癸卯。是月行嫁，寅、申女吉，卯、酉女妨自身，辰、戌女妨夫，子、午女妨舅姑，巳、亥女妨首子、媒人，丑、未［女］[3]妨父母。天地相去日：戊午、己未、庚辰、五亥日，並不可嫁娵，主生離。庚子、辛亥，害九夫。陰陽不將日：戊辰、辛未、壬申、壬午、癸未、甲申、壬辰、癸巳、甲午、甲辰、戊申、戊

1 在，癸未字本無，後“地雌在丑”之“在”亦無。

2 男，癸未字本作“人”。

3 女，原闕，據癸未字本補。

午、辛巳。

○喪葬[1]。此月死者妨子、午、卯、酉人。斬草[2]：丙寅、丁卯、庚午、丙子、甲午、丙申、壬子、甲寅日，吉。殯[3]：庚子、癸卯吉。葬[4]：壬申、壬午、甲申、庚戌、壬寅、庚申、丙午日[5]，吉。

○推六道。死道乙、辛，天道乾、巽，地道丙、壬，兵道丁、癸，人道坤、艮，鬼道甲、庚。

○五姓（秋）[利][6]月。徵，吉，年與日利丑、寅、卯、巳、午、申吉。羽，吉，年與日利子、寅、卯、未、申、酉吉。宮，大利，年與日利[7]申、酉、丑、未吉。商，大利，年與日利[8]子、卯、辰、巳、申、酉吉。角，凶。

○起土。飛廉在亥，土符在未，土公在子，月刑在酉。大禁東方。地囊：丁卯、丁亥。已上不可動土，日辰亦凶。月福德在寅，月財地在乙，已上取土吉。

○架屋：己巳、癸卯、庚戌、壬戌、辛未、庚辰、辛巳、戊戌，已上架屋，吉。

○移徙。大耗在卯，小耗在寅，五富在申，五貧在

1 癸未字本“葬”後有“日”字。

2 癸未字本“草”後有“日”字。

3 癸未字本“殯”後有“日”字。

4 癸未字本“葬”後有“日”字。

5 日，癸未字本無。

6 利，原作“秋”，據癸未字本改。

7 利，癸未字本作“同”。

8 利，癸未字本作“同”。

122

寅。移徙不可往貧耗上。秋庚子、辛亥，不可移徙、入宅、嫁娵，凶。

○禳鎮。七日沐，令人聰[1]明多智。三日、二十五日沐浴。同正月。十九日拔白，永不生。勿以四日市附足物，仙家大忌。

○食忌。此月勿食薑、蒜，損壽減智。勿食雞子，傷神。

○殺[2]春穀地，同七月法。

○種大麥。此月中戊、社前並上時，每畝用子二升半；下戊前爲中時，每畝用子三升；下旬及九月初爲下時，每畝用子三升半。

○種小麥。宜下田。《齊民要術》歌云："高田種小麥，終久不成穗。男兒在他鄉，那[3]得不憔悴。"上戊前爲上時，種者一畝用子一升半；中戊前爲中時，一畝二升；下戊前爲下時，一畝二升半。此月初相爭十日，而用種便相違如此，力田者得不務及時？

○漬麥種。若天旱無雨

1 聰，癸未字本作"聦"。

2 殺，癸未字本作"煞"。

3 那，癸未字本作"那"。

澤，以醋漿水並[1]蠶矢薄漬麥種，夜半漬，露却，向（辰）［晨］[2]速收之，令麥耐旱。若麥生色黄者，傷折太稠。稠者鋤令稀，以棘柴耬[3]之，以摊[4]麥根則麥茂。大小麥皆須五、六月暵地，不暵收必薄。

○種麥忌日。已具正月門中。

○苜蓿。若不作畦種，即和麥種之不妨，一時熟。

○葱[5]、薤。葱同（五）［七］月[6]法，薤同二月法。

○種蒜。良軟地耕三遍，以耬[7]耩，逐壠[8]下之，五寸一株。二月半鋤之，滿三遍止。無草亦須鋤，不鋤即不作窠。作行，上糞，水澆之。一年後，看稀稠更移，苗麄如大筯。三月中即折頭，上糞，當年如雞子。旱即澆。年年須作糞次[9]種，不可令絶矣。

○種薤。同二月。此月下子，即春末生。

○諸菜、萵苣、芸薹[10]、胡荽，並良時。

○罌粟。尤宜山坡，亦可畦種。

○斷瓜梢。正月區種冬瓜，

1　並，癸未字本作“并”。

2　晨，原作“辰”，據上下文義，參考《氾勝之書》改。

3　耬，癸未字本作“樓”。

4　摊，癸未字本作“壅”。

5　葱，癸未字本作“苍”。

6　七月，原作五月，據前文改。

7　耬，癸未字本作“樓”。

8　壠，癸未字本作“礱”。

9　糞次，《校釋》以爲應作“番次”。

10　薹，癸未字本作“臺”。

此月斷其梢○踏蘘荷二月種者此月上旬踏令苗死不
爾即窠不茂大○耩薤此月上旬耩不耩則白短勿剪葉
恐損白旋要食者別種之○枿葵中旬枿葵留歧去地一
二寸枿之生肥嫩至老葉莖俱美○牙麥蘖大麥淨淘於
瓮中浸令水纔淹得著日中曝之一日一度著水脚生即
布於床下席上厚二寸許一日一度以水洒之牙生寸長
即曝乾若要煮白餳牙與麥身齊便曝乾勿令成餅即不
堪矣若煑黑餳即待牙青成餅即以刀子利開乾之要餳
作虎珀色者以小麥為之術已具三月中○造三勒漿訶
黎勒毗黎勒菴摩勒已上並和核用各三大兩擣如麻豆
大不用細以白蜜一斗新汲水二斗熟調投乾淨五斗瓮

124

此月斷其梢。

○踏蘘荷。二月種者，此月上旬踏令苗死，不爾[1]即窠不茂大。

○耩[2]薤。此月上旬耩[3]，不耩則白短。勿剪葉，恐損白。旋要食者，别種之。

○枿葵。中旬枿葵，留歧去地一二寸枿之，生肥嫩。至老，葉莖俱美。

○（牙）［芽］[4]麥蘖。大麥[5]净淘，於瓮中浸，令水纔淹得著，日中曝之。一日一度著水，脚生，即布於床下席上，厚二寸許。一日一度以水洒[6]之，（牙）［芽］生寸長，即曬乾。若要煑白餳，（牙）［芽］與麥身齊，便曬乾，勿令成餅，即不堪矣。若煑黑餳，即待（牙）［芽］青成餅，即以刀子利開，乾之。要餳作虎珀色者，以小麥[7]爲之，術已具三月中。

○造三勒漿：訶黎勒、毗黎勒、菴摩勒。已上並和核用，各三大兩，擣如麻豆大，不用細。以白蜜一斗，新汲水二斗，熟調，投乾净五斗瓮

1 爾，癸未字本作“尔”。
2 耩，癸未字本作“耕”。
3 耩，癸未字本作“𦓤”，此條後同。
4 芽，原作“牙”，據文意改，此條後同。
5 大麥，《校釋》以爲應作“小麥”。
6 洒，癸未字本作“灑”。
7 小麥，《校釋》以爲應作“大麥”。

中即下三勤末攪和匀數重紙密封三四日開更攪以乾
淨帛拭去汗候發定即止但密封此月一日合滿三十日
即成味至甘美飲之醉人消食下氣須是八月合即成非
此月不佳矣○剪羊毛候葉子未成時剪之不爾則損毛
中旬後剪則勿洗恐寒氣損羊○牧豕豕入此月即放不
要餵直至十月所有糟糠留備窮冬飼之猪性便水生之
草收浮萍水藻飼之則易肥又法閹猪了待瘡口乾平復
後取巴豆兩粒去殼爛搗和麻籸糟糠之類飼之半日後
當大瀉之後日見肥大○養豶豶猪喙短毛柔者良喙長
牙多三牙已上不煩養難肥故也牝者子母不同圈同圈
之喜相傷死又食難足所以子宜別飼之故宜埋車輪為

125

中，即下三勒末，攪和匀。數重紙密封，三四日開，更攪。以乾净帛拭去汗，候發定即止，但密封。此月一日合，滿三十日即成。味至甘美，飲之醉人，消食，下氣。須是八月合即成，非此月不佳矣。

○剪羊毛。候葉子[1]未成時剪之，不爾[2]則損毛。中旬後剪，則勿洗，恐寒氣損羊。

○牧豕。豕入此月即放，不要餵[3]，直至十月。所有糟糠，留備窮冬飼之。猪性便水生之草，收浮萍、水藻飼之，則易肥。又法：閹猪了[4]，待瘡口乾平復後，取巴豆兩粒，去殼，爛搗，和麻籸、糟糠之類飼之，半日後當大瀉之，後日見肥大。

○養豶、豶猪。喙短毛柔者良，喙長牙多，三牙已上不煩養，難肥故也。牝者子母不同圈，同圈之喜相傷死，又食難足，所以子宜別飼之。故宜埋車輪爲

1《校釋》參考《齊民要術》以爲"葉子"應作"胡蒼子"，即蒼耳子。

2 爾，癸未字本作"尔"。

3 喂，癸未字本作"餵"。

4 了，《農桑輯要》引《四時纂要》作"子"。

場令㹠子出入自由則肥健〇掐尾法㹠子生三日便須
掐尾則不畏風犍猪死者皆尾風所致小小揵者骨細而
易養〇肥豚法麻子二升擣十餘杵塩一升同煑後和糠
三斗飼之立肥〇乾酒法乾酒治百病方糯米五斗炊好
麴七斤半附子五介生烏頭五介生乾薑桂心蜀椒各五
兩右件擣合為末如釀酒法封頭七日酒成壓取糟蜜溲
為丸如雞子大投一斗水中立成美酒春酒時造更好〇
地黄酒地黄酒變白速效方肥地黄切一大斗擣碎糯米
五升爛炊麴一大升右件三味於盆中熟揉相入内不津
器中封泥春夏三七日秋冬五七日日滿開有一盞渌液
是其精華宜先飲之餘用生布絞貯之如稀餳極甘美不

126

場，令㹠子出入自由則肥健。

○掐尾法。㹠子生[1]三日，便須掐尾，則不畏風。揵猪死者皆尾風所致。小小（揵）[犍][2]者，骨細而易養。

○肥豚法。麻子二升，擣十餘杵；塩一升，同煑；後和糠三斗飼之，立肥。

○乾酒法。乾酒治百病方：糯米五斗，炊好；曲[3]七斤半；附子五介[4]，生烏頭五介[5]，生乾薑、桂心、蜀椒各五兩。右件擣合爲末，如釀酒法，封頭七日，酒成。壓取糟[6]，蜜溲爲丸，如雞子大。投一斗水中，立成美酒。春酒時造，更好。

○地黄酒。地黄酒變白速效[7]方：肥地黄切一大斗，擣碎；糯米五升，爛炊；麴一大升。右件三味，於盆中熟揉相入，内不津器中，封泥。春夏三七日，秋冬五七日，日滿開。有一盞渌液，是其精華，宜先飲之。餘用生布絞，貯之。如稀餳，極甘美。不

1 㹠子生，癸未字本作“㹠生子”。
2 犍，原作“揵”，據上下文義，參考《齊民要術·養豬》改。
3 曲，癸未字本作“麹”。
4 介，癸未字本作“个”。
5 介，癸未字本作“个”。
6 糟，癸未字本作“槽”。
7 效，癸未字本作“効”。

過三劑，發當如漆。若以牛膝汁拌炊飵，更妙。切忌三白。

○作諸粉。藕不限多小[1]，净洗，擣取濃汁，生布濾，澄取粉。芡、蓮、鳧茈、澤瀉、葛、蒺藜、茯[2]苓、署藥、百合，並皆去黑，逐色各擣，水浸，澄取爲粉。已上當服，補益去疾，不可名言。又不妨備廚饌，悉宜留意。

○收棠梨葉。天晴時採摘，薄攤，嚥乾。乾即更摘，多收不妨。遇雨淹損，不中染緋。

○收地黃。《要術》云："種地黃，熟斸地，取竹刀子斷之，每根一寸餘，畦種，上糞，下水，經年後，滿畦可愛。此物宿根，採[3]却還生。秋收之，以充冬用。二三[4]月種，五月苗生，八九月根成，一畝可收三十石。"

○作生乾地黃。取地黃一百斤，揀取好者二十斤，半寸長切，每日曝令乾，餘者埋之。待前二十斤全乾，即候晴明日出埋者

1　小，癸未字本作"少"。
2　茯，癸未字本作"伏"。
3　採，癸未字本作"采"。
4　三，癸未字本無。

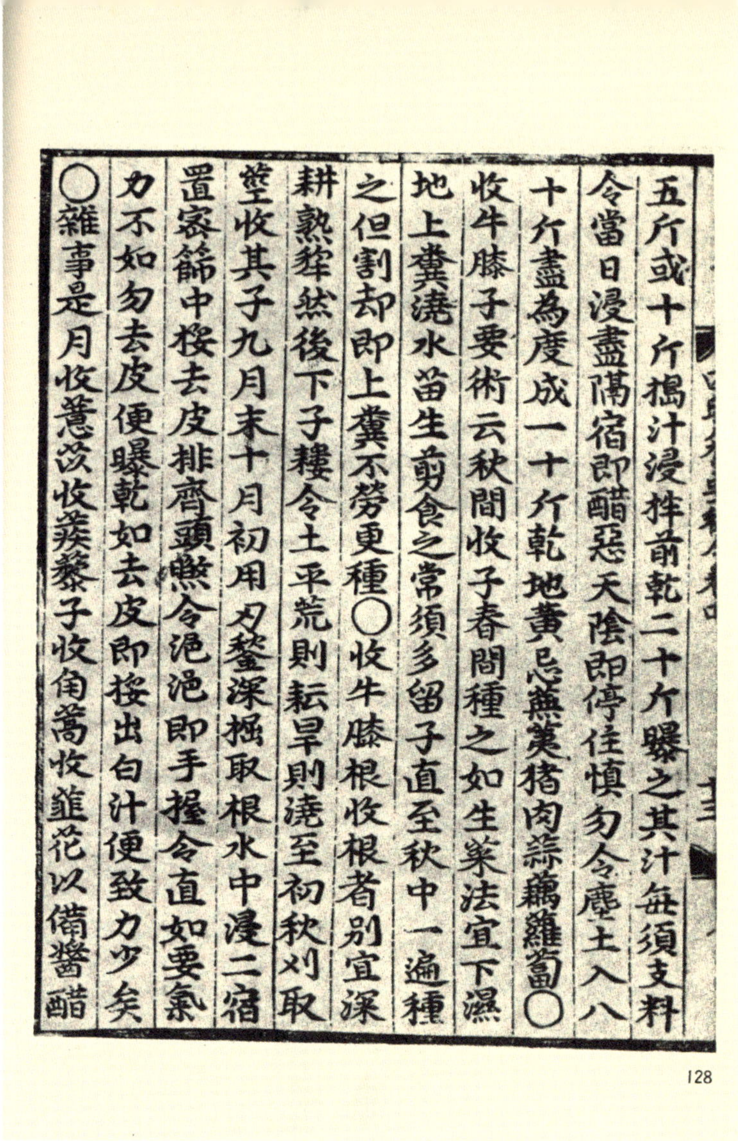

五斤或十斤，搗汁浸拌前乾二十斤，曝之。其汁每須支料，令當日浸盡，隔宿即醋惡，天陰即停住，慎勿令塵土入。八十斤盡爲度，成一十斤乾地黄。忌蕪荑、猪肉、蒜[1]、藕、蘿蔔。

〇收牛膝[2]子。《要術》云："秋間收子，春間種之，如生菜法。宜下濕地，上糞，澆水。苗生，剪食之。常須多留子，直至秋中一遍種之。但割却，即上糞，不勞更種。"

〇收牛膝[3]根。收根者，别宜深耕熟犂，然後下子，耬[4]令土平。荒則耘，旱則澆。至初秋，刈取莖，收其子。九月末、十月初，用刃鍫深掘，取根。水中浸二宿，置密篩中，挼去皮，排齊頭，曬令浥浥，即手握令直。如要氣力，不如勿去皮，便曝乾，如去皮，即挼出白汁，便致力少矣。

〇雜事。是月收薏苡。收蒺藜[5]子。收角蒿。收韭花，以備醬醋

1 蒜，癸未字本作"菻"。
2 膝，癸未字本作"脒"。
3 膝，癸未字本作"脒"。
4 耬，癸未字本作"樓"。
5 藜，癸未字本作"梨"。

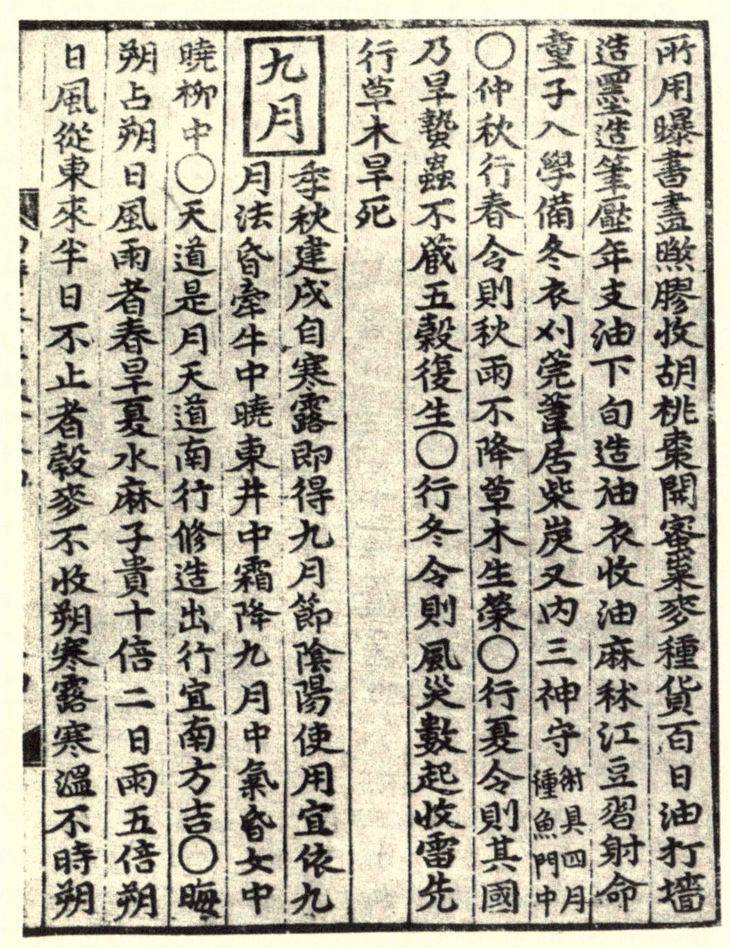
所用曝書畫𪌭膠收胡桃棗開蜜㯽麥種貨百日油打墻
造墨造筆壓年支油下旬造油衣收油麻秫江豆習射命
童子入學備冬衣刈莞葦居柴炭又内三神守術具四月種魚門中
○仲秋行春令則秋雨不降草木生榮○行夏令則其國
乃旱蟄蟲不藏五穀復生○行冬令則風災數起收雷先
行草木旱死
九月 季秋建戌自寒露即得九月節陰陽使用宜依九
月法昏牽牛中曉東井中霜降九月中氣昏女中
曉柳中○天道是月天道南行修造出行宜南方吉○晦
朔占朔日風雨者春旱夏水麻子貴十倍二日雨五倍朔
日風從東來半日不止者穀麥不收朔寒露寒溫不時朔

129

所用。曝書畫，𪌭膠。收胡桃、棗。開蜜。㯽麥種。貨百日油。打墻。造墨，造筆。壓年支油。下旬造油衣。收油麻、秫、江豆。習射。命童子入學。備冬衣。刈莞、葦。居柴炭。又内三神守。術具四月種魚門中。

○仲秋行春令，則秋雨不降，草木生榮。

○行夏令，則其國（及）[乃][1]旱，蟄蟲不藏，五穀復生。

○行冬令，則風災數起，收雷先行，草木（旱）[早][2]死。

九月

季秋建戌。自寒露即得九月節，陰陽使用宜依九月法。昏[3]，牽牛中；曉，東井中。霜降九月中氣。昏[4]，女中；曉，柳中。

○天道。是月天道南行，修造出行宜南方吉。

○晦朔占。朔日風雨者，春旱，夏水，麻子貴十倍。二日雨，五倍。朔日風從東來半日不止者，穀麥不收。朔寒露，寒溫不時，朔

1 乃，原作“及”，據癸未字本改。

2 早，原作“旱”，據《禮記·月令》改。

3 昏，癸未字本作“昬”。

4 昏，癸未字本作“昬”。

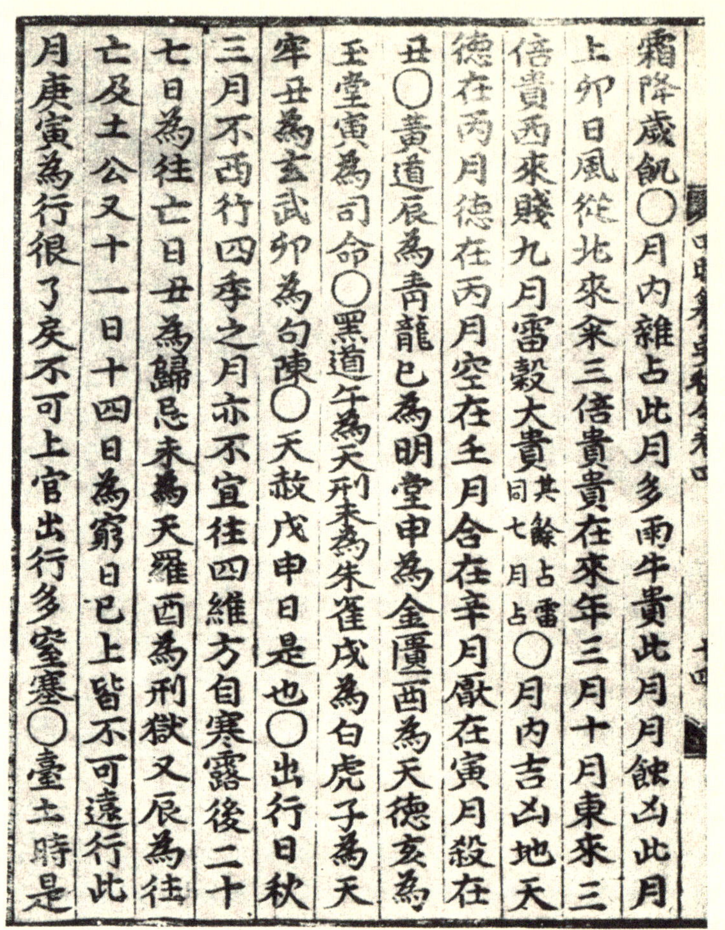
霜降歲飢○月內雜占此月多雨牛貴此月月蝕凶此月
上卯日風從北來粂三倍貴貴在來年三月十月東來三
倍貴酉來賤九月雷穀大貴其餘占雷同七月占○月內吉凶地天
德在丙月德在丙月空在壬月合在辛月厭在寅月殺在
丑○黃道辰為青龍巳為明堂申為金匱酉為天德亥為
玉堂寅為司命○黑道午為天刑未為朱雀戌為白虎子為天
牢丑為玄武卯為句陳○天赦戊申日是也○出行日秋
三月不西行四季之月亦不宜往四維方自寒露後二十
七日為往亡日丑為歸忌未為天羅酉為刑獄又辰為往
亡及土公又十一日十四日為窮日已上皆不可遠行此
月庚寅為行很了戾不可上官出行多窒塞○臺土時是

130

1 殺，癸未字本作“煞”。
2 句，癸未字本作“勾”。
3 丑，癸未字本作“子”。
4 很，癸未字本作“佷”。

霜降，歲飢。

○月內雜占。此月多雨，牛貴。此月月蝕，凶。此月上卯日，風從北來，粂三倍貴，貴在來年三月、十月；東來，三倍貴；西來，賤。九月雷，穀大貴。其餘占雷，同七月占。

○月內吉凶地。天德在丙，月德在丙，月空在壬，月合在辛，月厭在寅，月殺[1]在丑。

○黃道。辰爲青龍，巳爲明堂，申爲金匱，酉爲天德，亥爲玉堂，寅爲司命。

○黑道。午爲天刑，未爲朱雀，戌爲白虎，子爲天牢，丑爲玄武，卯爲句[2]陳。

○天赦。戊申是日也。

○出行日。秋三月，不西行。四季之月，亦不宜往四維方。自寒露後二十七日爲往亡日，丑[3]爲歸忌，未爲天羅，酉爲刑獄。又辰爲往亡及土公，又十一日、十四日爲窮日，已上皆不可遠行。此月庚寅爲行很[4]、了戾，不可上官，出行多窒塞。

○臺土時。是

月日入酉時是也不可出行往而不返〇四殺没時四季
之月用乙時寅後卯前丁時午後未前辛時酉後戌前癸
時子後丑前已上四時可為百事架屋埋葬上官並吉〇
諸凶日河魁在未天剛在丑狼籍在子九焦在寅血忌在
巳天火在子地火在丑〇嫁娵日求婦辰日吉新婦下車
辛時吉此月生男不可娵六月十二月生女妨夫此月納
財金命女多子木命女孤寡水命女大凶火命女大吉土
命女自如納財吉日丙子己卯壬子乙卯是月行嫁巳亥
女大吉辰戌女妨身卯酉女妨夫寅申女妨首子媒人丑
未女妨舅姑子午女妨父母天地相去日戊午己未庚辰
五亥不可嫁娵主生離秋庚子辛亥害九夫陰陽不將日

131

月日入酉時是也，不可出行，往而不返。

〇四殺[1]没時。四季之月，用乙時寅後卯前，丁時午後未前，辛時酉後戌前，癸時子後丑前。已上四時可爲百事，架屋、埋葬、上官並吉。

〇諸凶日。河魁在未，天剛[2]在丑，狼籍在子，九焦在寅[3]，血忌在巳，天火在子，地火在丑。

〇嫁娵日。求婦，辰日吉。新婦下車，辛時吉。此月生男[4]，不可娵六月、十二月[5]生女，妨夫。此月納財，金命女多子，木命女[6]孤寡，水命女大凶，火命女大吉，土命女自如。納財吉日：丙子、己卯、壬子、乙卯。是月行嫁，巳、亥女大吉，辰、戌女妨身，卯、酉女妨夫，寅、申女妨首子、媒人，丑、未女妨舅姑，子、午女妨父母。天地相去日：戊[7]午、己未、庚辰、五亥不可嫁娵，主生離。秋庚子、辛亥，害九夫。陰陽不將日：

1　殺，癸未字本作“煞”。
2　剛，癸未字本作“岡”。
3　寅，癸未字本作“𡨚”。
4　男，癸未字本作“人”。
5　“六月”“十二月”癸未字本互乙。
6　女，癸未字本無。
7　戊，癸未字本作“戌”。

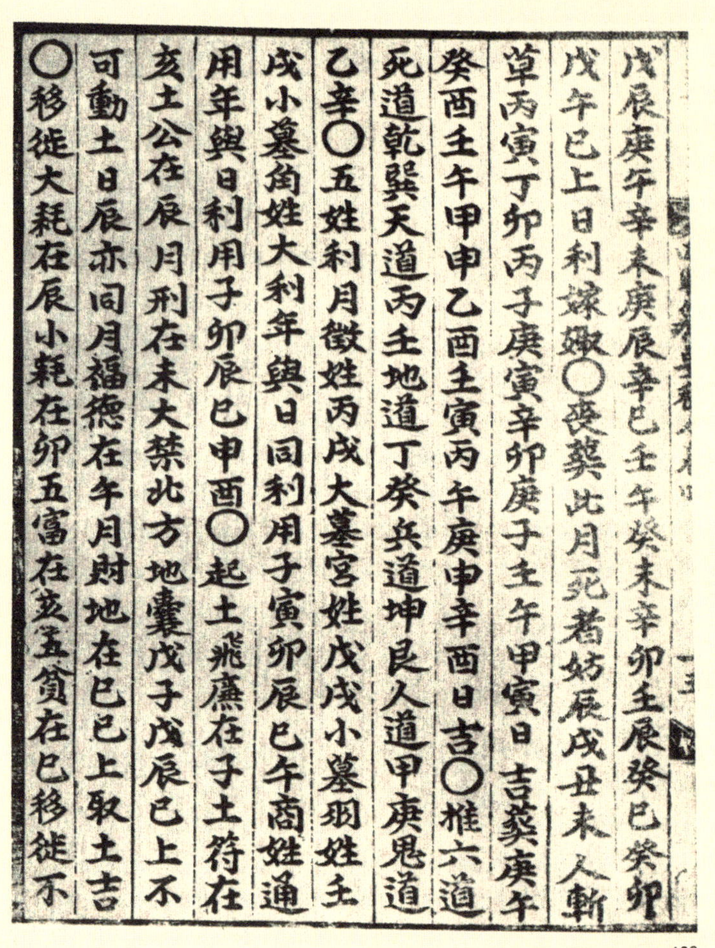
戊辰庚午辛未庚辰辛巳壬午癸未辛卯壬辰癸巳癸卯
戊午巳上日利嫁娵○喪葬此月死者妨辰戌丑未人斬
草丙寅丁卯丙子庚寅辛卯庚子壬午甲寅日　吉葬庚午
癸酉壬午甲申乙酉壬寅丙午庚申辛酉日吉○推六道
死道乾巽天道丙壬地道丁癸兵道坤艮人道甲庚鬼道
乙辛○五姓利月徵姓丙戌大墓宮姓戊戌小墓羽姓壬
戌小墓角姓大利年與日同利用子寅卯辰巳午商姓通
用年與日利用子卯辰巳申酉○起土飛廉在子土符在
亥土公在辰月刑在未大禁北方地囊戊子戊辰巳上不
可動土日辰亦同月福德在午月財地在巳巳上取土吉
○移徙大耗在辰小耗在卯五富在亥五貧在巳移徙不

132

戊辰、庚午、辛未、庚辰、辛巳、壬午、癸未、辛卯、壬辰、癸巳、癸卯、戊午，巳上日利嫁娵。

○喪葬。此月死者妨辰、戌、丑、未人。斬草：丙寅、丁卯、丙子、庚寅、辛卯、庚子、壬午、甲寅日，吉。葬：庚午、癸酉、壬午、甲申、乙酉、壬寅、丙午、庚申、辛酉日，吉。

○推六道。死道乾、巽，天道丙、壬，地道丁、癸，兵道坤、艮，人道甲、庚，鬼道乙、辛。

○五姓利月。徵姓，丙戌大墓。宫姓，戊戌小墓。羽姓，壬戌小墓。角姓，大利，年與日同利用子、寅、卯、辰、巳、午。商姓通用，年與日利用子、卯、辰、巳、申、酉。

○起土。飛廉在子，土符在亥，土公在辰，月刑在未。大禁北方。地囊：戊子[1]、戊辰，巳上不可動土。日、辰亦同。月福德在午，月財地在巳，巳上取土，吉。

○移徙。大耗在辰，小耗在卯，五富在亥，五貧在巳。移徙不

1　子，癸未字本作“戌”。

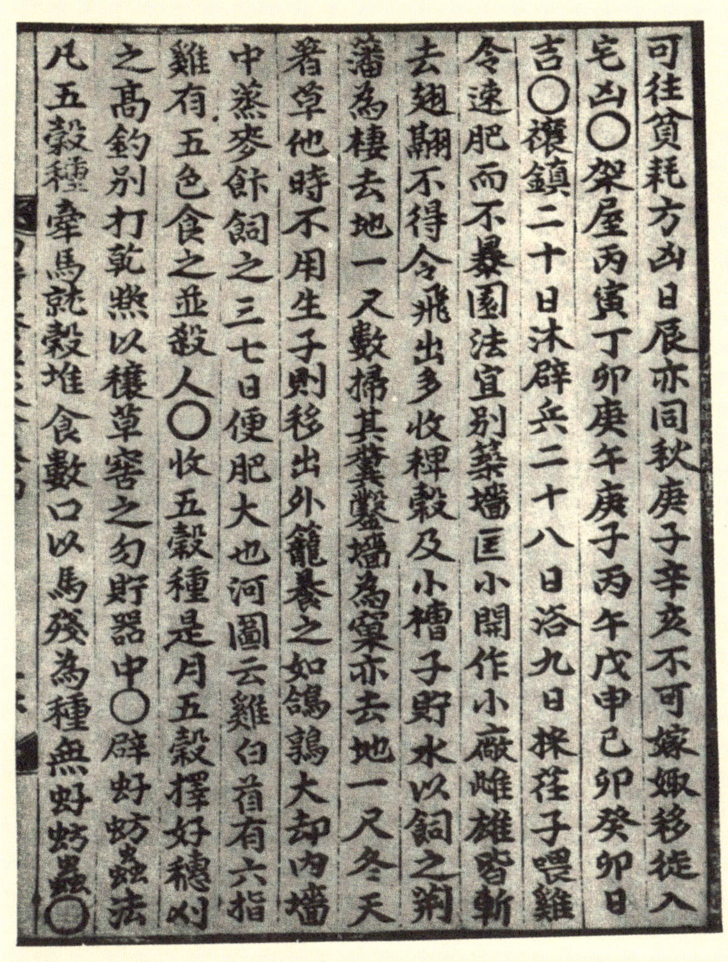
133

可往貧耗方，凶。日、辰亦同。秋庚子、辛亥，不可嫁娵、移徙、入宅，凶。

○架屋。丙寅、丁卯、庚午、庚子、丙午、戊申、己卯、癸卯日，吉。

○禳鎮。二十日沐，辟兵。二十八日浴。九日採荏子喂[1]雞，令速肥而不暴園法[2]：宜别築墻匡，小開作小廠[3]，雌雄皆斬去翅翮，不得令飛。出多收稗穀，及小槽子貯水，以飼之。荊藩[4]爲棲，去地一尺，數掃其糞，鑿墻爲窠，亦去地一尺。冬天著[5]草，他時不用。生子則移出外，籠養之。如鴿、鶉大，却内墻中，蒸麥飰飼之，三七日便肥大也。《河圖》云："雞白首，有六指；雞有五色，食之並殺[6]人。"

○收五穀種。是月五穀，擇[7]好穗刈之，高釣。别打，乾爂，以穰草窖之，勿貯器中。

○辟蟲蚜蚄蟲法[8]。凡五穀種，牽馬就穀堆食數口，以馬殘爲種，無蟲蚜蚄蟲[9]。

○

1　喂，癸未字本作"餵"。
2　按，後文并未言及"荏子"，疑有脱誤。
3　按，"小開作小廠"，《校釋》參考《齊民要術》以爲應作"開小門作小廠"。
4　藩，癸未字本作"蕃"。
5　著，癸未字本作"着"。
6　殺，癸未字本作"煞"。
7　擇，癸未字本作"檡"。
8　"辟蟲蚜蚄蟲法"，癸未字本作"辟子方虽法"。
9　"無蟲蚜蚄蟲"，癸未字本作"無子方虽"。

備冬藏凡藏蔓菁荏韭葷脆美而不耐停若旱園菜稍硬
停得直至二月○收菜子是月收韭子茄子種○收枸杞
子九日收子浸酒飲不老不白去一切風○收梓實下旬
收梓實摘角曝乾秋耕地熟作壠漫撒再澇明年春生有
草拔之勿令蕪没後年五月移之五行書云舍西種梓或
云楸木各五株令子孫孝順消口舌此木貴材又易長○
收栗種栗初去殼即於屋下埋著濕土必須深勿令凍徹
路遠者可韋囊内盛可停二日見風則不生春二月悉牙
生而種之即生以棘圍不用穿近三年之内冬常須草裹
二月即解去凡木忌掌近栗性尤忌之○收乾栗法食經云取栗蒲殼也
燒灰淋汁漬栗二宿出之又以沙覆之令厚一二尺至後

134

備冬藏。凡藏蔓菁、荏[1]、韭葷，脆美而不耐停。若旱園菜，稍硬，停得直至二月。

〇收菜子。是月收韭子、茄子種。

〇收枸杞子。九日收子，浸酒飲，不老不白，去一切風。

〇收梓實。下旬收梓實，摘角，曝乾。秋耕地熟，作壠[2]，漫撒，再澇。明年春生，有草拔之，勿令蕪没。後年（五）[正]月[3]移之。《五行書》云："舍西種梓，或云楸木，各五株，令子孫孝順，消口舌。"此木貴材，又易長。

〇收栗[4]種。栗初去殼，即於屋下埋著[5]濕土，必須深，勿令凍徹。路遠者可韋囊内盛，可停二日[6]，見風則不生。春二月，悉（牙）[芽][7]生而種之。即生，以棘圍[8]，不用（穿）[掌][9]近。三年之内，冬常須草裹，二月即解去。凡木忌（掌）[掌][10]近，栗性尤忌之。

〇收乾栗法。《食經》云："取栗蒲，殼也。燒灰淋汁，漬栗二宿，出之，又以沙覆之，令厚一二尺，至後

1《農桑輯要》引《四時纂要》"荏"字後有"蓼"字。

2 壠，癸未字本作"壟"。

3 正月，原作"五月"，據前文改。

4 栗，癸未字本作"粟"，此條皆同。

5 著，癸未字本作"着"。

6 日，癸未字本作"月"。

7 芽，原作"牙"，據文意改。

8 癸未字本"圍"後有"年"字。

9 掌，原作"穿"，據上下文義，參考《校釋》改，即觸近。

10 掌，原作"掌"，據上下文義，參考《校釋》改，即觸近。

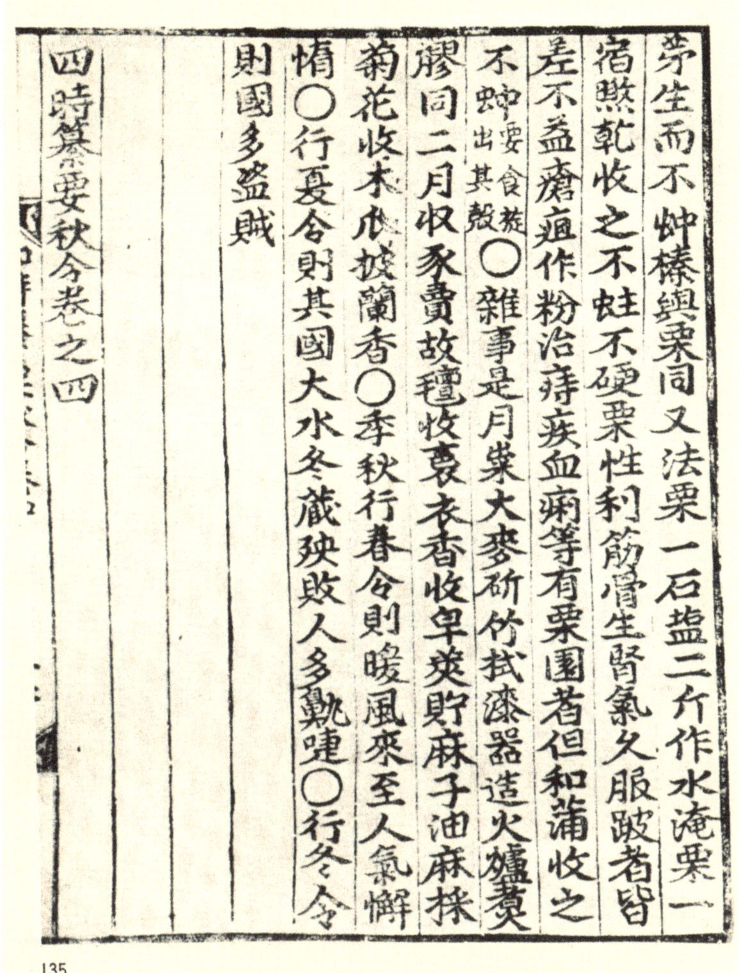

芽生而不蚛榛與栗同又法栗一石塩二斤作水淹栗一宿𬀩乾收之不蛀不硬栗性利筋骨生腎氣久服跛者皆差不益瘡疽作粉治痔疾血痢等有栗園者但和蒲收之不蚛要食旋出其殼○雜事是月粜大麥斫竹拭漆器造火爐煑膠同二月收豕賣故氊收裛衣香收皁莢貯麻子油麻採菊花收木瓜披蘭香○季秋行春令則暖風來至人氣懈惰○行夏令則其國大水冬藏殃敗人多鼽嚏○行冬令則國多盗賊

四時纂要秋令卷之四

135

（牙）［芽］[1]生而不蚛。榛與栗同。又法：栗一石、塩二斤作水，淹栗一宿，𬀩乾收之，不蛀不硬。栗性利筋骨，生腎氣，久服跛者皆差，（不）［又］[2]益瘡疽。作粉，治痔疾、血痢等。有栗園者，但和蒲收之，不蚛。要食，旋出其殼[3]。

○雜事。是月粜大麥。斫竹。拭漆器、造火爐、煑膠，同二月[4]。收[5]豕。賣故氊。收裛衣香。收皁[6]莢。貯麻子、油麻。採菊花。收木瓜。披蘭香。

○季秋行春令，則暖風來至，人氣懈惰。

○行夏令，則其國大水，冬藏殃敗，人多鼽嚏[7]。

○行冬令，則國多盜賊。

四時纂要秋令卷之四

1 芽，原作“牙”，據文意改。

2 又，原作“不”，據文意改。

3 殼，癸未字本作“蒲”。

4 按，今諸本皆無相關内容，疑有脱誤。

5 收，癸未字本作“牧”。

6 皁，癸未字本作“皂”。

7 癸未字木“嚏”後衍一“賊”字。

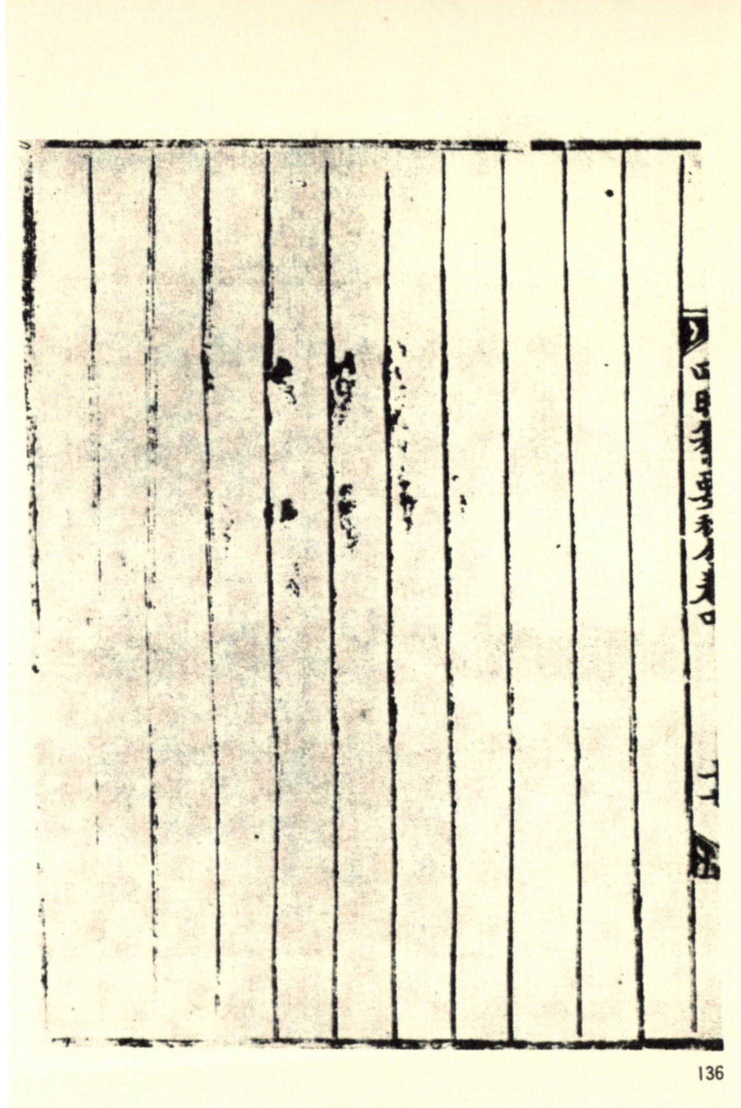

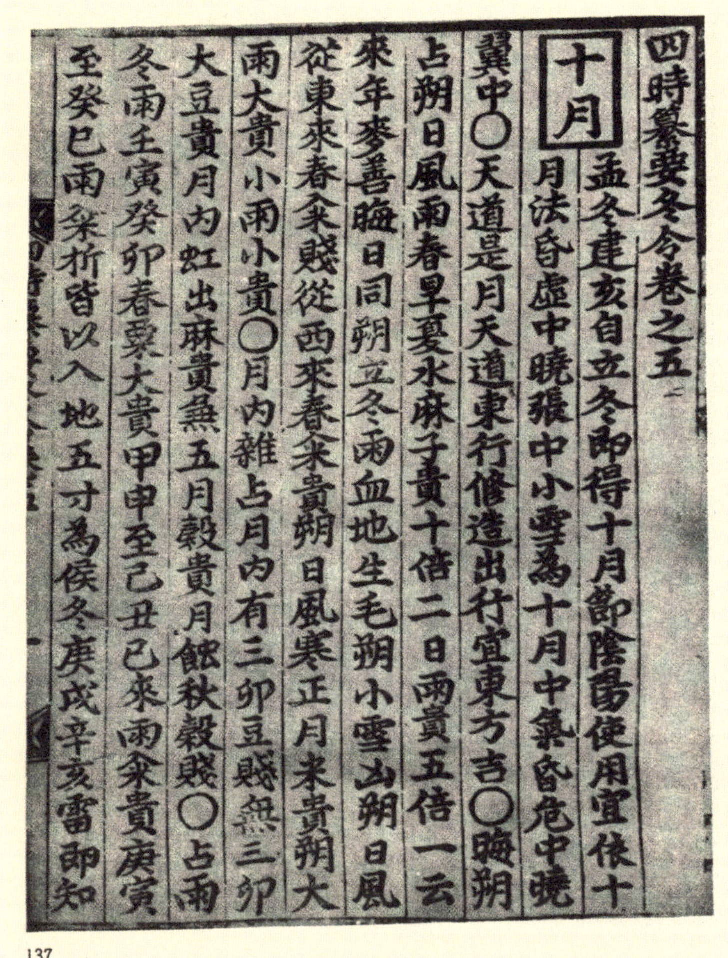

四時纂要冬令卷之五

十月 孟冬建亥自立冬即得十月節陰陽使用宜依十月法昏虛中曉張中小雪爲十月中氣昏危中曉翼中○天道是月天道東行修造出行宜東方吉○晦朔占朔日風雨春旱夏水麻子貴十倍二日雨貴五倍一云來年麥善晦日同朔立冬雨血地生毛朔小雪凶朔日風從東來春粜賤從西來春粜貴朔日風寒正月米貴朔大雨大貴小雨小貴○月内雜占月内有三卯豆賤無三卯大豆貴月内虹出麻貴兼五月穀貴月蝕秋穀賤○占雨冬雨壬寅癸卯春粟大貴甲申至己丑己來雨粜貴庚寅至癸巳雨粜折皆以入地五寸爲候冬庚戌辛亥雷即知

137

四時纂要冬令卷之五

十月 孟冬建亥。自立冬即得十月節，陰陽使用宜依十月法。昏[1]，虛中；曉，張中。小雪爲十月中氣。昏[2]，危中；曉，翼中。

○天道。是月天道[3]東行，修造出行宜東方吉。

○晦朔占。朔日風雨，春[4]旱，夏水，麻子貴十倍。二日雨，貴五倍。一云“來年麥善”，晦日同。朔立冬，雨血，地生[5]毛。朔小雪，凶。朔日風從東來，春粜賤；從西來，春粜貴。朔日風寒，正月米貴。朔大雨，大貴；小雨，小貴。

○月内雜占。月内有三卯，豆賤；無三卯，大豆貴。月内虹出，麻貴，兼五月穀貴。月蝕，秋穀賤。

○占雨。冬雨壬寅、癸卯，春粟大貴。甲申至己丑，已來雨，粜貴。庚寅至癸巳雨，粜折。皆以入地五寸爲（侯）[候][6]。冬庚戌、辛亥雷，即知

1 昏，癸未字本作“昬”。
2 昏，癸未字本作“昬”。
3 天道，癸未字本無。
4 春，癸未字本作“者”。
5 生，癸未字本作“出”。
6 候，原作“侯”，據癸未字本改。

來年正月米貴冬夜同占冬雨甲子飛雪千里○冬至雜
占冬至日先立一丈表得影一尺大疫大旱大暑大飢二
尺赤地千里三尺大旱四尺小旱五尺下田熟六尺高下
熟七尺善八尺澇九尺一丈大水若不見日為上○占影
次立八尺表度影得丈三尺七分宜麻○占氣立冬之日
乾卦用事人定時西北有白氣如龍如馬者乾氣至也宜
麻乾氣不至大寒傷萬物人當大疫應在來年四月人定
時西北方有黑氣渾厚者麻子貴○占風立冬日風從西
北來五穀熟東南來小麥貴貴在四十五日中凡八節占
皆前後一日同占之立冬日風從震來冬雷凶巽來冬溫
來年夏旱坎來冬雪殺走獸離來來年五月大疫艮來人

138

來年正月米貴。冬夜同占。冬雨甲子，飛雪千里。

○（冬至）［立冬］[1]雜占。（冬至）［立冬］[2]日，先立一丈表，得影一尺，大疫，大旱，大暑，大飢；二尺，赤地千里；三尺，大旱；四尺，小旱；五尺，下田熟；六尺，高下熟；七尺，善；八尺，澇；九尺、一丈，大水。若不見日爲上。

○占影。次立八尺表度影，得丈三尺七分，宜麻。

○占氣。立冬之日，乾卦用事，人定時，西北有白氣如龍如馬者，乾氣至也，宜麻。乾氣不至，大寒，傷萬物，人當大疫，應在來年四月。人定時西北方有黑氣渾厚者，麻子貴。

○占風。立冬日風從西北來，五穀熟；東南來[3]，小麥貴，貴在四十五日中。凡八節占，皆前後一日同占之。立冬日風從震來，冬雷，凶；巽來，冬温，來年夏旱；坎來，冬雪殺[4]走獸；离來，來年五月大疫；艮來，人

1　立冬，原作“冬至”，據癸未字本改。
2　立冬，原作“冬至”，據癸未字本改。
3　來，癸未字本無。
4　殺，癸未字本作“煞”。

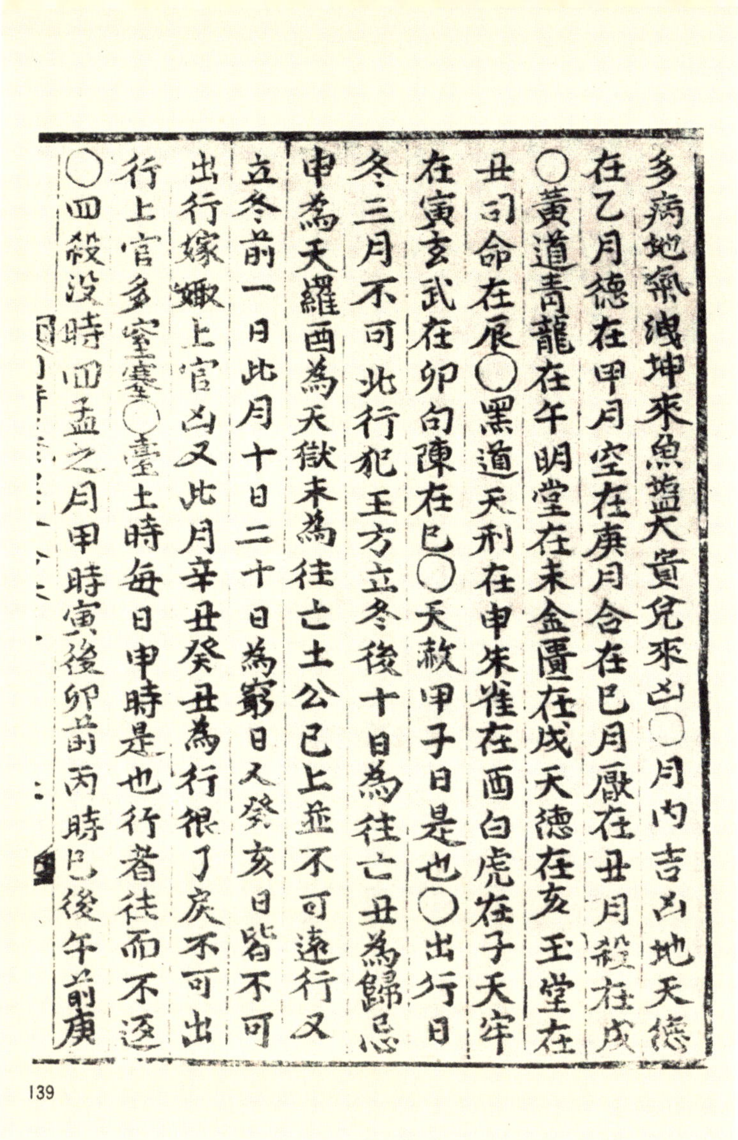
多病地氣洩坤來魚塩大貴兌來凶○月内吉凶地天德
在乙月德在甲月空在庚月合在巳月厭在丑月殺在戌
○黄道青龍在午明堂在未金匱在戌天德在亥玉堂在
丑司命在辰○黑道天刑在申朱雀在酉白虎在子天牢
在寅玄武在卯句陳在巳○天赦甲子日是也○出行日
冬三月不可北行犯王方立冬後十日為往亡丑為歸忌
申為天羅酉為天獄未為往亡土公已上並不可遠行又
立冬前一日此月十日二十日為窮日又癸亥日皆不可
出行嫁娵上官凶又此月辛丑癸丑為行很了戾不可出
行上官多窒塞○臺土時每日申時是也行者往而不返
○四殺没時四孟之月甲時寅後卯前丙時巳後午前庚
139

多病，地氣泄[1]；坤來，魚塩大貴，兑來，凶。

○月内吉凶地。天德在乙，月德在甲，月空在庚，月合在巳，月厭在丑，月殺在戌。

○黄道。青龍在午，明堂在未，金匱在戌，天德在亥，玉堂在丑，司命在辰。

○黑道。天刑在申，朱雀在酉，白虎在子，天[2]牢在寅，玄武在卯，句[3]陳在巳。

○天赦。甲子日是也。

○出行日。冬三月，不可北行，犯王方。立冬後二[4]日爲往亡，丑爲歸忌，申爲天羅，酉爲天[5]獄，未爲往亡、土公，已上並不可遠行。又立冬前一日、此月十日、二十日爲窮日，又癸亥日，皆不可出行、嫁娵、上官，凶。又此月辛丑、癸丑爲行很[6]、了戾，不可出行、上官，多窒塞。

○臺土時。每日申時是也，行者往而不返。

○四殺[7]没時。四孟之月，甲時寅後卯前，丙時巳後午前，庚

1 泄，癸未字本作“洩”。
2 天，癸未字本作“大”。
3 句，癸未字本作“勾”。
4 二，癸未字本作“十”。
5 天，癸未字本作“刑”。
6 很，癸未字本作“佷”。
7 殺，癸未字本作“煞”。

時申後酉前，壬時亥後子前。已上四時可爲百事，架屋、埋葬、上官吉。

○諸凶日。河魁在寅，天剛[1]在申，狼籍[2]在卯，九焦在亥，天火在卯，地火在寅，血忌在亥[3]。九焦、地火不宜種蒔，天火不架屋，血忌不宜針灸、出血，餘日不可爲百事。他月倣此。

○嫁娵日。求婦，成日吉。天雄在亥，地雌在[4]卯，不可嫁娵，凶。新婦下車，乙時吉。此月生男，不宜娵正月、七月生女。此（用）［月］[5]納財，金命女大吉，木命女宜子，水命女自如，火命女凶，土命女孤寡。納財吉日：丙子、壬子、乙卯。是月行嫁，辰、戌女大吉，巳、亥女妨身，子、午女妨夫，丑、未女妨首子、媒人，寅、申女[6]妨舅姑，卯、酉女妨父母。天地相去日：戊午、己未、庚辰、五亥不可嫁娵，主生離。冬壬子，妨九夫。陰陽不將日：己巳、庚午、

1　剛，癸未字本作“罡”。
2　籍，癸未字本作“籬”。
3　亥，癸未字本作“冬”。
4　在，癸未字本作“冬”。
5　月，原作“用”，據上下文義改。
6　女，癸未字本無。

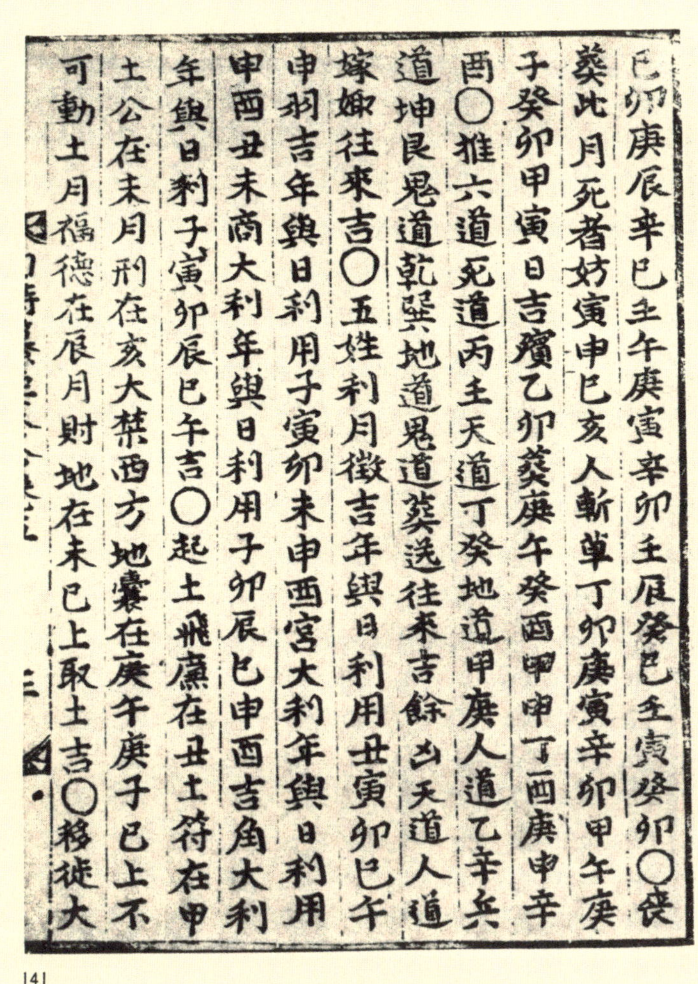
巳卯庚辰辛巳壬午庚寅辛卯壬辰癸巳壬寅癸卯○喪
葬此月死者妨寅申巳亥人斬草丁卯庚寅辛卯甲午庚
子癸卯甲寅日吉殯乙卯葬庚午癸酉甲申丁酉庚申辛
酉○推六道死道丙壬天道丁癸地道甲庚人道乙辛兵
道坤艮鬼道乾巽地道鬼道葬送往來吉餘凶天道人道
嫁娵往來吉○五姓利月徵吉年與日利用丑寅卯巳午
申羽吉年與日利用子寅卯未申酉宮大利年與日利用
申酉丑未商大利年與日利用子卯辰巳申酉吉角大利
年與日利子寅卯辰巳午吉○起土飛廉在丑土符在甲
土公在未月刑在亥大禁西方地囊在庚午庚子巳上不
可動土月福德在辰月財地在未巳上取土吉○移徙大

141

己卯、庚辰、辛巳、壬午、庚寅、辛卯、壬辰、癸巳、壬寅、癸卯。

○喪葬。此月死者，妨寅、申、巳、亥人。斬草：丁卯、庚寅、辛卯、甲午、庚子、癸卯、甲寅日，吉。殯：乙卯。葬：庚午、癸酉、甲申、丁酉、庚申、辛酉。

○推六道。死道丙、壬，天道丁、癸，地道甲、庚，人道乙、辛，兵道坤、艮，鬼道乾[1]、巽。地[2]道、鬼道葬送往來吉，餘凶；天道、人道嫁娵、往來吉。

○五姓利月。徵，吉，年與日利用丑、寅、卯、巳、午、申。羽，吉，年與日利用子、寅、卯、未、申、酉。宮，大利，年與日利用申、酉、丑、未。商，大利，年與日利用子、卯、辰、巳、申、酉吉。角，大利，年與日利子、寅、卯、辰、已、午吉。

○起土。飛廉在丑，土符在甲，土公在未，月刑在亥。大禁西方。地囊在庚午、庚子。已上不可動土。月福[3]德在辰，月財地[4]在未，已上取土吉。

○移徙。大

1 乾，癸未字本作“乹”。
2 地，癸未字本作“天”。
3 福，癸未字本無。
4 地，癸未字本無。

耗在巳，小耗在辰，五富在寅，五貧在申。移徙不可往貧耗上，凶。方與日、辰同。又冬壬子、癸亥，不可移徙、入宅、嫁娵。

〇架屋日。癸酉、辛卯、庚午、壬辰、癸卯吉。

〇禳鎮。此月四日勿責罰，仙家大忌。一日沐浴。十日拔白，永不生。

〇食忌。勿食猪肉，發宿疾。勿食椒，損心。

〇鹿骨酒。治百體虚勞[1]，大風、諸風、虚損諸疾。久服長骨留年，久久自知。枸[2]杞二十斤，净洗，歇乾。剉碎鹿骨一具，剉碎。右件以水四石煎，取一石五斗，去滓，經宿，净掠去脂沫，澄淀，取如常水浸麴，投糯米二石，分爲三四酘。候熟，壓取飲之。

〇枸[3]杞子酒。補虚、長肌肉、益顔色、肥健延年方。枸[4]杞子二升，好酒二斗，搦碎，浸[5]七日，漉去滓，日飲三合。

〇鍾乳酒，主補骨髓[6]、益氣力、逐濕方。乾地

1 勞，癸未字本作“劣”。
2 枸，癸未字本作“苟”。
3 枸，癸未字本作“苟”。
4 枸，癸未字本作“苟”。
5 浸，癸未字本作“湜”。
6 髓，癸未字本作“隨”。

143

黄八分，巨勝一升，煞别爛搗。牛膝、五茄皮、地骨皮各四兩，桂心、防風各二兩，仙靈脾三兩，鍾乳五兩[1]甘草湯浸三宿，以半斤[2]牛乳，瓷瓶中没炊，於炊飯上蒸之。牛乳盡出，以暖水净淘洗，碎如麻豆[3]。右件諸藥，並細剉，布袋子貯，用好酒三斗浸[4]五日後，可取飲。出一升即入一升清酒，量其藥味減則止，即出去藥。起十月一日，服至立春止。忌生葱、陳臭物。

○地黄煎。生地黄十斤，净洗，漉出，一宿後搗壓取汁。鹿角膠一斤，紫蘇子二大升，好蘇一斤半，生薑半斤綫[5]取汁，蜜二大升，好酒四升。右先以文武火煎地黄汁，數揚。即以酒研蘇子，濾取汁，下之。又煎二十沸已來，下膠。膠消盡，下蘇、蜜[6]，同煎良久，候稠如餳，貯净潔器中。每日空心，暖酒調一匙頭飲之。甘美而補虚，益

1 “八分”“一升”“各四兩”“各二兩”“三兩”“五兩”，癸未字本皆小字。

2 斤，癸未字本作“升”。

3 自“於炊”至“麻豆”，癸未字本皆大字。

4 浸，癸未字本作“浸”。

5 綫，癸未字本作“絞”。

6 《校釋》以爲前述“薑汁”應用於此處。

顏色髮白更黑充健不極忌三白○麋茸丸補虛益心強
志麋茸八分炙枸杞子十二分伏神人參各六分乾薑八
分桂心二分遠志三分去心擣篩為末取地黃煎於臼中擣
合為丸每日食後服十丸加至二十丸暖酒下忌蕪荑蒜
大醋生葱○翻區瓜田術具正月中○耕冬葵地是月中
旬三遍耕畢下旬漫撒種之宜稠每畝下子六升每雪時
一澇無雪即至臘月汲井水澆之一遍便蓋覆之豌豆是
月種之○區種瓠如區瓜法聚雪區中勝春種○種麻是
月翻地四遍下旬種之○區種茄如瓜法不移栽亦堆雪
區中○覆胡荽是月霜降收藏留根草覆旋供食○冬瓜
收麥䴬蓋之蘘荷同蓋之不爾凍死○收冬瓜區種者此

144

顔色，髮白更黑，充健不極。忌三白。

○麋茸丸。補虚，益心，强志。麋茸八分炙，枸[1]杞子十二分，伏神、人參各六分，乾薑八分[2]，桂心二分，遠志三分去心。擣篩爲末，取地黄煎於臼中，擣合爲丸。每日食後服十丸，加至二十丸，暖酒下。忌蕪荑、蒜、大醋、生葱。

○翻區瓜田，術具正月中。

○耕冬葵地。是月中旬，三遍耕畢，下旬漫撒種之。宜稠，每畝下子六升。每雪時，一澇；無雪即至臘月汲井水澆之，一遍便蓋覆之。豌豆是月種之。

○區種瓠。如區瓜法，聚雪區中，勝春種。

○種麻。是月翻地四遍，下旬種之。

○區種茄。如瓜法，不移栽，亦堆雪區中。

○覆胡荽。是月霜降收藏，留根草覆，旋供食。

○冬瓜。收麥［䴬］（麬）[3] 蓋之，蘘荷同蓋之，不爾[4] 凍死。

○收冬瓜。區種者，此

1 枸，癸未字本作“苟”。
2 八分，癸未字本爲小字。
3 䴬，原作“麬”，據上下文義改，糠穀之意。
4 爾，癸未字本作“尔”。

月飽霜後收之，於煙灰[1]上安。或便修藏亦[2]得。

〇苞栗樹。栗樹種經三年内，並須此月穰草裹之。

〇造百日油。是月取大麻油，率一石以窯盆十六介[3]均盛，日中以椽木閣上[4]曝之。風塵陰雨則墮疊其盆，以一窯盆蓋其上，時以竹篦攪之。至二月成，耗三斗，三月、五月賣，每升直七百文。三月造者，七月成，每升直三百文。其油入漆家用。其曝油盆，大如盤，深四五寸，底平闊，形如壘子。百枝緣出橋北五窯[5]新盆，每底輕塗小[6]漆，慮其津矣。

〇塗瓮。凡瓮，七月壞爲上，八月爲次，他月者不堪。凡瓮，大小須[7]塗脂[8]，不塗則津滲，所造物多壞，特宜留意。新買瓮，勿使盛水及著雨。塗法：掘地爲小坑，傍開兩道以引火，生炭於坑中，合瓮口於上，披而薰之。火盛則

1　灰，癸未字本作“火”。
2　亦，癸未字本作“所”。
3　介，癸未字本作“个”。
4　上，癸未字本作“匠”。
5　窯，癸未字本作“窰”。
6　小，癸未字本作“少”。
7　須，癸未字本作“湏”。
8　脂，癸未字本作“治”。

破，少則難熱，務令調適。數以手拭之，熱灼人手便下。瀉熱脂於瓮中，廻轉令極周遍，脂冷不復滲乃止。羊脂第一，猪脂爲次，俗云用麻子脂，大悮人。若脂不濁[1]流，只一遍拭者，亦不佳。俗以蒸瓮，水氣亦不佳。脂煞訖，以熱湯數升刷之，却盛冷水。數日後用，用時更净洗，日中曝乾。冬藏，宜依此法。○收枸[2]杞子。秋冬間收得子，先於水盆中挼令散，曝乾。候春，先熟地作畦，畦中去却五寸土，匀作五壠。壠中縛草稕如臂，長短［如］[3]畦，即以泥塗草稕上，裹令遍通。即以枸杞子布於泥上，令稀稠得所，即以細土蓋一重令遍，又以爛牛糞一重，又以一重土，令畦平。待苗出時，以水澆之，堪喫便剪，如韭法。每種用二月初，一年只可五度剪。欲種，取甘者

1　濁，癸未字本作“獨”。
2　枸，癸未字本作“苟”。
3　如，原闕，據上下文義補。

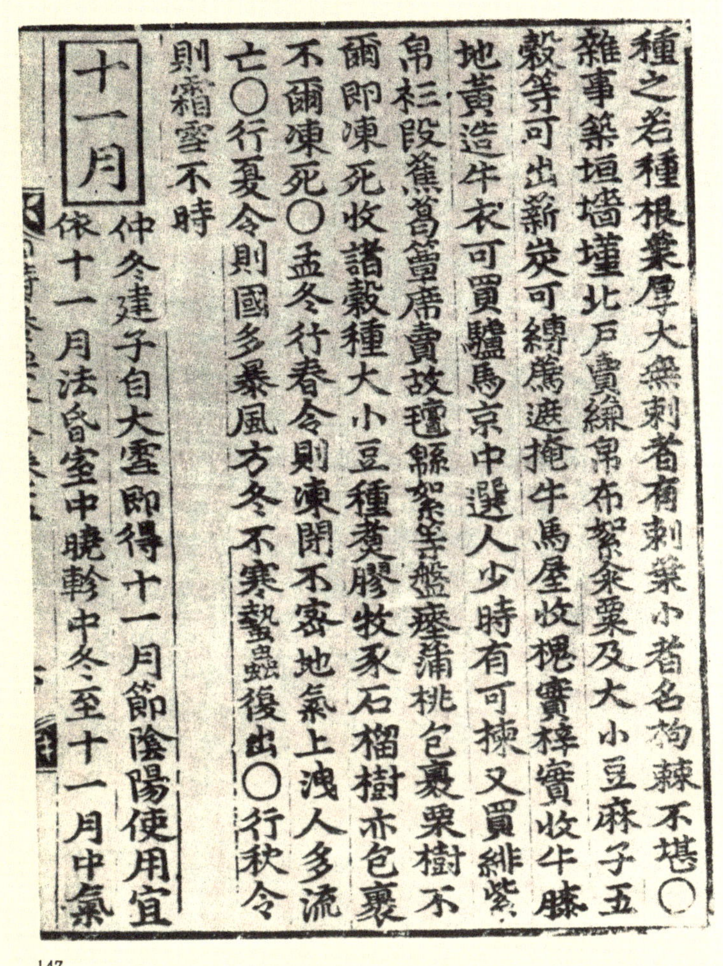

種之若種根葉厚大無刺者有刺葉小者名枸棘不堪○
雜事築垣墻墐北戸賣縑帛布絮粜粟及大小豆麻子五
穀等可出薪炭可縛薦遮掩牛馬屋收槐實梓實收牛膝
地黃造牛衣可買驢馬京中選人少時有可揀又買緋紫
帛衫段蕉葛簟席賣故氊緜絮等盤瘞蒲桃包裹栗樹不
爾即凍死收諸穀種大小豆種煑膠牧豕石榴樹亦包裹
不爾凍死○孟冬行春令則凍閉不密地氣上洩人多流
亡○行夏令則國多暴風方冬不寒蟄蟲復出○行秋令
則霜雪不時
十一月 仲冬建子自大雪即得十一月節陰陽使用宜
依十一月法昏室中曉軫中冬至十一月中氣

147

種之，若種根葉厚大無刺者。有刺葉小者名“枸[1]棘”，不堪。

○雜事。築垣墻，墐北戶。賣縑帛、布、絮。粜粟及大小豆、麻子、五穀等。可出薪炭。可縛薦，遮掩牛馬屋。收槐實、梓實。收牛膝[2]、地黃。造牛衣。可買驢馬，京中選人少時，有可揀。又買緋紫帛、衫段、蕉葛、簟席。賣故氊、緜絮等。盤瘞蒲桃，包裹栗樹[3]，不爾[4]即凍死。收諸穀種、大小豆種。煑膠。牧豕。石榴樹亦包裹，不爾凍死[5]。

○孟冬行春令，則凍閉不密，地氣上洩，人多流亡。

○行夏令，則國多暴風，方冬不寒，蟄蟲復出。

○行秋令，則霜雪不時。

十一月

仲冬建子。自大雪即得十一月節，陰陽使用宜依十一月法。昏[6]，室中；曉，軫[7]中。冬至十一月中氣。

1 枸，癸未字本作“苟”。

2 膝，癸未字本作“脥”。

3 癸未字本“栗樹”後有“石榴樹”三字。

4 爾，癸未字本作“尔”。

5 “石榴”至“凍死”，癸未字本無。

6 昏，癸未字本作“昬”。

7 軫，癸未字本作“軨”。

昬[1]，壁中；曉，角中。

○天道。是月天道南行，修造、出行宜南方吉。

○晦朔占。朔日有風，麥善。風從西來，半日不止，賊起。晦日風雨，春旱。朔日冬至，朔日蝕，朔日[2]大雪，並年飢，有疾，有灾，凶。

○月内雜占。月内有雪，米賤，賤在來秋或今冬。虹出，大豆善。

○占雨。冬雨壬寅，癸卯，春穀大貴。甲申至己丑已來雨，皆粲貴。庚寅、癸巳風雨，皆粲折。皆以入地五寸爲（侯）[候][3]。

○冬至雜占。冬至日先立一丈表，得影一尺，大疫，大旱，大暑，大飢；二尺，赤地千里；三尺，大旱；四尺，小旱；五尺，中田熟；六尺，高下熟；七尺，善；八尺，澇；九尺及一丈，大水。若不見日爲上。[4]次立八尺表度影，得一丈三寸，宜小豆。

○占氣。冬至日坎卦用事，夜半時北方有黑氣者，坎氣至也，小豆賤。坎

1　昬，癸未字本作"昏"。

2　日，癸未字本無。

3　候，原作"侯"，據癸未字本改。

4　癸未字本"次"前有"又"字。

氣不至，夏大寒而大水，應在來年五月。

〇占雲。冬至日有青雲從北方來者，歲美人安；無雲，凶；赤雲，旱；黑雲，水；白雲，[1]兵及疾；黃雲，土功興。子時候之。

〇冬至後占。冬至後一日得壬，炎旱千里；二日壬，小旱；三日壬，平常[2]；四日壬，五穀豐熟；五日壬，小水；六日［壬］[3]，大水；七日壬，河決；八日壬，海翻；九日壬，大熟；十日[4]、十一日、十二日壬，五穀不成。

〇占風。冬至日風寒者，小豆賤。冰堅者，吉；不堅者，夏有雹。天氣晴明，物不成。多風寒，則年豐人安。冬至日風從离來，穀貴，貴在四十五日中，而小豆貴，前後一日同占。入節並同。坎來，人安歲稔；震來，乳母多死，水旱不時，冬温人疫[5]；艮來，正月多陰；坤來，蟲傷禾稼，人民不安其處；兑來，秋多雨，人大愁；巽來，蟲生傷

1　癸未字本“兵”前有“則”字。

2　常，癸未字本無。

3　壬，原闕，據癸未字本補。

4　十日，癸未字本無。

5　冬温人疫，癸未字本作“冬人温疫”。

物；乾來，夏多寒。冬至以水，温疫盛行；以土，雷聲如水流。凡入節占風、雲日，影遇陰晦，前後一日同占。

〇月内吉凶地。天德在巽，月德在壬，月空在丙，月合在丁，月厭在子，月殺[1]在未。

〇黄道。青龍在申，明堂在酉，金匱在子，天德在丑，玉堂在卯，司命在午。

〇黑道。天刑在戌，朱雀在亥，白虎在寅，天牢在辰，玄武在巳，句[2]陳在未。

〇天赦。甲子是日也。

〇出行日。寅爲歸忌，巳[3]爲天羅，酉爲刑獄，二十日窮日，癸亥日，並不可遠行、嫁娵、上官，皆凶。

〇臺土時。此月每日日昳未時是也，行者往而不返。

〇四殺[4]没時。四仲之月，用乾時戌後亥前，艮時丑後寅前，坤時未後申前，巽時辰後巳前。已上四時可爲百事，架屋、埋葬、上官皆吉。

〇諸凶日。河魁在

1　殺，癸未字本作“煞”。
2　句，癸未字本作“勾”。
3　巳，癸未字本作“戌”。
4　殺，癸未字本作“煞”。

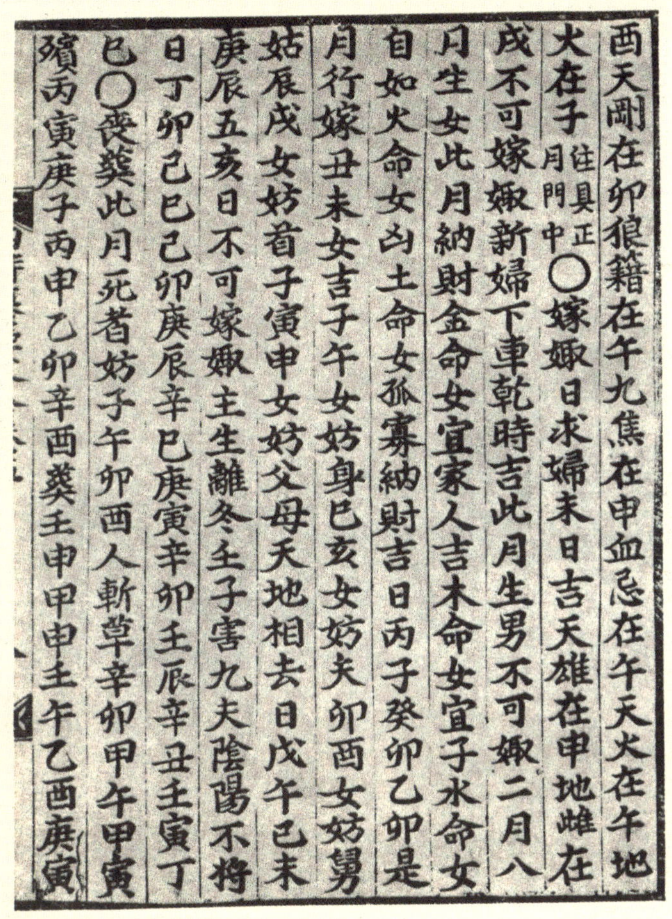

酉天剛在卯狼籍在午九焦在申血忌在午天火在午地
火在子注具正月門中○嫁娵日求婦未日吉天雄在申地雌在
戌不可嫁娵新婦下車乾時吉此月生男不可娵二月八
月生女此月納財金命女宜家人吉木命女宜子水命女
自如火命女凶土命女孤寡納財吉日丙子癸卯乙卯是
月行嫁丑未女吉子午女妨身巳亥女妨夫卯酉女妨舅
姑辰戌女妨首子寅申女妨父母天地相去日戊午己未
庚辰五亥日不可嫁娵主生離冬壬子害九夫陰陽不將
日丁卯己巳己卯庚辰辛巳庚寅辛卯壬辰辛丑壬寅丁
巳○喪葬此月死者妨子午卯酉人斬草辛卯甲午甲寅
殯丙寅庚子丙申乙卯辛酉葬壬申甲申壬午乙酉庚寅

151

酉，天剛[1]在卯，狼籍在午，九焦在申，血忌在午，天火在午，地火在子[2]。注具正月門中。

○嫁娵日。求婦，未日吉。天雄在申，地雌在戌，不可嫁娵。新婦下車，乾時吉。此月生男[3]，不可娵二月、八月生女。此月納財，金命女宜家人吉，木命女宜子，水命女自如，火命女凶，土命女孤寡。納財吉日：丙子、癸卯、乙卯。是月行嫁，丑、未女吉，子、午女妨身，巳、亥女妨夫，卯、酉女妨舅姑，辰、戌[4]女妨首子，寅、申女妨父母。天地相去日：戊午、己未、庚辰、五亥日不可嫁娵，主生離。冬壬子，害九夫。陰陽不將日：丁卯、己巳、己卯、庚辰、辛巳、庚寅、辛卯、壬辰、辛丑、壬寅、丁巳。

○喪葬[5]。此月死者妨子、午、卯、酉人。斬草：辛卯、甲午、甲寅。殯：丙寅、庚子、丙申、乙卯、辛酉。葬[6]：壬申、甲申、壬午、乙酉、庚寅、

1 剛，癸未字本作“岡”。
2 子，癸未字本作“卯”。
3 男，癸未字本作“人”。
4 戌，癸未字本作“午”。
5 癸未字本“葬”後有“日”字。
6 癸未字本“葬”後有“日”字。

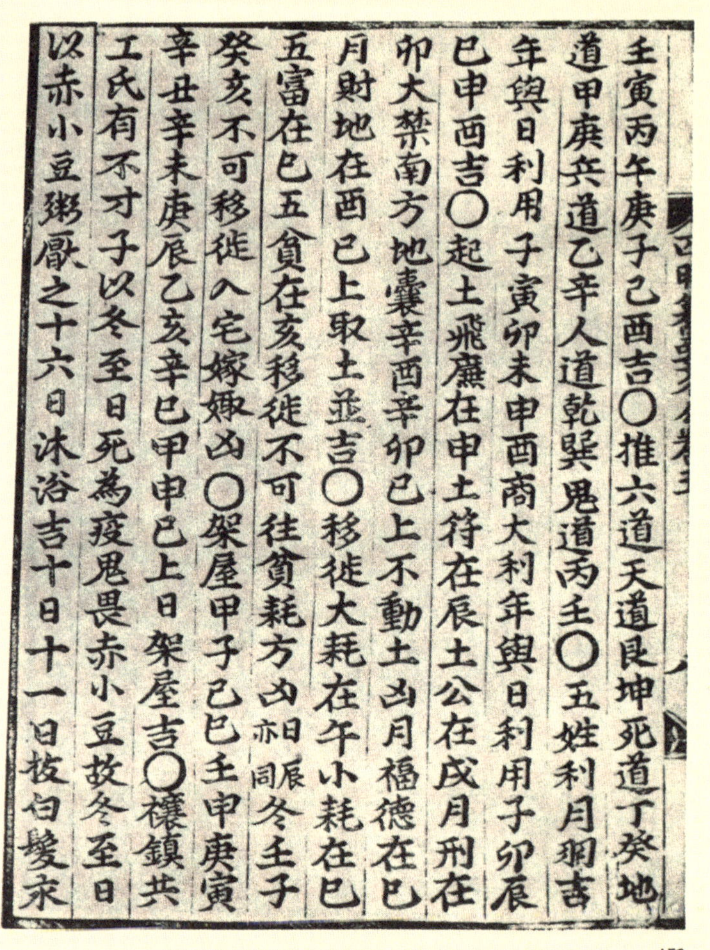
壬寅丙午庚子己酉吉〇推六道天道艮坤死道丁癸地
道甲庚兵道乙辛人道乾巽鬼道丙壬〇五姓利月羽吉
年與日利用子寅卯未申酉商大利年與日利用子卯辰
巳申酉吉〇起土飛廉在申土符在辰土公在戌月刑在
卯大禁南方地囊辛酉辛卯巳上不動土凶月福德在巳
月財地在酉巳上取土並吉〇移徙大耗在午小耗在巳
五富在巳五貧在亥移徙不可往貧耗方凶日辰亦同冬壬子
癸亥不可移徙入宅嫁娶凶〇架屋甲子己巳壬申庚寅
辛丑辛未庚辰乙亥辛巳甲申巳上日架屋吉〇禳鎮共
工氏有不才子以冬至日死為疫鬼畏赤小豆故冬至日
以赤小豆粥厭之十六日沐浴吉十日十一日拔白髮永

152

1 冬，癸未字本無。

壬寅、丙午、庚子、己酉，吉。

〇推六道。天道艮、坤，死道丁、癸，地道甲、庚，兵道乙、辛，人道乾、巽，鬼道丙、壬。

〇五姓利月。羽，吉，年與日利用子、寅、卯、未、申、酉。商，大利，年與日利用子、卯、辰、巳、申、酉吉。

〇起土。飛廉在申，土符在辰，土公在戌，月刑在卯。大禁南方。地囊：辛酉、辛卯，已上不動土，凶。月福德在巳，月財地在酉，已上取土並吉。

〇移徙。大耗在午，小耗在巳，五富在巳，五貧在亥。移徙不可往貧耗方，凶。日辰亦同。冬[1]壬子、癸亥，不可移徙、入宅、嫁娶，凶。

〇架屋。甲子、己巳、壬申、庚寅、辛丑、辛未、庚辰、乙亥、辛巳、甲申，已上日架屋吉。

〇禳鎮。共工氏有不才子，以冬至日死，爲疫鬼，畏赤小豆，故冬至日以赤小豆粥厭之。十六日沐浴，吉。十日、十一日拔白髮，永

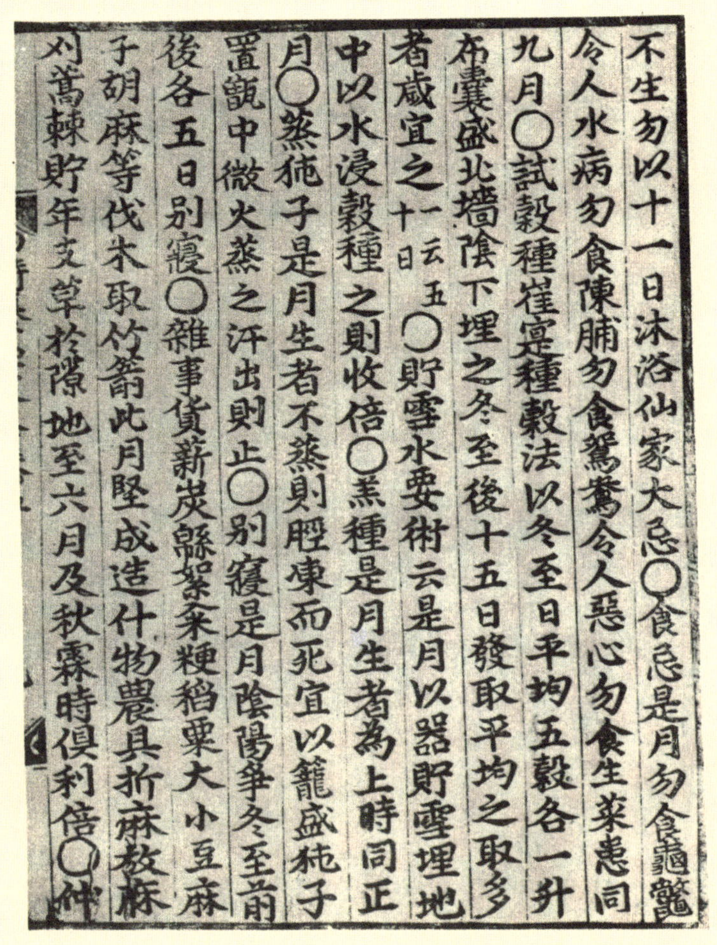

不生勿以十一日沐浴仙家大忌○食忌是月勿食鼀鼈
令人水病勿食陳脯勿食鴛鴦令人惡心勿食生菜患同
九月○試穀種崔寔種穀法以冬至日平均五穀各一升
布囊盛北墻陰下埋之冬至後十五日發取平均之取多
者歲宜之一云五十日○貯雪水要術云是月以器貯雪埋地
中以水浸穀種之則收倍○羔種是月生者為上時同正
月○蒸羜子是月生者不蒸則脛凍而死宜以籠盛羜子
置甑中微火蒸之汗出則止○別寢是月陰陽争冬至前
後各五日別寢○雜事貨薪炭緜絮粜粳稻粟大小豆麻
子胡麻等伐木取竹箭此月堅成造什物農具折麻放麻
刈蒿棘貯年支草於隙地至六月及秋霖時俱利倍○仲

153

不生[1]。勿以十一日沐浴，仙家大忌。

○食忌。是月勿食鼀、鱉，令人水病。勿食陳脯，勿食鴛鴦，令人惡心。勿食生菜，患同九月。

○試穀種。崔寔種穀法："以冬至日平均[2]五穀各一升，布囊盛，北墻陰下埋之。冬至後十五日，發取平均之，取[3]多者，歲宜之。"一云五十日。

○貯雪水。《要術》云："是月以器貯雪埋地中，以水浸穀種之則收倍。"

○羔種。是月生者爲上時，同正[4]月。

○蒸羜子。是月生者，不蒸則脛[5]凍而死，宜以籠盛羜子，置甑中，微火蒸之，汗出則止。

○別寢。是月陰陽爭，冬至前後各五日別寢。

○雜事。貨薪炭、緜絮。粜粳稻、粟、大小豆、麻子、胡麻等。伐木、取竹箭，此月堅成。造什物、農具。折麻、放麻。刈蒿、棘，貯年支[6]草於隙地，至六月及秋霖時，俱利倍。

○仲

1　永不生，癸未字本爲小字。
2　均，癸未字本作"匀"。
3　取，癸未字本作"最"。
4　正，癸未字本作"二"。
5　脛，《校釋》據《齊民要術》以爲應作"腦"。
6　支，癸未字本無。

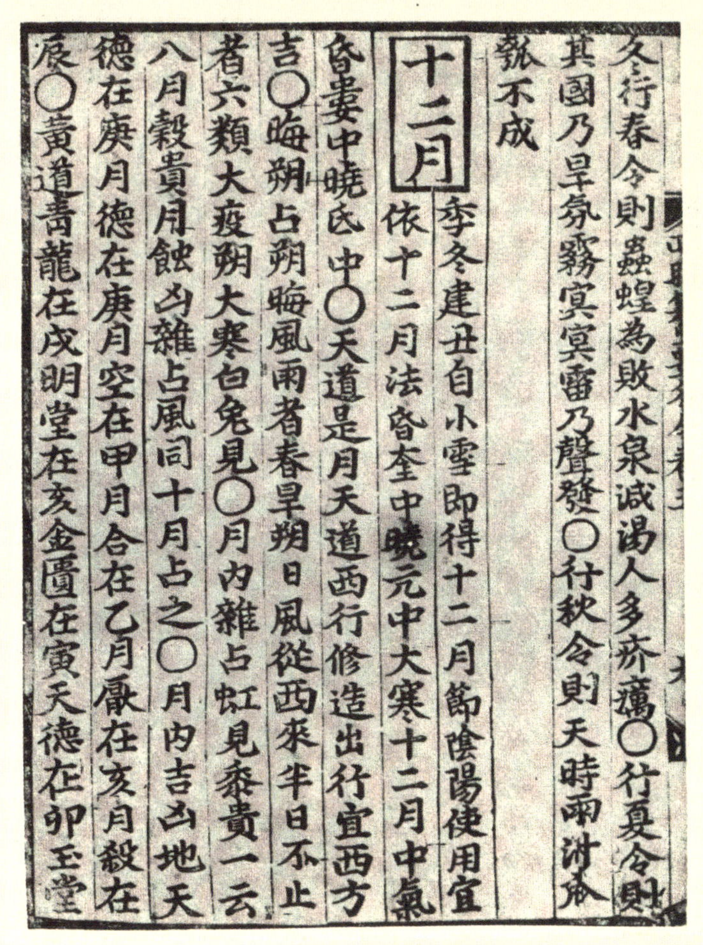
冬行春令則蟲蝗爲敗水泉減湯人多疥癘○行夏令則
其國乃旱氛霧冥冥雷乃聲發○行秋令則天時雨泔瓜
瓠不成
十二月 季冬建丑自小雪即得十二月節陰陽使用宜
依十二月法昏奎中曉亢中大寒十二月中氣
昏婁中曉氐中○天道是月天道西行修造出行宜西方
吉○晦朔占朔晦風雨者春旱朔日風從西來半日不止
者六類大疫朔大寒白兔見○月内雜占虹見黍貴一云
八月穀貴月蝕凶雜占風同十月占之○月内吉凶地天
德在庚月德在庚月空在甲月合在乙月厭在亥月殺在
辰○黄道青龍在戌明堂在亥金匱在寅天德在卯玉堂

154

冬行春令，則蟲蝗爲敗，水泉減（湯）[竭][1]，人多疥癘。

○行夏令，則其國乃旱，氛霧冥冥，雷乃聲發。

○行秋令，則天時雨泔[2]，瓜瓠不成。

十二月

季冬建丑。自小（雪）[寒][3]即得十二月節，陰陽使用宜依十二月法。昏，奎中；曉，亢中。大寒十二月中氣。昏，婁中；曉，氐中。

○天道，是月天道西行，修造、出行宜西方吉。

○晦朔占。朔晦風雨者，春旱。朔日風從西來，半日不止者，六類大疫。朔大寒，白兔見。

○月内雜占。虹見，黍貴，一云“八月穀貴”。月蝕，凶。雜占風同十月占之。

○月内吉凶地。天德在庚，月德在庚[4]，月空在甲，月合在乙，月厭在亥，月殺[5]在辰。

○黄道。青龍在戌，明堂在亥，金[6]匱在寅[7]，天德在卯，玉堂

1 竭，原作“湯”，據癸未字本改。
2 泔，癸未字本作“汁”。
3 寒，原作“雪”，據癸未字本改。
4 庚，癸未字本作“乙”。
5 殺，癸未字本作“煞”。
6 金，癸未字本無。
7 寅，癸未字本作“夤”。

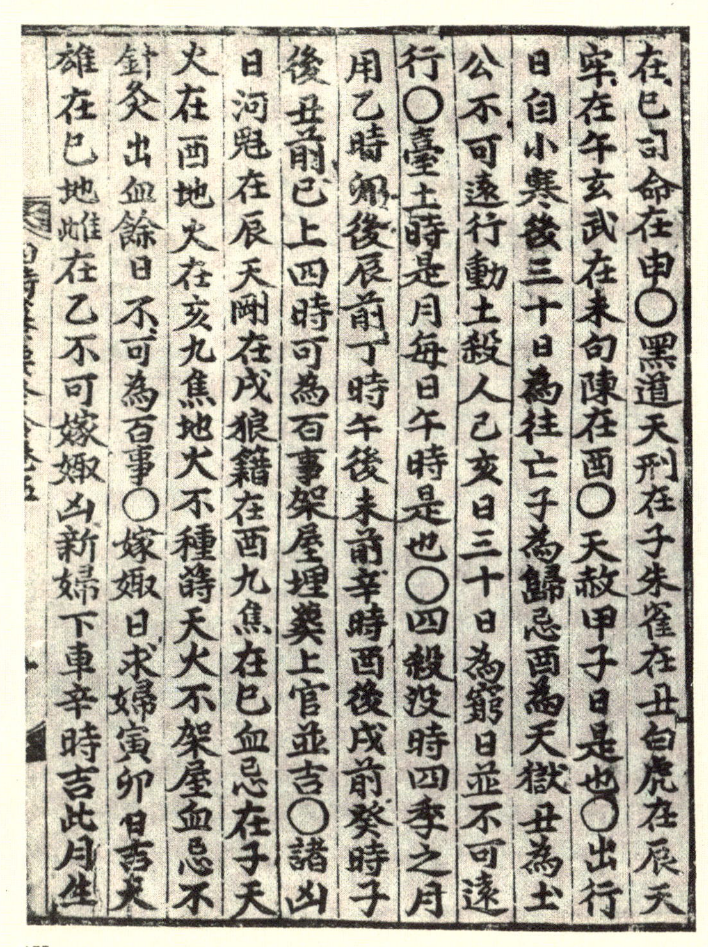
在巳司命在申○黑道天刑在子朱雀在丑白虎在辰天
牢在午玄武在未句陳在酉○天赦甲子日是也○出行
日自小寒後三十日為往亡子為歸忌酉為天獄丑為土
公不可遠行動土殺人己亥日三十日為窮日並不可遠
行○臺土時是月每日午時是也○四殺没時四季之月
用乙時卯後辰前丁時午後未前辛時酉後戌前癸時子
後丑前已上四時可為百事架屋埋葬上官並吉○諸凶
日河魁在辰天剛在戌狼籍在酉九焦在巳血忌在子天
火在酉地火在亥九焦地火不種蒔天火不架屋血忌不
針灸出血餘日不可為百事○嫁娵日求婦寅卯日吉天
雄在巳地雌在乙不可嫁娵凶新婦下車辛時吉此月生

155

在巳，司命在申。

〇黑道。天刑在子，朱雀在丑，白虎在辰，天牢在午，玄武在未，句[1]陳在酉。

〇天赦。甲子日是也。

〇出行日[2]。自小寒後三十日爲往亡，子爲歸忌，酉爲天獄，丑爲土公，不可遠行、動土、殺人。己亥日三十日爲窮日，並不可遠行。

〇臺土時。是月每日午時是也[3]。

〇四殺[4]没時。四季之月，用[5]乙時卯後辰[6]前，丁時午後未前，辛時酉後戌前，癸時子後丑前。已上四時可爲百事，架屋、埋葬、上官並[7]吉。

〇諸凶日。河魁在辰，天剛[8]在戌，狼籍在酉，九焦在巳，血忌在子，天火在酉，地火在亥[9]。九焦、地火不種蒔；天火不架屋，血忌不針灸、出血，餘日不可爲百事。

〇嫁娵日。求婦寅[10]、卯日吉。天雄在巳，地雌在乙，不可嫁娵，凶。新婦下車辛時吉。此月生

1　句，癸未字本作“勾”。
2　出行日，癸未字本無。
3　也，癸未字本無。
4　殺，癸未字本作“煞”。
5　“四季之月用”，癸未字本無。
6　辰，癸未字本作“夤”。
7　癸未字本“並”後有“用”字。
8　剛，癸未字本作“罡”。
9　亥，癸未字本作“辰”。
10　寅，癸未字本作“夤”。此條諸“寅”字同。

男不可娶三月九月生女此月納財金命女吉木命女孤
寡水命女凶火命女宜子土命女自如納財吉日己卯壬
寅癸卯丁卯是月行嫁子午女吉丑未女妨身寅申女妨
夫巳亥女妨父母卯酉女妨首子媒人辰戌女妨舅姑天
地相去日戊午己未庚辰五亥不可嫁娵主生離冬壬子
害九夫陰陽不將日丙寅丁卯丙子丁丑己卯庚辰己丑
庚寅辛卯庚子辛丑丙辰大吉〇喪葬此月死者妨辰戌
丑未人斬草丙子辛卯庚子癸卯甲寅吉殯丁卯庚午丁
酉乙卯葬丙寅壬午癸酉壬申甲申乙酉庚寅丙申壬寅
丙午庚申辛酉〇推六道天道甲庚死道坤艮地道乙辛
兵道乾巽人道丙壬鬼道丁癸地道鬼道葬送往來吉天

156

男[1]，不可娵[2]三月、九月生女。此月納財，金命女吉，木命女孤寡，水命女凶，火命女宜子，土命女自如。納財吉日：己卯、壬寅、癸卯、丁卯。是月行嫁，子、午女吉，丑、未女妨身，寅、申女妨夫，巳、亥女妨父母，卯、酉女妨首子、媒[3]人，辰、戌女妨舅姑。天地相去日：戊午、己未、庚辰、五亥不可嫁娵，主生離。冬壬子，害九夫。陰陽不將日：丙寅、丁卯、丙子、丁丑、己卯、庚辰、己丑、庚寅、辛卯、庚子、辛丑、丙辰，大吉。

〇喪葬。此月死者妨辰、戌、丑、未人。斬草：丙子、辛卯、庚子、癸卯、甲寅[4]，吉。殯：丁卯、庚午、丁酉、乙卯。葬：丙寅、壬午、癸酉、壬申、甲申、乙酉、庚寅、丙申、壬寅、丙午、庚申、辛酉。

〇推六道。天道甲、庚，死道坤、艮，地道乙、辛，兵道乾、巽，人道丙、壬，鬼道丁、癸。地道、鬼道葬送、往來吉；天

1 男，癸未字本作“人”。
2 娵，癸未字本作“取”。
3 媒，癸未字本作“行”。
4 寅，癸未字本作“夤”。此條諸“寅”字同。

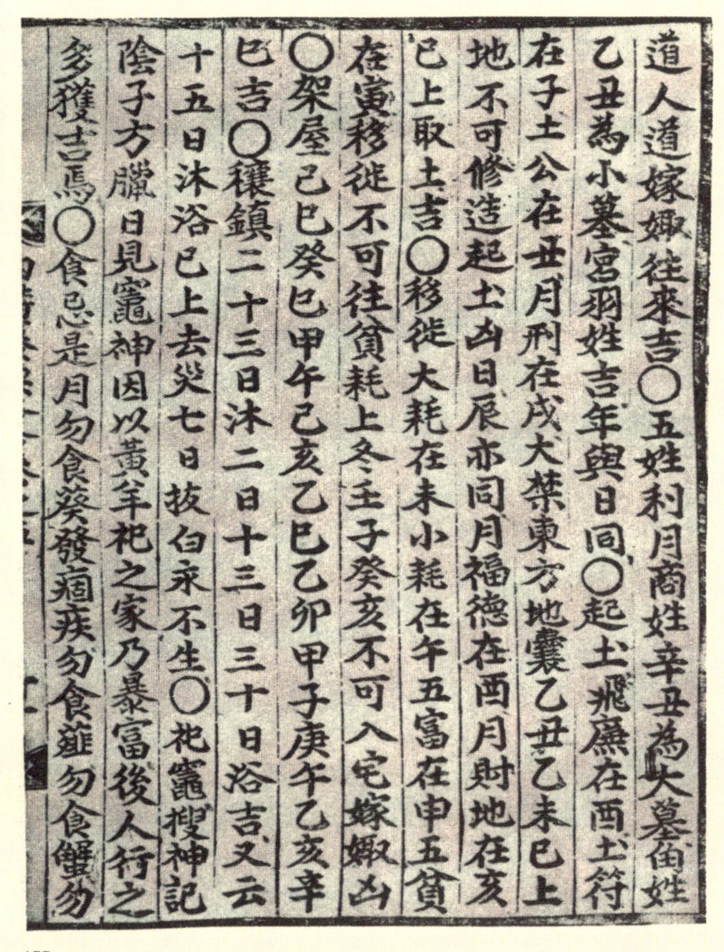
道人道嫁娵往來吉○五姓利月商姓辛丑為大墓角姓
乙丑為小墓宮羽姓吉年與日同○起土飛廉在酉土符
在子土公在丑月刑在戌大禁東方地囊乙丑乙未巳上
地不可修造起土凶日辰亦同月福德在酉月財地在亥
巳上取土吉○移徙大耗在未小耗在午五富在申五貧
在寅移徙不可往貧耗上冬壬子癸亥不可入宅嫁娵凶
○架屋己巳癸巳甲午己亥乙巳乙卯甲子庚午乙亥辛
巳吉○穰鎮二十三日沐二日十三日三十日浴吉又云
十五日沐浴巳上去災七日拔白永不生○祀竈搜神記
陰子方臈日見竈神因以黃羊祀之家乃暴富後人行之
多獲吉焉○食忌是月勿食葵發痼疾勿食薤勿食蟹勿

157

道、人道嫁娵、往來吉。

○五姓利月。商姓[1]辛丑爲大墓。角姓[2]乙丑爲小墓。宫、羽姓吉，年與日同[3]。

○起土。飛廉在酉，土符在子，土公在丑，月刑在戌。大禁東方。地囊：乙丑、乙未，已上地不可修造、起土，凶。日、辰亦同[4]。月福德在酉，月財地在亥，已上取土吉。

○移徙。大耗在未，小耗在午，五富在申，五貧在寅[5]。移徙不可往貧耗上。冬壬子、癸亥不可入宅、嫁娵，凶。

○架屋。己巳、癸巳、甲午、己亥、乙巳、乙卯、甲子、庚午、乙亥、辛巳，吉。

○（穰）[禳][6]鎮。二十三日沐，二日、十三日、三十日浴。吉。又云“十五日沐浴”，已上去灾。七日拔白，永不生。

○祀竈。《搜神記[7]》：“陰子方臘[8]日見竈神，因以黄羊祀之，家乃暴富。”後人行之，多獲吉馬。

○食忌。是月勿食[9]葵，發痼疾。勿食薤，勿食蟹，勿

1　姓，癸未字本無。
2　姓，癸未字本無。
3　年與日同，癸未字本爲小字。
4　日辰亦同，癸未字本爲小字。
5　寅，癸未字本作“㝗”。
6　禳，原作“穰”，據癸未本改。
7　記，癸未字本無。
8　臘，癸未字本作“臈”。
9　癸未字本“食”後有“生”字。

158

食諸脾，勿食龜鱉，必害人。勿食牛肉，凡烏牛自死者，若北首死者，害人。構枝及桒柴灸牛肉者，並令人生蟲。食自死豕肉，令人體痒。

○造臘[1]酒。臘日取水一石，置不津器中，浸[2]麴末三斗，便下四斗米飯。至來年正月十五日，又下[3]三斗米飯。又至二月二日，又下三斗米飯。至四月二十八日外開之，其瓮但露著[4]，不用穰草，則三伏停之不敗。

○造醬。將炒黃浸[5]一宿後，入釜中煑令軟硬得所，漉出，將煑黃水澄。取每豆黃一斗，用黃衣末六升，神麴四升，塩五升半，煑黃水調和匀後封閉。如乾[6]厚，即入熟水相添。

○又造醬。豆黃簸去碎惡者，磨細。一石黃衣、一石豆黃，净淘[7]一遍，又淘之。取再淘豆水[8]，盛於瓮中，即入豆黃，次下黃衣，熟打，封閉。三

1　臘，癸未字本作“臈”。此條諸“臘”字同。
2　浸，癸未字本作“淂”。
3　下，癸未字本無。
4　著，癸未字本作“着”。
5　浸，癸未字本作“淂”。此處疑脱“豆”字。
6　乾，癸未字本作“乹”。
7　淘，癸未字本作“淍”
8　取再淘豆水，癸未字本闕。

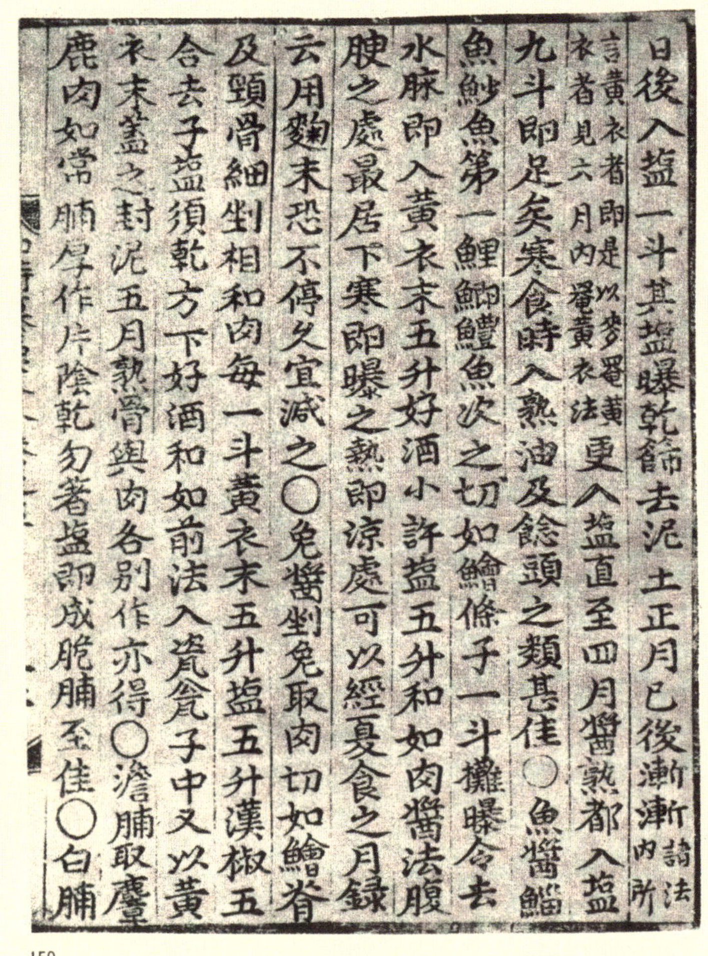
日後入塩一斗其塩曝乾篩去泥土正月已後漸漸諸法内所
言黄衣者即是以麥䴵黄衣者見六月内䴵黄衣法更入塩直至四月醬熟都入塩
九斗即足矣寒食時入熟油及餡頭之類甚佳○魚醬鯔
魚魦魚第一鯉鯽鱧魚次之切如鱠條子一斗攤曝令去
水脉即入黄衣末五升好酒小許塩五升和如肉醬法腹
腴之處最居下寒即曝之熱即涼處可以經夏食之月録
云用麴末恐不停久宜減之○兎醬剉兎取肉切如鱠脊
及頸骨細剉相和肉每一斗黄衣末五升塩五升漢椒五
合去子塩須乾方下好酒和如前法入瓷瓮子中又以黄
衣末蓋之封泥五月熟骨與肉各别作亦得○澹脯取麞
鹿肉如常脯厚作片陰乾勿著塩即成脆脯至佳○白脯

159

日後[1]入塩一斗，其塩曝乾，篩去泥土。正月已後漸漸，諸法内所言黄衣者，即是以麥䴵黄衣者，見六月内䴵黄衣法[2]。更入塩，直至四月醬熟，都入塩九斗，即足矣。寒食時入熟油及餡頭之類，甚佳。

○魚醬[3]。鯔魚、魦魚第一，鯉、鯽、鱧魚次之。切如鱠條子一斗，攤曝，令去水脈。即入黄衣末五升，好酒小[4]許，塩五升，和如肉醬法。腹腴之處最居下，寒即曝之，熱即涼處，可以經夏食之。《月録》云："用麴末，恐不停久，宜減之。"

○兔醬。剉兔取肉，切如鱠。脊及頸骨，細剉，相和肉。每一斗，黄衣末五升，塩五升，漢椒五合，去子，塩須乾。方：下好酒，和如前法，入瓷瓮子中，又以黄衣末蓋之，封泥，五月熟。骨與肉各别作，亦得。

○澹脯。取麞、鹿肉，如常脯，厚作片，陰乾。勿著塩，即成脆脯，至佳。

○白脯。

1　閉三日後，癸未字本闕。

2　"諸法"至"衣法"，癸未字本作"諸法内所言黄衣是以麥䴵黄子"。

3　自此條後，癸未字本漫漶不可辨識。

4　小，癸未字本作"少"。

此月中造者為上時牛羊獐鹿等精肉破作片冷水浸一
宿出搦之去血候水清乃止即用塩和椒末浥經再宿出
陰乾捧打踏令緊自死牛羊亦得○兔脯先作白塩湯煑
熟去浮沫欲出釜時尤急火火急乾易置箔上陰乾即成
脆美無比若造生者即依脯法如五味者先須塩醃兩三
宿後猛火焙熟乾味甚佳矣○乾腊肉取牛羊獐鹿肉五
味淹二宿又以葱椒塩湯中猛火煑之令熟後掛著陰處
經暑不敗遠行即致麨○造英粉第一粱米第二粟米須
一色不得令雜去碎者揀去黍米木槽中下水踏十遍水
清乃止大瓮中多以水浸夏三十日春六十日不用易水
臭爛乃佳勿令日炙著日滿汲水就瓮中沃之攪令酸氣

160

此月中造者爲上時。牛、羊、獐、鹿等精肉破作片，冷水浸一宿，出搦之，去血，候水清乃止。即用塩和椒末浥，經再宿，出陰乾，捧打，踏令緊，自死牛、羊亦得。

○兔脯。先作白塩湯，煑熟，去浮沫。欲出釜時，尤急火，火急乾易，置箔上，陰乾即成，脆美無比。若造生者，即依脯法。如五味者，先須塩醃兩三宿，後猛火焙熟，乾，味甚佳矣。

○乾臘肉。取牛、羊、獐、鹿肉，五味淹二宿，又以葱、椒、塩湯中猛火煑之，令熟後，掛著陰處，經暑不敗。遠行即致麨。

○造英粉。第一粱米，第二粟米，須一色，不得令雜，去碎者，揀去黍米。木槽中下水，踏十遍，水清乃止。大瓮中多以水浸，夏三十日，春六十日，不用易水，臭爛乃佳，勿令日炙著。日滿，汲水就瓮中沃之，攪令酸氣

161

盡，乃止。稍稍出，研之，水攪，挼[1]取白汁，絹袋濾著別瓮。麄者更研令盡，以小杷子瓮中打良久，抨澄之。去清水，以濃汁著盆中，以杖一向旋之三百轉乃止。盆蓋，勿令塵污。良久，抨澄清，徐徐去水盡。以三重布帖粉上，簿著粟糠，糠上安灰，（灰）[2]灰濕更易，乾乃止。然後削去四畔麄無光者，用中心圓如鉢形光潤者，以布鋪床上，刀劚如梳大，曝乾，碎挼，收之。入用：擬客食及隔油衣中使，及作香粉摩身。是月作，寒食出之，勝他月。

○紅雪。朴消十斤，馬牙者尤佳，並須精鍊。升麻、大青、桑根、白皮、槐花各三兩，犀角屑一兩，淡竹葉一握，蘇木三兩，鎚碎，別煎。訶梨勒三十介，檳榔二十介，朱砂一兩。先細研，藥成乃下。右件升麻等七味[3]剉，以水二斗浸一宿，煎取一大斗，絞去滓，

1 挼，《校釋》以爲應作“接”。

2 灰，原衍。

3 按，前述實際先下之藥計八味。

去淀。即下朴消於藥汁中煎，以杓揚，不得停手。候無水即下蘇木汁、朱砂，攪和，致於盆中。冷硬，收成。療一切病冷，以水下之。産後病以酒調服之，以湯投之。忌熱肉、麵、蒜等。

○犀角丸。療癰腫併發背、一切毒腫，服之腫化爲水，神驗方。犀角一十二分屑，蜀升麻、黄芩、防風、人參、當歸、黄蓍、乾薑、蔘籃、黄連去毛、甘草炙、（梔）［梔］[1]子仁，已上各四兩。大黄三分，巴豆二十介。醋熬令黄，去心膜。右先搗巴豆如泥，又研令極細，餘十三味並爲散，入巴豆膏同研，令至勻。錬蜜同搗，令巴豆勻細，爲丸如梧桐子大。患者飲服三丸，通利三兩行，喫冷漿水粥止之。如不利，加至四五丸。唯初服快利，後漸減丸數，取溏痢爲度。老少以意增減。腫消、皮皺、痢黄、水盡乃止。忌熱

1 梔，原作“梔”，據上下文義改。

麵、魚、蒜、猪肉、菘菜、生冷、粘食等。

〇温白丸。治癖塊等心腹積聚、心胷痛、喫食不消、婦人帶下淋瀝、羸瘦困悶無力方。川烏頭十分炮、紫菀、吴茱萸、菖蒲、柴胡、厚薄薑炙、桔梗、皂角去皮、子、茯苓、乾薑、黄連去毛、蜀椒出汗、人参、巴豆醋熬黄，去皮、心。右件十四味等分，擣羅，入巴豆，研令極細匀。以白蜜和，擣二千杵，丸如梧桐大。一服二丸，不痢加至十丸。十五日後，惡濃血如雞肝等下，勿怪。忌生冷、醋滑、猪、魚、雞、犬、牛、馬、鵝、五辛、油膩、熱麪、豆、糯米、陳臭等物。

〇備急丸。治腹内諸卒暴百病方。大黄、乾薑、巴豆，已上等分。巴豆去心、皮，醋熬令黄，擣如泥，又研令細匀。右件大黄、乾薑擣羅爲散，和巴豆膏研至匀，鍊蜜爲丸，更擣三千杵。若中惡客忤，心腹脹滿刺痛，氣急口噤，停屖[1]死者，以

1 屖，按《校釋》疑作“尸卒”二字。

煖水或酒服如大豆許大三四枚，捧頭起，令得下即愈。若口噤定，研丸成汁，乃傾口中，令從齒間入至腹，良驗。忌蘆笋、猪肉、冷水。

○茵陳丸。治瘴疫、時氣、温、黄等。若嶺表行，往此藥常隨身。茵陳四兩，大黄五兩，豉心五合，恒山梔子仁熬，芒消、杏仁，去皮、尖，熟研後入之。已上各三兩。鱉甲三兩，去膜，酒及醋塗炙。巴豆一兩，熬，别研入用。右件九味，擣羅爲末，鍊蜜爲丸。初得時氣，三日旦飲服五丸，如梧桐子大。如行十里許，或痢、或汗、或吐。如不吐、不汗、不痢，更服一丸，五里久不覺，即以熱飲促之。老少以意酌度。凡黄病、痰癖、時氣、傷寒、瘧疾、小兒熱欲發癇，服之無不差，療瘴神驗，赤白痢亦妙。春初一服，一年不病。忌人莧、蘆笋、猪肉。已前諸藥，臘月合收瓶中，以蠟紙

165

固口，置高處，逐時減出。可二三年一合。

○面脂。香附子大者十介，白芷三兩，零陵香二兩，白茯苓一兩，並須新好者，細剉研，以好酒拌，令浥浥。蔓菁油二升，先文武火於瓶器中養油一日，次下藥又煑一日。候白芷黄色，綿濾去滓，入牛羊髓各一升，白蠟八兩，白蠟是蜜中蠟。麝香二分，先研令極細，又都煖相和，合熱攪匀，冷凝即成。

○澡豆。糯米二升，浸搗爲粉，曝令極乾。若微濕，即損香。黄明膠一斤，炙令通起，搗篩；餘者炒作珠子，又搗取，盡須過熟。皂角一斤，去皮後秤。白芨白芷、白蘞、白術、蒿本、芎藭、細辛、甘松香、零陵香、白檀香十味各一大兩，乾構子一升一名楮子。右件搗篩，細羅都匀，相合成。澡豆方甚衆，此方最佳，李定所傳。

○香油。療頭風、白屑、頭癢、頭

旋、妨悶等方。蔓荊子三大合，香附子三十介，此地者佳。蜀附子、大猛羊、躑躅花各一大兩，旱蓮子草、零陵香各一大兩，葶藶子一大兩半。已上六味[1]細剉，綿裹，故鏵鐵半斤碎。右都浸於一大升生麻油中，七日後塗頭，旋添油，如藥氣盡即換。

○薰衣香，方甚眾，此最妙。沉香一斤，崑崙者甲香二兩半，蘇合香一兩半，白檀香屑、丁香各一兩，麝香半兩，右件並須新好，一味惡即損諸香。並搗，以麁紗羅篩之。蜜二大升，六月收者，煉之，入朴消一兩同煉，掠去沫，候冷，和香作劑，令可丸。瓷油瓶盛，密封，入地窨。一月出之，收貯，久尤佳。唯在麁細乾濕得所，乾則難丸，燒須與香煙共盡，不可焦臭香氣。

○烏金膏。治一切惡瘡腫方。油麻油一斤，黃丹四

1 六味，按上文應作“七味”。

兩，冬月六兩。蠟四兩，頭髮一團雞子大。右先炒黃丹令黑，即下油及髮，手不住攪之，從旦至午。取一點滴於水中，候可丸，便即成也。乃下蠟，蠟消後一兩沸，即盛於瓶中。

〇烏蛇膏。療惡瘡，生好肉，去（濃）［膿］[1]水、風毒、氣腫方。油麻油一斤，黃丹二大兩，烏蛇二大兩，炙搗末。鼠一介，臘月者佳。蠟四兩。右先以油煎鼠，令消，去滓。入黃丹並蛇末，以微火更煎，攪。沸後下蠟，更煎十沸，膏即成。下入瓷器中，盛封。塗瘡，一日一易爾。

〇辟瘟法。《養生術》云：“臘夜持椒三七粒，卧井傍，勿與人言，投椒井中，除瘟疫病。”

〇是月碾米。數人口，乾碾米，貯於新瓦瓮中，盆蓋，泥封一瓮。瓮闕，可終一年。瓮下側塼支，令通風。

〇斷鼠尾。《雜術》云：“臘月捕鼠，斷其尾，至來年正月斬之，制鼠暴

1 膿，原作“濃”，據上下文義改。

也。"

○臘炙。是月收臘祀餘炙，以杖頭穿，豎瓜田角，去蟲。

○掛猪耳。是月收豬耳釣堂梁上，令人致富。

○收猪脂。臘日收買猪脂，勿令經水，新瓷器盛，埋亥地百日，治療癰疽。此月中收者亦得。

○貯糯米。是月貯之，夏中粜之。《食禁》云："孕婦食糯米，令子多白蟲。"

○留羊種，同正月。

○蒸豘子，同十一月。

○務斬伐竹木，此月不蛀。

○造農器：收連加、犂、耬、磨、鏵、鑿、鋤、鎌、刀、斧，向春人忙，宜先備之。

○神明散。蒼术、桔梗、附子炮各二兩，烏頭四兩炮，細辛一兩，右搗篩爲散，絳囊盛帶之方寸匕。一人帶，一家不病。右染時氣者，新汲水調方寸匕服之，取汗便差。春分後宜施之。

○雜事。造車。貯雪[1]。收臘糟。造竹器、碓、磑。糞地。造餳、糵。刈棘。屯墻。貯草。貯皂莢。縛笤箒。

○藝田。《要術》云：

1 《農桑輯要》引《四時纂要》後"貯雪"後有"水"字。

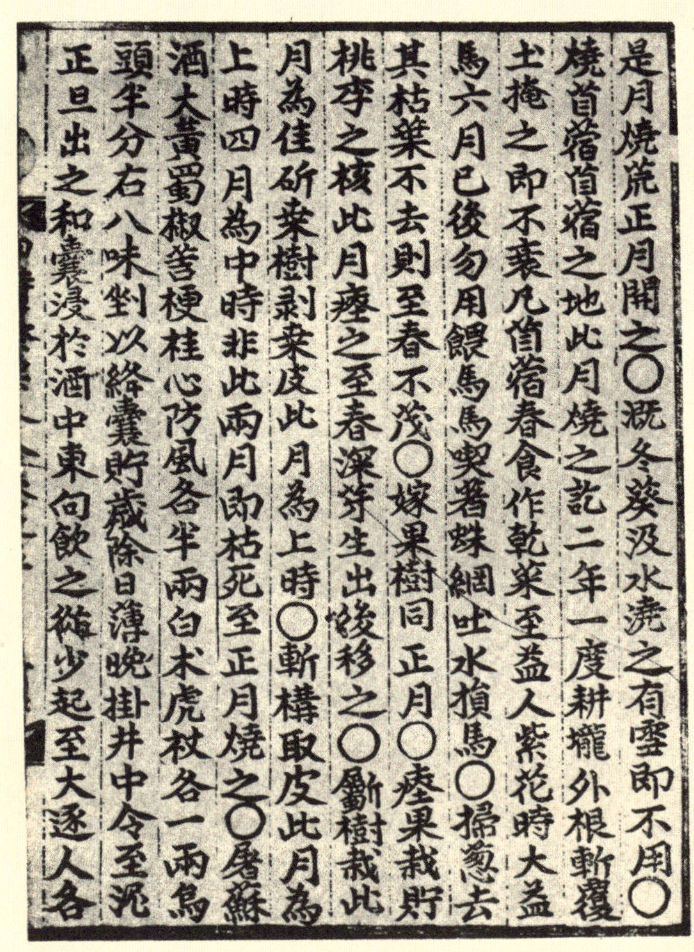
是月燒荒正月開之○溉冬葵汲水澆之有雪即不用○
燒苜蓿苜蓿之地此月燒之訖二年一度耕壠外根斬覆
土掩之即不衰凡苜蓿春食作乾菜至益人紫花時大益
馬六月已後勿用餵馬馬喫著蛛網吐水損馬○掃葱去
其枯葉不去則至春不茂○嫁果樹同正月○瘞果栽貯
桃李之核此月瘞之至春深芽生出後移之○斸樹栽此
月為佳斫桒樹剝桒皮此月為上時○斬構取皮此月為
上時四月為中時非此兩月即枯死至正月燒之○屠蘇
酒大黃蜀椒桔梗桂心防風各半兩白朮虎杖各一兩烏
頭半分右八味剉以絳囊貯歲除日薄晚掛井中令至泥
正旦出之和囊浸於酒中東向飲之從少起至大逐人各

169

“是月燒荒，正月開之。”

○溉冬葵。汲水澆之，有雪即不用。

○燒苜蓿。苜蓿之地，此月燒之，訖，二年一度，耕壠外，根斬，覆土掩之即不衰。凡苜蓿，春食，作乾菜，至益人。紫花時，大益馬。六月已後，勿用餵馬，馬喫著蛛網，吐水損馬。

○掃葱。去其枯葉，不去則至春不茂。

○嫁果樹同正月。

○瘞果栽。貯桃李之核，此月瘞之，至春深芽生出後移之。

○斸樹栽。此月爲佳。斫桒樹、剥桒皮，此月爲上時。

○斬構取皮。此月爲上時，四月爲中時，非此兩月即枯死。至正月燒之。

○屠蘇酒。大黄、蜀椒、桔梗、桂心、防風各半兩，白术、虎杖各一兩，烏頭半分。右八味剉，以絳囊貯。歲除日薄晚，掛井中，令至泥。正旦出之，和囊浸於酒中，東向飲之，從少起至大，逐人各

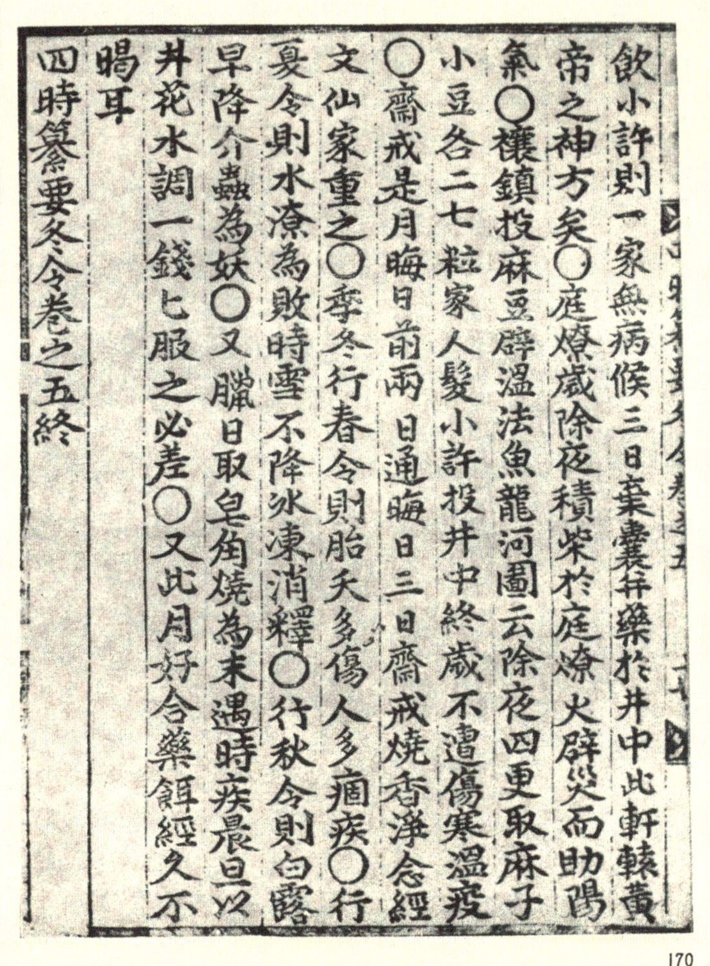

飲小許則一家無病候三日棄囊并藥於井中此軒轅黃
帝之神方矣○庭燎歲除夜積柴於庭燎火辟災而助陽
氣○禳鎮投麻豆辟温法魚龍河圖云除夜四更取麻子
小豆各二七粒家人髮小許投井中終歲不遭傷寒温疫
○齋戒是月晦日前兩日通晦日三日齋戒燒香淨念經
文仙家重之○季冬行春令則胎夭多傷人多痼疾○行
夏令則水潦為敗時雪不降氷凍消釋○行秋令則白露
早降介蟲為妖○又臘日取皂角燒為末遇時疾晨旦以
井花水調一錢匕服之必差○又此月好合藥餌經久不
暍耳
四時纂要冬令卷之五終

170

飲小許，則一家無病。候三日，棄囊並藥於井中，此軒轅黃帝之神方矣。

○庭燎。歲除夜，積柴於庭，燎火，辟灾而助陽氣。

○禳鎮。投麻豆辟温法。《魚龍河圖》云："除夜四更，取麻子、小豆各二七粒，家人髮小許，投井中，終歲不遭傷寒、温疫。"

○齋戒。是月晦日前兩日，通晦日三日，齋戒，燒香，净念經文，仙家重之。

○季冬行春，令則胎夭多傷，人多痼疾。

○行夏令，則水潦爲敗，時雪不降，冰凍消釋。

○行秋令，則白露早降，介蟲爲妖。

○又臘日取皂角，燒爲末，遇時疾，晨旦以井花水調一錢匕服之，必差。

○又此月好合藥餌，經久不暍耳。

四時纂要冬令卷之五終

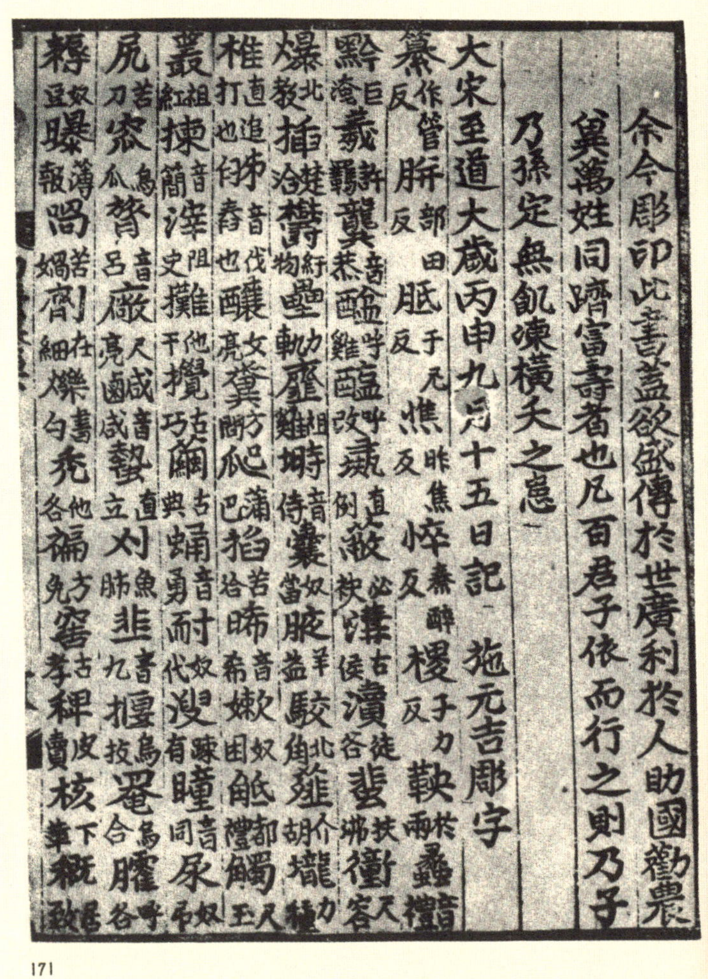

171

跋

余今彫印此書，蓋欲盛傳於世，廣利於人，助國勸農，冀萬姓同躋富壽者也。凡百君子，依而行之，則乃子乃孫，定無飢凍橫夭之患。

大宋至道大歲丙申九月十五日記　　施元吉彫字

纂作管反　胼部田反　胝於尼反　憔昨焦反　悴秦醉反　稷子力反　鞅於兩　蠡音禮

黔巨淹　羲許羈　龔音恭　醯呼雞　醢呼改　彘直例　蔽必袂　溝古侯　瀆徒穀

蜚扶沸　衝尺容　爆北教　插楚洽　欝紆物　壘力軌　齏祖雞　塒音侍　囊奴當

腋羊益　駮北角　蕹介胡　壠力種　椎直追，打也。　[illegible]音伐，舂也。　釀女亮　糞方問

爬蒲巴　掐若給　晞音希　嫩奴困　觝都禮　觸尺玉　叢祖紅　揀音簡　滓阻史

攤他乾　攪古巧　繭古典　蛹音勇　耐奴代　溲疎有　曈音同　尿奴吊　尻苦刀

窊烏瓜　膂音呂　廠尺亮　鹹音咸　蟄直立　刈魚肺　韭書九　揠烏拔　罨烏合

臛呼各　耨奴豆　曝薄報　喎苦媧　劑在細　爍書勺　禿他各　褊方免　窖古孝

稗皮賣　核下華　穊居致

趕音罕　痺必至　臛虛郭　脃清歲　剥北角　圖市緣　簸補過　芟音衫

劚郎計　磹定念　漬如賜　翮下革　觓渠牛　啑音帝　窒陟栗　跛布火

酘音豆　餳徐盈　窯音遙　稕之閏

杭州　潘家彫

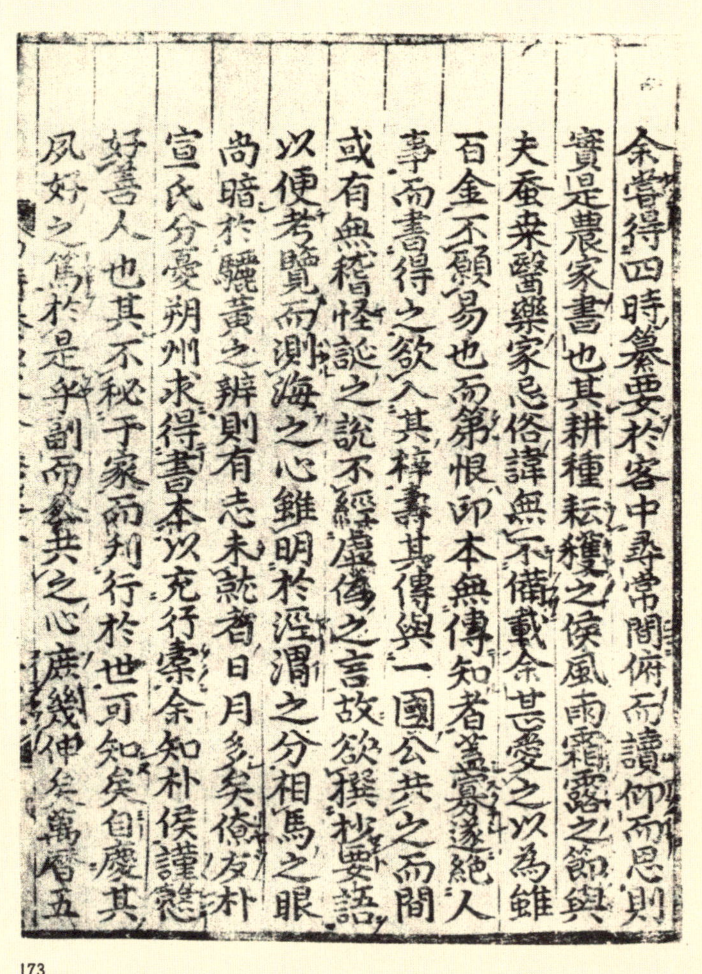
余嘗得四時纂要於客中尋常閒俯而讀仰而思則
實是農家書也其耕種耘穫之候風雨霜露之節與
夫蚕桑醫藥家忌俗諱無不備載余甚愛之以爲雖
百金不願易也而第恨印本無傳知者盖寡遂絶人
事而書得之欲入其梓壽其傳與一國公共之而間
或有無稽怪誕之說不經虛僞之言故欲撰抄要語
以便考覽而測海之心雖明於涇渭之分相馬之眼
尚暗於驪黃之辨則有志未就者日月多矣僚友朴
宣氏分憂朔州求得書本以充行槖余知朴侯謹慤
好書人也其不秘于家而刋行於世可知矣自慶其
夙好之篤於是乎副而公共之心庶幾伸矣萬曆五

173

余嘗得《四時纂要》於客中，尋常間俯而讀，仰而思，則實是農家書也。其耕種耘獲之候，風雨霜露之節，與夫蚕桒、醫藥、家忌、俗諱，無不備載，余甚愛之，以爲雖百金不願易也。而第恨印本無傳，知者蓋寡，遂絶人事而書得之，欲入其梓，壽其傳，與一國公共之。而間或有無稽怪誕之説，不經虛僞之言，故欲撰抄要語，以便考覽。而測海之心，雖明於涇渭之分；相馬之眼，尚暗於驪黄之辨，則有志未就者，日月多矣。僚友朴宣氏，分憂朔州，求得書本，以充行橐。余知朴侯謹慤，好書人也，其不秘於家而刊行於世，可知矣。自慶其夙好之篤，於是乎副而公共之心，庶幾伸矣。萬曆五

1　候，原作“侯”，據文義改。

年丁丑中元日儒州後裔八十歲老翁通訓大夫行
繕工監副正柳 希潛謹跋

174

年丁丑中元日，儒州後裔八十歲老翁通訓大夫行繕工監副正柳希潛謹跋。

175

徃在丁丑歲，余以繕工判官，授朔州之歸。同官柳正希潛氏，袖一書屬余曰："君其壽傳，爲一國公共之資。"吾觀是書，信農家纂要之説也。昔孟軻氏曰："雖有鎡基，不如乘時。"夫察寒暑之氣，占風霜之侯，耕種及時，鋤耘有節，其有補於三農之事，豈不大哉！與夫樹植、畜牧、卜筮、忌諱，微不俱載最所切於日用之中者也。余謹授而歸，寶而愛之，期布於世，以售吾君不秘之志也。第以朔邑凋弊，無以爲措，厥後連任邊帥，时備無暇，每恨未

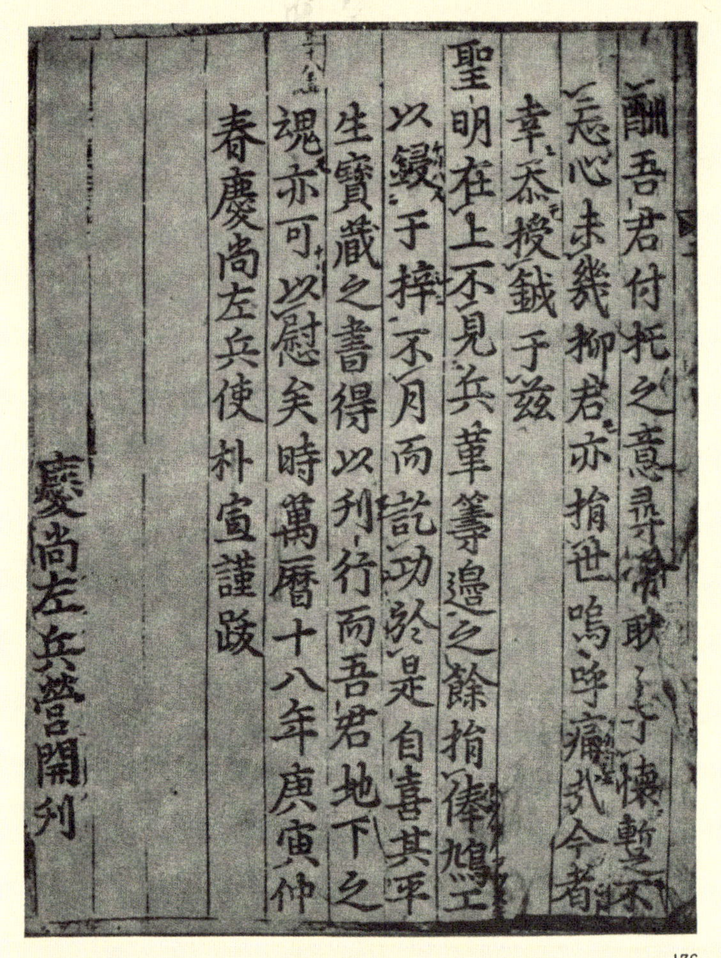

酬吾君付托之意尋常耿耿于懷暫不
忘心未幾柳君亦捐世嗚呼痛哉今者
幸忝授鉞于玆
聖明在上不見兵革籌邊之餘捐俸鳩工
以鋟于梓不月而訖功於是自喜其平
生寶藏之書得以刊行而吾君地下之
魂亦可以慰矣時萬曆十八年庚寅仲
春慶尚左兵使朴宣謹跋

慶尚左兵營開刊

176

酬吾君付託之意，尋常耿耿於懷，蹔不忘心。未幾柳君亦捐世，嗚呼痛哉！今者幸忝授鉞於兹，聖明在上，不見兵革，籌邊之餘，捐俸鳩工，以鋟於梓，不月而訖功。於是自喜其平生寶藏之書，得以刊行，而吾君地下之魂，亦可以慰矣。時萬曆十八年庚寅仲春慶尚左兵使朴宣謹跋。

慶尚左兵營開刊。

附録：癸未字本《四時纂要》部分書影

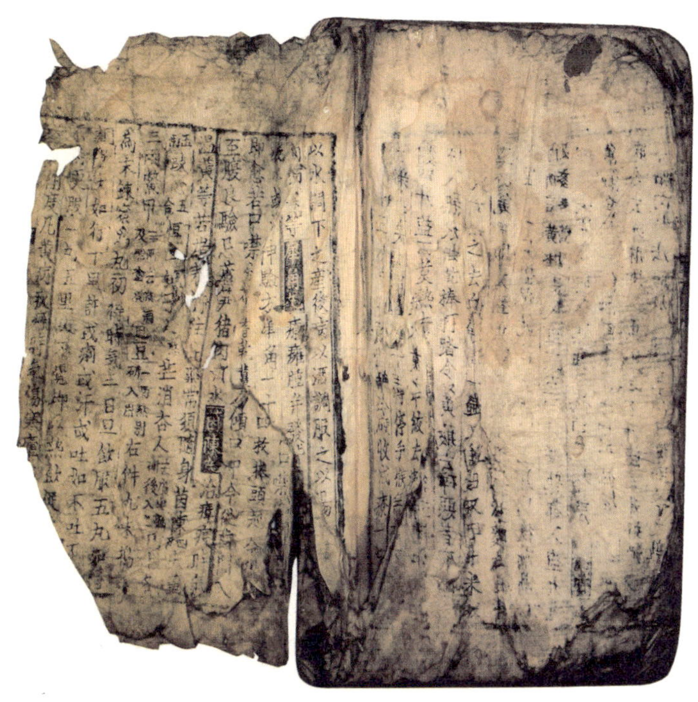

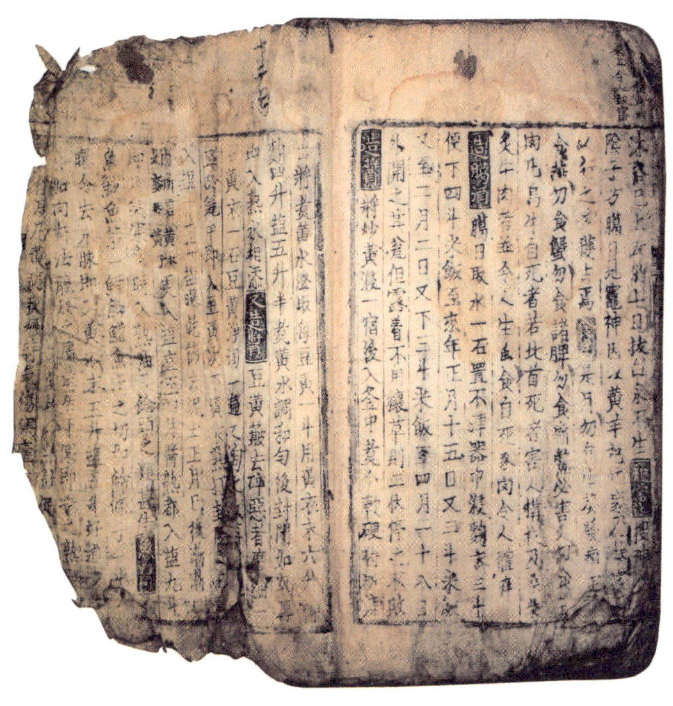

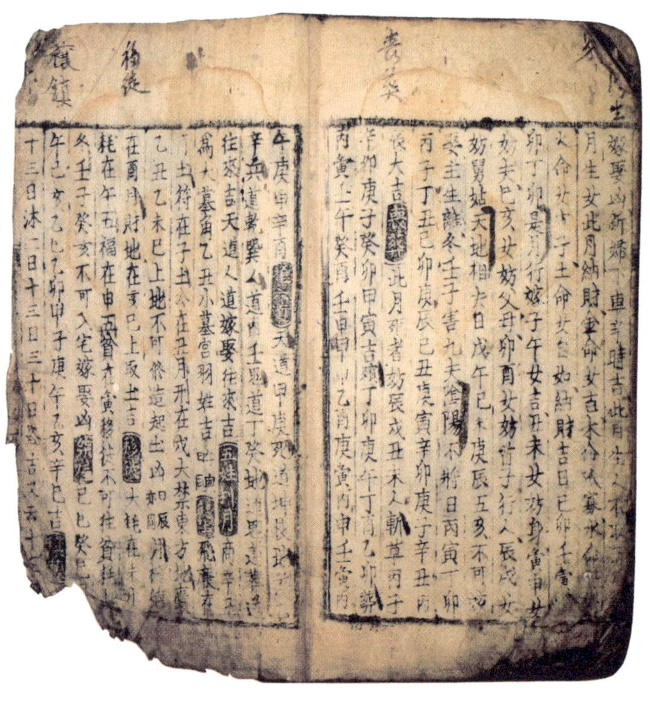

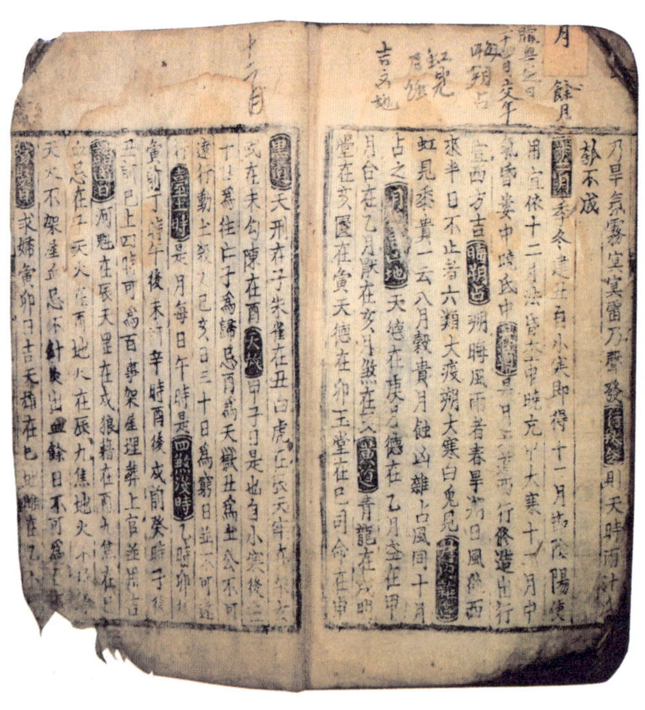

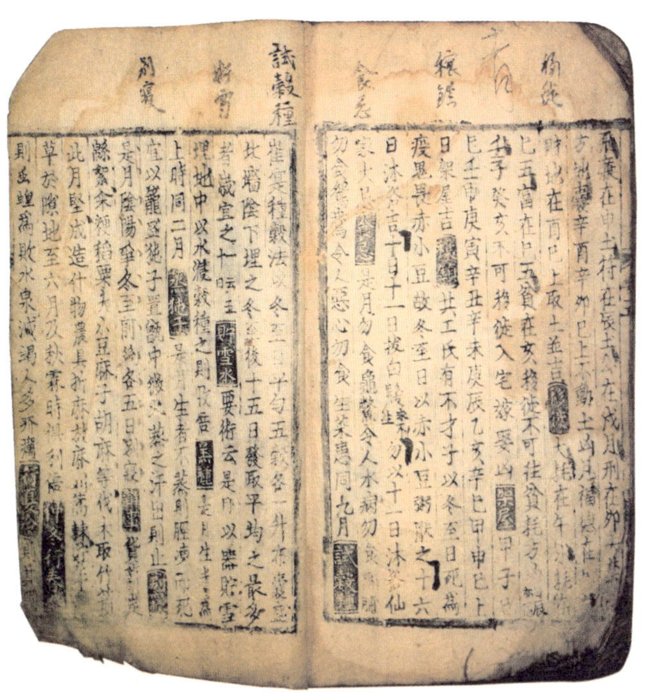

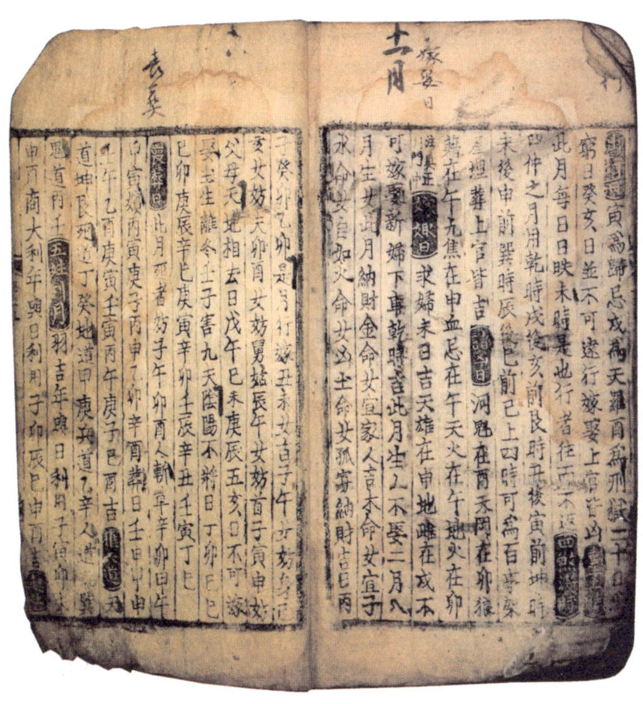

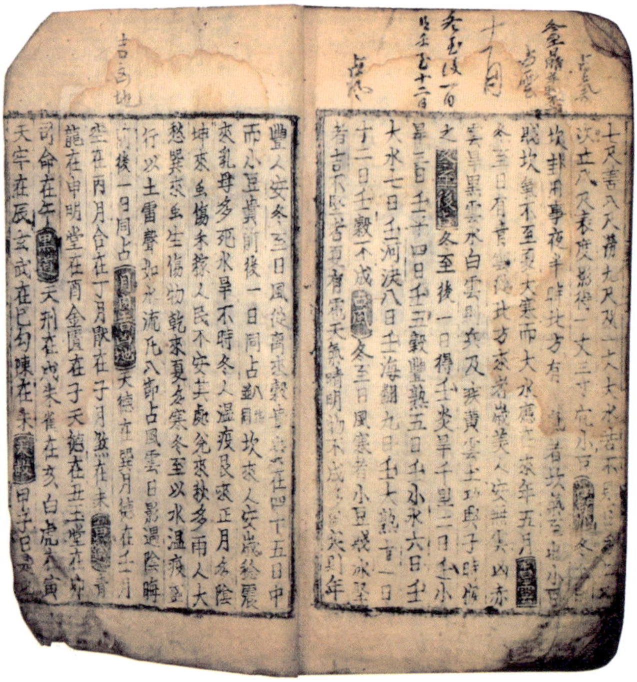

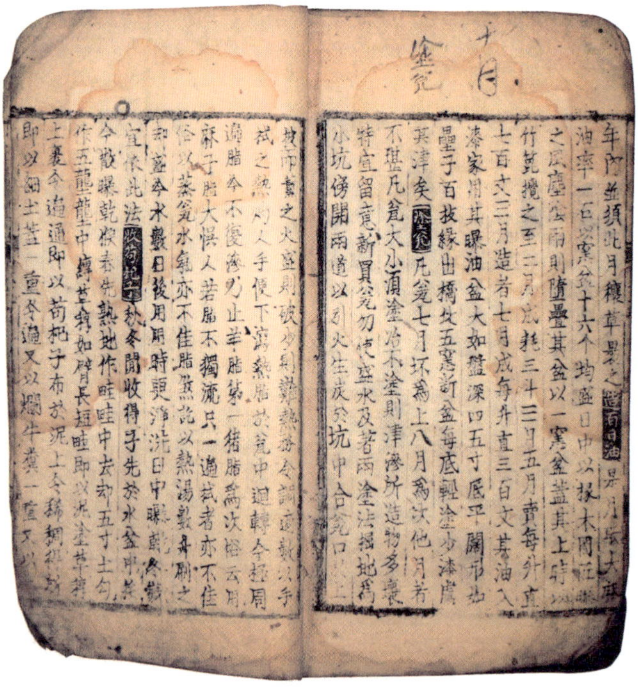

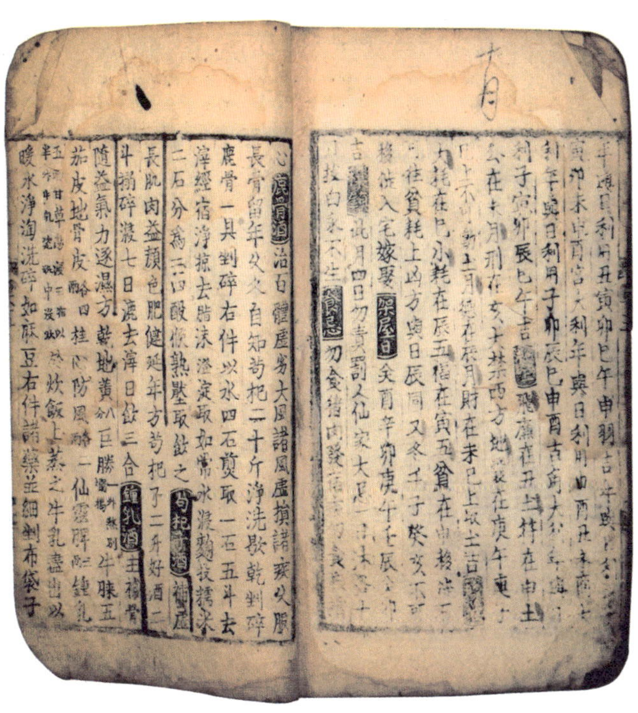

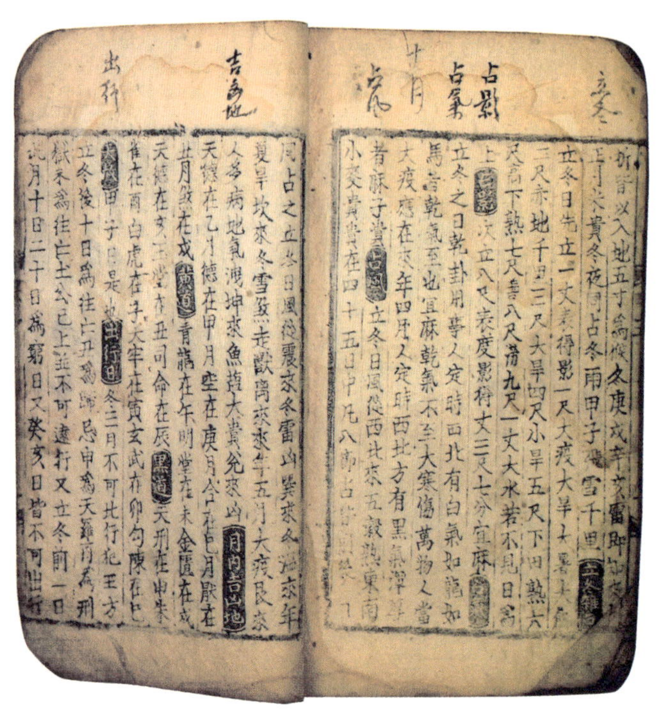

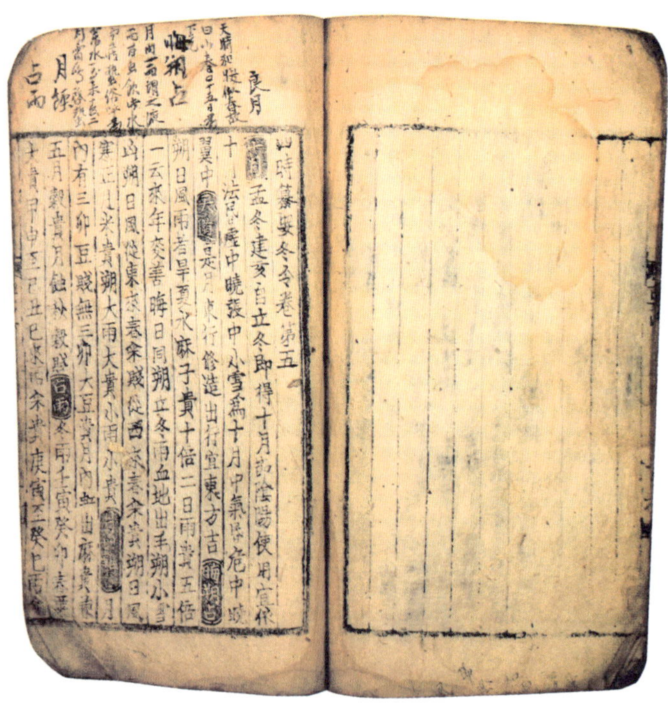

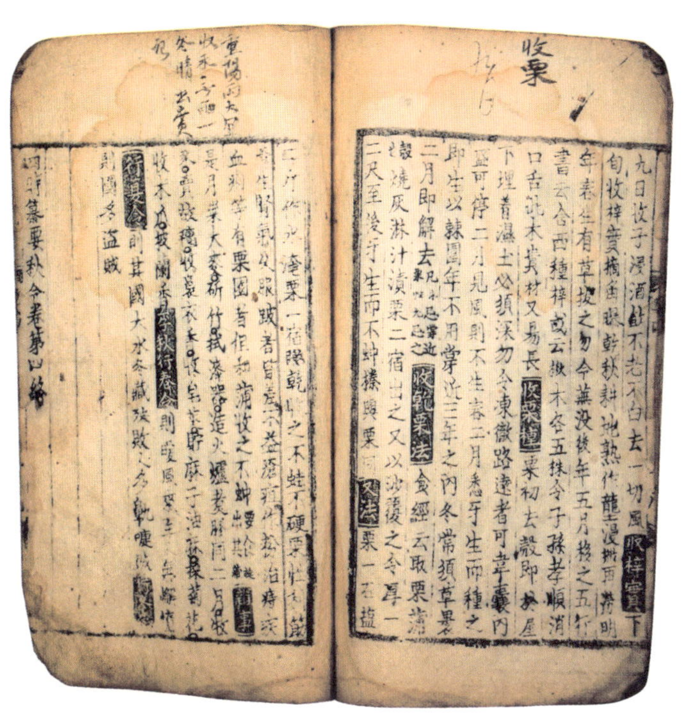

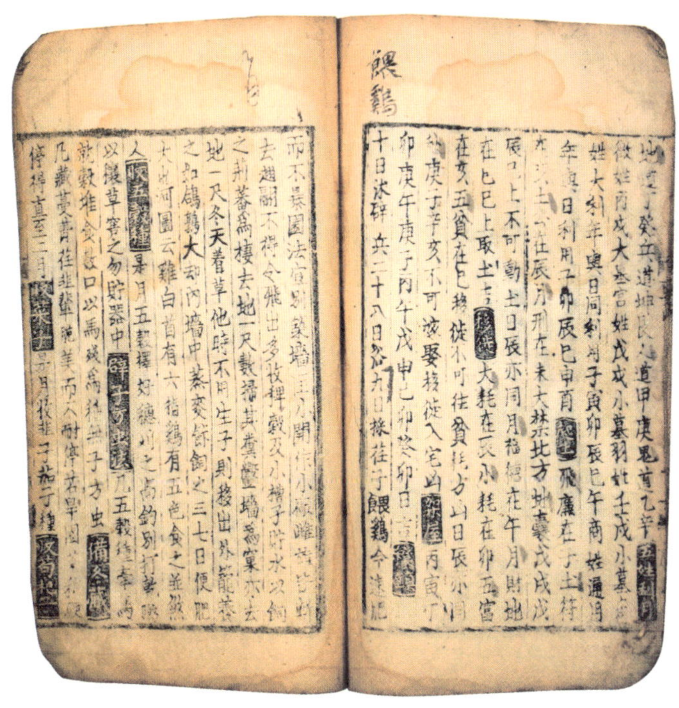

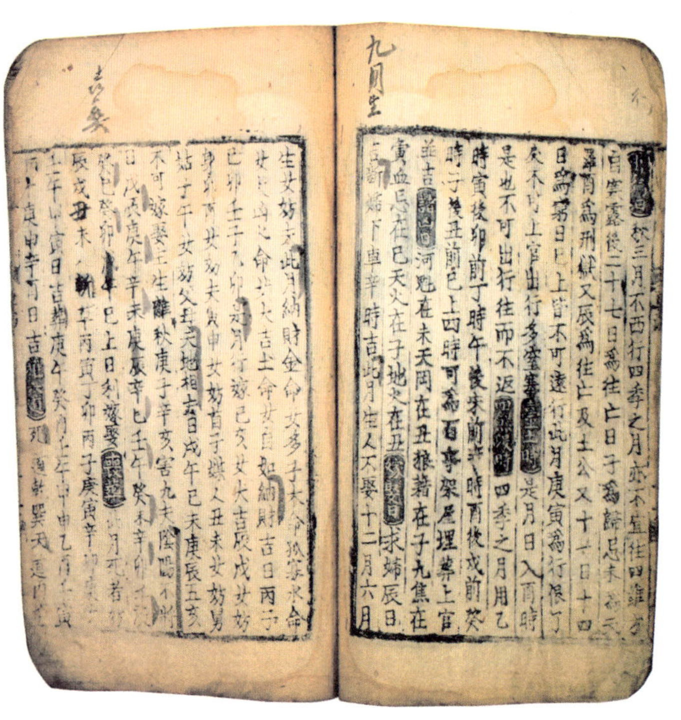

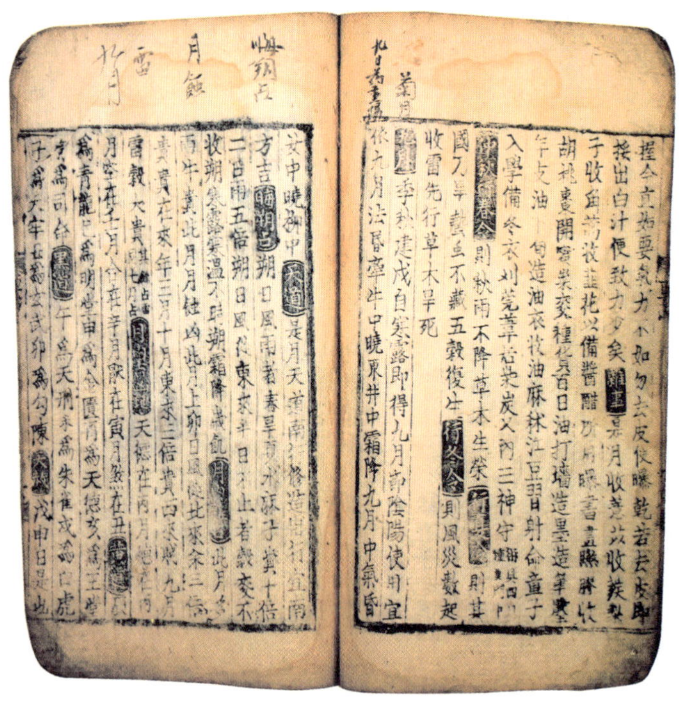

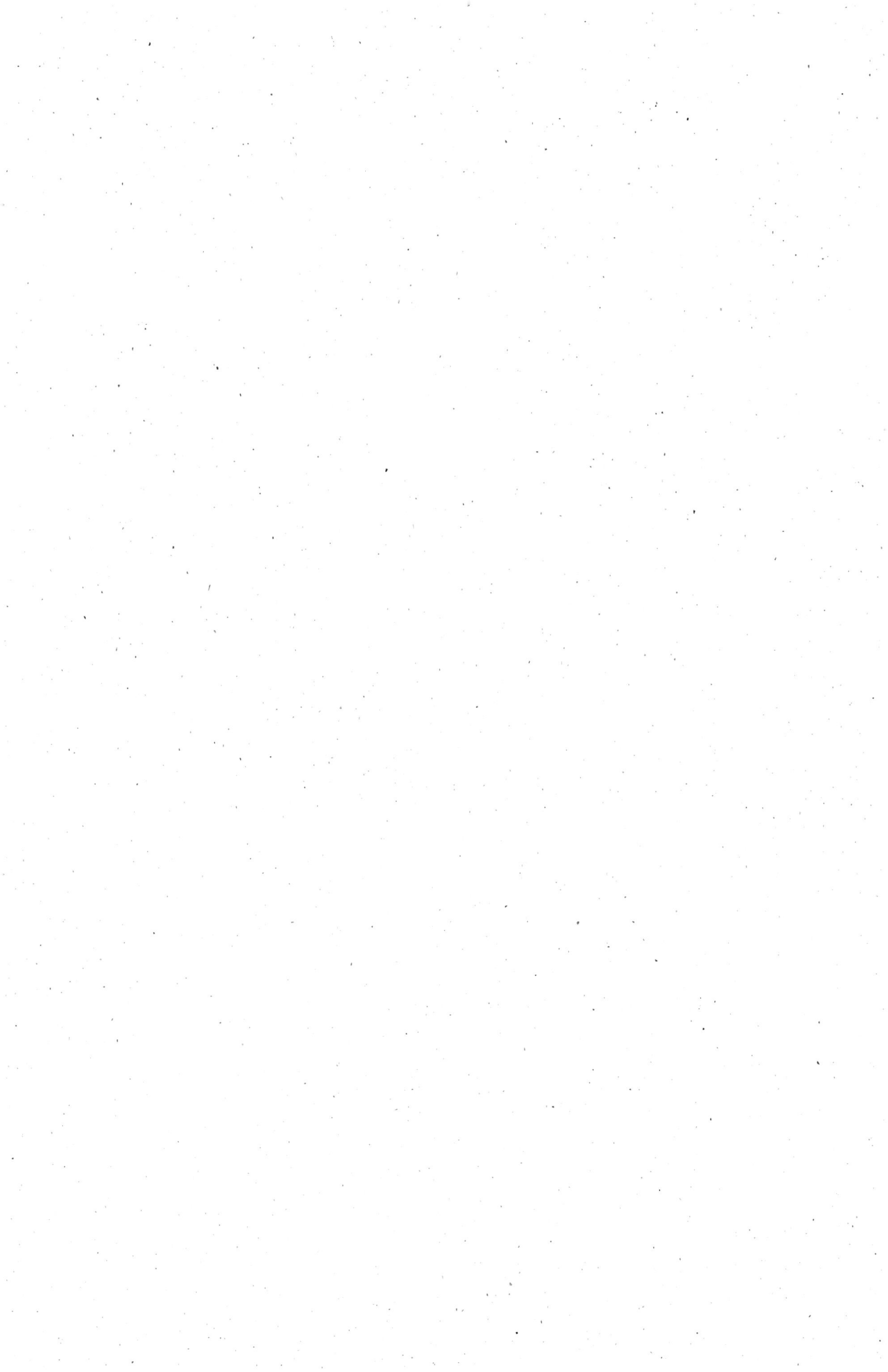